中国艺术史图典

服 饰 造 型 卷

U0299077

主编单位：中国文物学会专家委员会

Zhongguo Yishushi Tudian

Fushi Zaoxingjuan

上海辞书出版社

《中国艺术史图典》系列

主编单位　中国文物学会专家委员会
总 顾 问　彭卿云　谢辰生
总 主 编　刘　炜　段国强
艺术总监　田　村
编　　委　（按姓名笔画排序）
　　　　　田　村　吕成龙　刘　炜　刘　烁　李辉柄　陆晓如
　　　　　陈丽华　周南泉　单国强　段国强　侯　闽　彭适凡

项目策划　北京东泽博大文化有限公司

《中国艺术史图典·服饰造型卷》
主　　编　孔德明

总序

今天，摆在读者面前的一部《中国艺术史图典》系列（以下简称《图典》），为我们打开了一扇通往中华民族辉煌灿烂的艺术殿堂的大门。

中华民族是一个伟大的民族。她不仅善于创造伟大的文明，而且善于把世世代代的文明保护起来、传承下去，使中国成为世界四大文明古国中唯一上下五千年不曾间断、纵横八万里不留空白的历史见证。

如此光辉灿烂的文明史，也是一部源远流长、风格独特而鲜明的艺术史。它在全世界独树一帜，自古至今被世人称奇叫绝。

正因如此，参与《图典》编撰工作的文博界同仁们都满怀着自信与自豪，以再现历史辉煌、传承历史文明、展示祖先智慧为己任。而今《图典》的出版正是尽这份历史之责的成果。

一

中国是古人类发源地之一，至迟在距今一万年前的旧石器时代晚期，我们的祖先在狩猎和采集劳动中萌发了造型能力和审美观念，创造出岩画和装饰品。公元前5000年，位于两河流域的美索不达米亚文明创造出绚丽多彩的雕塑、绘画和彩陶文明，并且建造了规模宏大的城市。而与美索不达米亚文明年代大致相当或略晚的东方也开始进入原始社会晚期。原始艺术在黄河流域、长江流域和北方草原地区取得了巨大的成就。异彩纷呈的彩陶和精美的玉器不仅散发出独特的艺术魅力，其实用性与艺术性也达到最完美的结合，表现出农耕民族和游牧民族的智慧与艺术创造力。这些艺术作品无论是思想内涵还是审美观念，在今天看来依然令人震撼，有些甚至是超出我们的想象。应该说从那个时代起，中华民族追求美的脚步就没有停歇过。

公元前 21 世纪，中华民族终于从蒙昧时代跨入文明殿堂的门槛。夏、商、周三代，奴隶社会的政治、经济制度从初建到成熟，艺术之花犹如夏花灿烂。最具魅力和时代成就的青铜艺术是王权与神权结合的产物。其庄严而瑰丽的造型、神奇怪诞又充满想象力的纹饰、精致而规整的铭文、领先于世界同期水平的先进铸造技术，造就了辉煌的青铜文明，使中国一跃进入世界文明的前列。

公元前 770 年至公元前 221 年的春秋战国时期，中国进入奴隶社会解体、封建社会形成的阶段，政治格局错综复杂，诸侯纷争。文化艺术也呈现出百家争鸣、异彩纷呈的新气象。各种新的艺术形式、艺术思想层出不穷。具有时代标志意义的楚国漆器艺术，色彩鲜艳，造型夸张，凤鸟形象鲜明生动，充满了巫术和神话色彩，体现了楚人浪漫的、富有想象力的地域特色。青铜器铸造技术中失蜡法和金银镶嵌工艺大量出现，一改商周青铜器庄重规整的面貌，向更加精美的工艺化方向发展。独立的绘画作品——帛画也作为崭新的形式初登舞台。绘画脱离了器物装饰的辅助地位，成为独立发展的艺术门类，更为秦汉时期的艺术繁荣奠定了基础。

公元前 221 年至公元 220 年的秦汉两朝是中国进入大一统的帝国时代，政治、军事和经济的强势都表现在艺术作品上，显示了空前的盛况。雕塑和绘画作品一跃成为艺术的主流，明确显示出艺术创作巩固政权、服务政治的理念。这一时期的经典作品是秦始皇陵陪葬的兵马俑群，其现实主义的创作手法和艺术表现力在中国艺术史上是绝无仅有的。成千上万的陶俑列队布阵，军容整齐划一，将士肃穆威武，体现出宏大的气势和威慑力，以及不可一世的大秦帝国的雄威，堪称世界艺术奇观。汉代帝陵及诸侯王墓陪葬的陶俑继承了秦代传统，但更多地表现为生动传神的艺术风格，具有很强的生活气息。汉代帝陵遗存的石雕作品，以古朴自然、浑厚豪迈的风格，凸显了汉朝扩展疆域、征服西域、开辟丝绸之路的历史功绩。汉代绘画则以人物画独领风骚，帛画中的肖像画和画像石(砖)中的人物故事画，以细致入微的手法宣扬了儒家观念和道德规范。工艺品中则以贵族奢侈品玉器最为突出。特别是玉器与伦理道德观念紧密结合，把西周初现的礼玉推向了最高峰，也是礼玉最后的辉煌，此后玉器开始向装饰和玩赏的方向发展。因此，可以说汉代玉器是古典玉器的绝唱。

公元 220 年至公元 589 年的魏晋南北朝不到四百年，是中国历史上两个极盛之世秦汉帝国和隋唐帝国中间的重要变革期。由于社会和政局陷入了继春秋战国以后的第二次大动荡，造成了人口大迁徙的浪潮，由此形成南北民族大融合、西方文化大量输入中原、中原文化南渐的局面。特别是佛教的传播和流行，为中华文明注入了新鲜血液，使之更加广博而丰富。体现佛教艺术的雕塑造像、壁画在这一时期大行其道，而最具代表性的佛教艺术宝库是北魏鲜卑族皇室开凿的山西大同云冈石窟和河南洛阳龙门石窟，以及由民间力量在丝绸之路重镇敦煌开凿的、号称"中世纪百科全书"的莫高窟。

这一时期的频繁战乱，使得人们的心灵需要慰藉和寄托，而文人士大夫为了摆脱残酷现实的困扰，追求内心的自由洒脱，造成玄学盛行一时，文学对美学产生了巨大的"磁场引力"。寄情山水、书画，是上流社会和文人雅士超脱的最佳方式，由此擅长书画艺术的名家辈出。书法家王羲之、王献之父子，画家顾恺之等，都是这一群体的杰出代表。他们开宗立派，创立新格，成为艺术家通过作品表现个性的滥觞。他们留下的作品更成为后世顶礼膜拜的"圣经"。关于书画的评论著作也应运而生，南朝谢赫所著《画品》提出绘画"六法"，以"气韵生动"为最高准则。

公元581年至公元907年的隋唐两朝创造了中国封建社会的盛世。当时的中国是世界上国力最强盛、文化最发达的国际化帝国，整个社会洋溢着高昂进取之志与博大豪放之情，以前所未有的开放姿态向世界传播中华文明，同时也接纳来自东西南北的异域文明，由此造就了一个兼容并蓄、国际文化艺术荟萃的舞台。

如果说诗歌、文学是唐文化的魂，那么唐三彩就是她的华丽外衣。唐三彩瑰丽的色彩、生动多姿的造型以及非凡的美学思想，代表了盛世的风华。此外，书画艺术繁荣，颜真卿、柳公权、怀素、吴道子、阎立本、张萱、周昉等巨匠的书法和绘画作品，造就了难以逾越的艺术高峰。南北朝初现的山水画萌芽此时已经愈发成熟，涌现出了多种流派；而花鸟画、人物画、道释画等更是各立门户，蒸蒸日上。工艺美术也全面开花，特别是对外来文化的积极吸收和融合，反映了大唐社会自由开放的民风。

公元960年至1279年的宋代是重文轻武的时代，经济繁荣，文化发达。特别是随着官僚体制的完备、文人社会地位的提高，全社会重视思想文化，朝野弥漫着浓重的文人气质；加之几代帝王身体力行，文化艺术成就斐然。五代初建的宫廷画院，在宋代成为引领艺术的先锋。宋徽宗和宋高宗不仅本人是具有高深造诣的书画家，而且亲自督导宫廷画院，在全国网罗、招徕行家高手，使画院人才济济。画院的画家们根据皇帝旨意作画，内府院画堪称当时绘画艺术领域的翘楚。书法艺术重意轻法、张扬个性，苏(轼)、黄(庭坚)、米(芾)、蔡(襄)蔚成风流。

此外，由于宋代城市商业发达，玉器、金银器、纺织品、陶瓷等服务于皇室宫廷、贵族、文人和平民等各个阶层，具有浓厚的商品经济特点，艺术风格也从唐代的富丽华贵转向清新典雅。尤其是分布于大江南北的瓷业空前兴盛，艺术成就更为显著。四大官窑和五大名窑的瓷器作品多以简约的造型、清雅的釉色取胜，开辟了瓷艺美学的新境界。

宋王朝三百年的政治格局是与辽、金、西夏这些北方强悍民族对峙，军事上很多时候忍让甚至受辱；但其在文化艺术领域的强大，却足以征服那些军事上的强者。

公元916年至1368年，存在于这个历史时期的辽、金、西夏和元都是由北方游牧民族建立的政权。这些民族的文化艺术与有着悠久历史的汉族相比，显得有些落后。然而，他们都具有一个共同特点，就是善于吸收汉文化和其他外来文化的优秀传统，在汉化的同时保留一些本民族的传统旧制，因而在文化艺术领域呈现出别样的风情。这一时期取得最高成就的当属元代文人画、青花瓷和高级锦缎。

在疆域横跨欧亚的元帝国时期，书法和绘画艺术发生了深刻的变革。由于元朝统治者采取民族歧视和分化政策，使汉族士大夫备受压制，宋代活跃的宫廷画院随之解体，取而代之的是皇家倡导的佛教密宗画、肖像画和建筑界画。汉族一些具有相当地位的馆阁士大夫用诗词书画寄托情怀，文人画在他们的推动下获得了巨大的发展。元代中后期号称"元四家"的黄公望、吴镇、倪瓒、王蒙，代表了一些失意的文人，一反宋代精密细致的写实之风，也不拘泥于以色彩取胜，而是以格调高雅的笔墨情趣，抒发画家的主观情怀，将诗书画融汇一体，增强了绘画的艺术感染力。"元四家"在画坛上作出贡献，成为文人画继往开来的动力。

元青花瓷器的出现更具有划时代的意义。白地青花的艺术效果符合中国传统水墨画的品味，是对优秀汉文化传统的继承和发扬；同时，其风格又受到西方金属珐琅器的影响。中西结合的青花瓷器深受欧亚两大洲伊斯兰国家的喜爱，具有广阔的贸易市场。可以说，青花瓷器充分体现了元代瓷器制造业继往开来的非凡成就。

辽、金、元三代的统治者都十分重视制作官服。元代政府在苏州设立织造局，还建立了相当规模的织造作坊，专门为制作官服织造一种高级锦缎——织金锦。这种采用金银线加织的锦缎，使官服显得五彩缤纷、豪华富丽，游牧民族的特色十分突出。

公元1368年至1911年的明清两朝是中国封建社会中央集权制度的顶峰。高度集中的皇权政治，使文化艺术表现出浓郁的皇家审美倾向。专为皇室宫廷生产的官窑瓷器成为瓷器新品种、新工艺和高品质的代表。瓷器的实用价值仿佛不再重要，而釉色、造型、纹饰、工艺被发挥到极致，甚至一件杯盏"值钱十万"，价比黄金。金银器、玉器、金属珐琅器、漆器等工艺门类多为皇家所垄断，不惜工本、人力；但由于创作思想上的禁锢，成品往往"工"精而"艺"不高。反倒是一些在野的艺术家，如吴门画派、扬州八怪、嘉定竹刻艺术家，他们更专注于艺术的本体，注重个性的张扬、思想的表达以及表现手法的创新等，由此开启了艺术创作的新天地。这种创作思想延续至今，为现代的艺术家们所继承并发扬光大。

二

纵观绵延五千年的中国艺术发展史，有四大突出特征贯穿始终。

第一，艺术为政治服务，是政权意识的体现，各个时代最具特色的艺术形式无一不是当时政治的反映。这一点在世界其他古文明中也有体现，例如古埃及的神庙雕刻、狮身人面像等，都属于神权与王权的结合体。但是，它们只是盛极一时，并未形成连续性。而如中国商周时期代表奴隶制时代神权观念和尊卑等级的青铜礼器，虽然在春秋战国以后衰落了，但其理念贯穿在周礼和儒学中，一直到明清依然在皇宫中占据神圣至尊的地位。体现封建社会皇家威仪的龙凤图案最具有生命力，从秦汉直至明清，延续时间长达数千年，甚至影响了其间的许多少数民族统治者。皇家专享的华丽、尊贵的金银玉石，更是伴随皇室命运于始终。

第二，各地区的文化艺术具有多元化和统一性。中国幅员辽阔、民族众多，各地区经济、文化发展不平衡，因而各地区在文化艺术上也呈现出多样性。但由于中华民族所特有的包容性，各民族的交流、互融十分广泛而频繁，在文化艺术上往往又体现出统一性。例如商代青铜文明发达，大规模的青铜器群大多出现在以商代都城殷墟为中心的中原地区。但近些年来，在远离政权中心、自古被视为荒蛮之地的四川广汉三星堆、江西新干一带，同样也发现了发达的青铜文化，在造型、纹饰上具有强烈的地域特点，但在器物种类、铸造技术以及祭祀、礼仪的思想观念上同中原主流文化具有统一性，同样体现了神权与王权结合的理念。

第三，实用性和艺术性的结合。从青铜器、玉器、陶瓷到书法、绘画，它们首先具有实用价值，其次才是艺术品。而最高境界就是将两者完美结合，那些经典的、被传颂千年的艺术品无不体现了这一特点。

第四，中华民族善于吸收外来文化的营养，为我所用。如来自印度的佛教艺术在中国得以生根、发展，就充分体现了外来文化中国化的进程；它不仅使得中国传统文化在思想内容和表现手法上更为丰富，而且佛教造像、壁画等早已成为中国传统艺术的一部分，并在原有的艺术手法的基础上创造出新的具有中华民族特色的表现形式。

如此源远流长、波澜壮阔的艺术史，通过一件件承载了丰富而深邃的文化信息的文物展现在世人面前。文物作为历史的遗存，是人类文明发展的见证。青铜器、玉器、陶瓷、书法、绘画以及金银器、漆器、织绣等不仅贯穿了中国历史发展的始终，而且最能反映中华五千年文化艺术的特点，有些甚至是中华文明所独有的。它们的发展历程就是一部完美的中国艺术史。

三

这套《中国艺术史图典》系列图书内容丰富。全书包括陶瓷、玉器、青铜器、金银器、书法、绘画、工艺品、服饰造型八大类。全书各卷均以时间为序，以物证史，通过揭示历代经典文物所承载的艺术内涵和丰富的信息，展现出不同时代的艺术特色及成就，由此折射出文化观念、审美趋向，完整、真实地再现中华民族光辉灿烂的艺术发展历程。

全书展示的历代艺术精品共1700余件，每一件都是从各地博物馆、考古所等文博机构收藏的千万件文物中精选出的代表作，以及一些收藏在台湾及海外的公认名作，都是最能体现中国艺术发展历程的经典之作。全书将艺术性与学术性完美结合，其规模之大、内容之丰富、精品之多，在文物类图书中十分难得。

《图典》更为重要的特点是具有权威性。中国文物学会专家委员会是本套丛书的主编单位，各卷主编和作者由全国各地的博物馆、考古研究所、大专院校等机构的知名文物专家组成，大多还是中国文物学会专家委员会成员；其中很多人都是各专门文物品类研究的学术带头人，在各自的研究领域取得了卓越的成就，有些甚至被誉为"国宝级"的专家。这些专家学者虽然都肩负着繁重的领导工作或研究课题任务，但他们都很重视《图典》的编撰，全身心投入其中。正是由于汇集了众多文物专家及其研究成果，以及全国各地考古新发现的资料，作品的学术含金量和时代性得到了最大程度的保证。

《图典》的形式固然取决于其得天独厚的内容，但让内容匹配尽可能完美的形式，也是编辑、出版者自始至终的追求。图文并茂、雅俗共赏，是文物类图书必须遵循的基本要求。现有各卷每卷精选代表性文物图片600～1400幅，规模之大、品类之全、精品之多，为文物类图书出版中所罕见。在编排过程中，我们充分利用最新科技手段，既突显古老文明的庄重、神秘、高雅，又力求赏心悦目。为了适应当今读者多层面、多角度理解图文的需要，编撰者还特意配以"名词点滴""学术热点""图版说明"等专题以资辅助。这一形式的编排，也为《图典》增添了亮点。

《图典》在深秋收获的季节里终于面世了。距离当初策划、编写这套图书已过去了十几年。回首往事，不禁感慨系之。由于《图典》的编写工程浩大，当初年富力强的各卷主编和作者们到如今出版之时，大多已经两鬓生霜、耄耋将至。其中《青铜卷》副主编、上海博物馆原副馆长、青铜器研究专家李朝远先生以及《工艺品卷·织绣篇》的作者、故宫博物院古代织绣研究专家李英华女士，抱病写作，未能等到著作的出版，就先后病逝，实在令人悲惋！

值此成功之际，我们衷心感谢为编著《图典》付出辛劳、共度艰难的专家学者。现有的成果都凝聚着他们的才智和心血。但愿《图典》的面世，能得到广大读者的肯定和欢迎。这将是十年磨砺之苦的最佳回报！

中国文物学会专家委员会

刘炜　段国强

目录

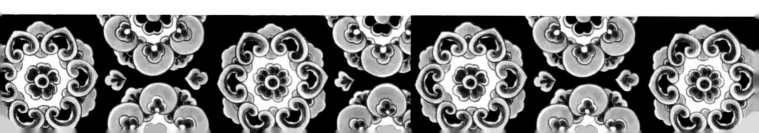

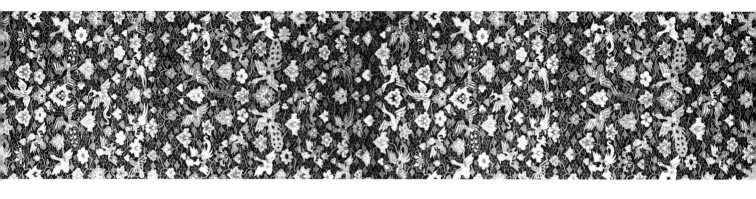

导论

"衣裳是文化的表征，衣裳是思想的形象。"正像郭沫若先生所赞美的那样，衣裳是人类文明的标志。当人类告别了赤身裸体、开始穿上衣裳的时候，人类就迈进了文明时代。人类文明的发展是伴随着服饰开始的，服饰的历史是人类文明史的重要组成部分。通过对服饰的认识，就可以认识客观世界文明发展的轨迹。中国向有"衣冠王国"的美誉，中国服饰是人类文明长河中一颗璀璨的明珠，有人称之为记录中国传统文明的"活化石"。它自成一个系统，又曲折地反射出世界文明的进程。

服饰艺术的内容博大精深，是一种对文明的综合性反映。著名服装设计师巴伦西卡有过精彩的体验："服装设计师在进行总体设计时，要像建筑师；涉及造型时，是个雕塑家；说到色彩，则是个画家；整体协调时，又是一位音乐家；在均衡方面，是个哲学家。"可见没有多元的视角，仅仅从某一个点切入，是不可能全面领悟服饰艺术的真谛的。要比较明晰地透析中国服饰发展史与中国文明进程的关系，必须从物质的、精神的、制度的这三个层面，来进行多元化的探讨。

服饰首先是物质的存在。马克思和恩格斯指出："人们为了能够创造历史，必须能够生活。但是为了生活，首先需要衣、食、住以及其他东西。因此，第一个历史活动就是生产满足这些需要的资料，即生产物质生活本身。"正是这样，服饰成为每个人日常生活须臾不可缺少的东西，具有最广泛的群众性。对于人类来说，失去衣服无疑是失去了第二层皮肤，将彻底破坏人类的生存秩序，人类的文明史将重新书写。常言道："佛靠金装，人靠衣装。"衣服是人体的软雕塑，"一件衣服正由于穿的行为才现实地成为衣服"。它必须以活生生的人为载体，必须诉诸具体的物质形态，体现在式样、纹样、面料、色彩上。拿中国服饰来说，在式样上，上衣下裳和衣裳连属始终是两种基本的形制；在纹样上，大致经历了原始的抽象、唐宋的规范、明清的写实三个阶段；在色彩上，青、红、皂、白、黄五色被视为"正色"，有些朝代规定只有帝王官员可用，黎民百姓只能用由这些颜色配出来的"间色",而隋唐以降黄色成为皇帝的专用色;在面料上,只有有身份、有地位的人才能穿用高档面料。汉代的丝绸、唐宋的织锦、元代的纳石矢、明清的刺绣,无一不折射出中国文明发展的轨迹。

梁实秋先生说:"中国旧式士子出而问世必需具备四个条件:一团和气,两句歪诗,三斤黄酒,四季衣裳;可见衣裳是要紧的。"衣裳为什么如此要紧?因为穿衣要受各种观念的制约,包括政治的、信仰的、伦理的、传统的、民族的等等。总之,精神的层面起主导作用。正如俗话所说:"穿破不穿错。"谁敢于违背这些观念,那就是冒天下之大不韪。这些观念因时代的变化内容有所不同,但在中国服饰史上,影响最大的要数"天人合一"与"男女有别"这两种观念。

"天人合一"本是中国哲学中对天人关系的一种观念,强调"天道"和"人道",或"自然"和"人为"的合一,自古就反映在服饰文化之中。《易·系辞下》记载:"黄帝、尧、舜,垂衣裳而天下治,盖取诸乾坤。"三皇五帝开始缝制衣裳时,就取"乾"、"坤"之义而用之。"乾"是天,"坤"是地。天在未明时为玄色,地则为土黄色,于是上衣像天而用玄色,下裳像地而用纁色,这就是中华民族最早的基本服式。秦始皇相信"五德相胜"之说,认为夏、商、周三代是火(周)克金(商)、金克木(夏)的结果,秦灭周便是水(秦)克火。水德呈黑色,因此秦尊崇黑色。汉袭秦制,文武百官平日皆穿黑衣,汉文帝刘恒经常"身衣弋绨"(黑绸)。同时汉代还以四时节气来穿相应的四季衣裳,即春青、夏赤、秋黄、冬皂。宋代程朱理学盛行,为了"存天理"、"去人欲",盛唐袒胸露臂的开放,黄红绿紫的浓艳,金丝银缕的奢华,变得荡然无存。不仅是这些服饰现象,甚至文人对服饰的赞美,也往往情不自禁地与大自然联系起来。李白的"云想衣裳花想容",王昌龄的"荷叶罗裙一色裁",白居易的"草绿裙腰一道斜",杜牧的"水如环佩月如襟",在这些诗的意境中,人们的服饰与自然的美景竟如此和谐、美妙地融汇在一起,相映生辉,闪烁着天人合一的哲理与智慧。

"男女有别"是中华民族的传统观念,在封建社会中,突出表现为"男尊女卑"。男女不通衣裳,男袍女裙是传统的着装。男为阳,阳为乾,乾即天,在天成象,因此男袍表现气象。女为阴,阴为坤,坤即地,在地成形,因此女裙表现形象。在男权社会中,男子可以三妻四妾,而女子却必须从一而终,由此相应规定女子礼服为深衣制,以示对男子的忠贞。男著女装为男权社会所不容,被视为人伦败坏,人格丧尽,从主体地位降为从属地位。而女子要提高自己的地位，女扮男装却被社会所接受。花木兰身著戎装替父从军，更是家喻户晓的传奇故事。《南史·崔慧景传》中记载东阳女子娄逞，易服为丈夫，遍游公卿间，仕至扬州议曹从事。这些不让须眉的女中豪杰，都是凭借一身男装而被社会所容纳。有唐一代女著男装蔚为风气。据《大唐新语》记载："天宝中士流之妻，或衣丈夫服靴鞭帽，内外一贯。"太平公主便是女著男装的领袖。"男女有别"的观念，影响了几千年来中国服饰的文明进程。

中国是世界认同的文明古国、礼仪之邦，讲究"以礼治天下"。《后汉书·舆服志》中说："尊尊贵贵，不得相逾，所以为礼也。非其人不得服其服，所以顺礼也。"服饰自然成为礼仪行为的标志。以孔子为代表的儒家，将礼制引入服饰。在《论语》一书中，细致地论述了各种服装的色彩、面料及穿法，深入阐述服饰礼仪。可见，在等级森严的奴隶社会和封建社会，服饰不再仅仅是生活所需，而是成为"分尊卑、别贵贱、严内外、辨亲疏"的统治工具。唐代诗人杜甫赞美道："服饰定尊卑，大哉万古程。"西周时期，中国传统冠服制度已经基本完善。在"三礼"中，大体勾勒出中华服制度的整体格局。正如汉代贾谊所说："天下见其服而知贵贱，望其章而知势位。"以六冕、六服和三弁为核心的"冠冕衣裳"，在各个朝代史籍的《舆服志》中都有详尽的规定，一直沿袭了几千年。尽管汉族服饰与其他民族服饰互有影响，魏晋南北朝以后还形成了服饰的"双轨制"，而汉族传统的"冠冕衣裳"仍得以保存，始终是祭祀庆典及重大朝会的专用服制。清代虽然以满族服制取而代之，但在皇帝朝服彩绣的十二章纹中，仍依稀可以寻找到"冠冕衣裳"的影子。直到国民政府下令废止，传统的"冠冕衣裳"之制才彻底退出了历史舞台。

在世界服饰中，中国服饰是一个独立的系统，以其独特的东方之美享誉世界。林语堂先生分析得非常精辟："大约中西服装哲学上之不同，在于西装意在表现人身形体，而中装意在遮盖身体。"服饰是美化人体的艺术,围绕着"人体"与"美化",形成了东西方服饰的两种审美观,从而充分显示出东西方文明的巨大差异。西方的服饰审美观立足于物态,着重物态必然导致摹仿。按照重摹仿的审美观念,服饰理所当然地应该以人体为依据,来充分展示人体的美。于是用直线造型来体现男性人体的阳刚之美,用曲线造型来体现女性人体的阴柔之美,形成了西方服饰艺术写实的审美体系。而中国的服饰审美观则立足于情态,着重情态必然追求意境,追求意境就不必去着力展示人体之美,而是调动造型手段赋予形体以精神方面的意蕴。萧何的话很有典型意义:"天子以四海为家,不壮不丽无以重威。"所以遮蔽人体、突出装饰的宽袍大袖的服式,实在是中国传统服饰的主流。造型为意境服务,造就了中国服饰艺术写意的审美体系,以它的特立独行展现着东方文明之美。但是清末以来,西方服饰传入,装饰人体和突出人体这两种服饰审美观也相互影响。随着服饰全球化趋势的加深,西式服饰成为主流,中国传统的服饰审美观随之淡化。然而,只要人类文明不断进步,服饰总会多彩多姿,五色斑斓,把人们装扮得更美丽,更文明。

孔德明

第一章
衣服初现的年代
原始社会
（60万年前—公元前21世纪）

【历史背景】

距今约1万多年前，最后一次大冰期结束，自然环境发生了巨大变化，人类由旧石器时代进入新石器时代。这一时期，农业出现，为人类提供了赖以生存的衣食之源。随着农业经济的发展，人类文明进程也得以突飞猛进。大约在距今五六千年前，母系氏族公社达到繁荣阶段，手工业应运而生。编织技术和纺织技术的发明，使人类告别了兽皮裹身的时代，进入了真正意义上的服饰文明世界。而私有制的产生，使服饰成为了尊卑等级的标志。

中国是世界古人类发源地之一，距今60万年前居住在北京周口店的北京人，是中国旧石器时代早期的代表。人类在不会直立行走和使用火之前，体质与猿一样，全身浓密的毛起着保护身体、抵御严寒的作用。与人猿相揖别的北京人，已经进入智人阶段，在直立行走以后，手脚分工，体毛退化，智力发展，但是他们仍然过着赤身裸体的蒙昧生活。

真正走出蒙昧时代的，是距今2万多年前居住在北京猿人洞穴附近的山顶洞人。他们属于新人的典型代表，体质与现代人相似。他们可以制作多功能的精美石器，极大地提高了捕猎和采集的效率。弓箭的发明，不仅给人们带来丰足的兽肉，还带来了丰足的毛皮，人们开始用兽皮等裹身御寒，从此向服装迈出了第一步。尤其是骨针的发明，更使人类结束了赤身裸体的蒙昧状态。

距今1万年至6000年前，中国发生了一场由技术改革而爆发的经济大革命，带来了文明的突飞猛进，我国的黄河流域和长江流域先后进入了新石器时代。纺织技术和缝纫技术的发明，制作适体的衣服，标志着我们的祖先已经向文明时代迈进。在我国已公布的七千余处较大规模的新石器文化遗址中，都发现了纺纱捻线的原始纺轮；在长江流域的河姆渡文化遗址和黄河流域的龙山文化遗址中，还发现了纺织的原始工具和纺织品的残片。这些出土实物，都证实了《魏台访议》的记载"黄帝始去皮服布"和《物原》的记载"黄帝妃嫘祖育缉麻"，充分说明在新石器时代，我们的先民们已进入缝制衣服、去皮服布的时代，并成为世界上发明纺织技术和丝织品最早的国家。在强盛的汉唐时代，由于丝织品的威力，使中国走向世界，也使世界了解了中国。

第一节 众说纷纭的服饰起源说

日月更替,斗转星移,先人们生也无息,死也匆匆。一切文字符号在一万年前都是空白,今天只有星星点点的生命遗痕和化石,留给我们有限的推理与无限的追思。服装作为人类文明生活的重要标志,经历了漫长的演变过程,因此它的起源同样是一个非常复杂的问题,也是世界各国学者关注的课题。美国学者弗朗索瓦·布歇(Francois Boucher)在他的《西洋服装史》一书中说,关于服饰的起源,"产生了正好完全相反的见解。希腊人和中国人认为,首先是出于物理的理由,尤其是因气候风土的不同而对身体的一种保护措施。与此相反,《圣经》和过去的民族学者、现代的心理学家认为,服装首先是出于精神的需要。即过去的民族学者认为是出于羞耻心,现代的心理学家认为是对不可侵犯的东西或者魔力影响的关心,想引人注目的一种欲望。"迄今为止,全世界关于服饰的起源,具有代表性的有八说:

一、审美装饰说

原始民族对佩戴饰物是十分重视的,这是一种本能性的冲动。不少原始民族赤身裸体而没有羞耻的观念,但却从来没有不佩带装饰品的原始民族。从我国的情况来看,属于旧石器时代、距今5万至3万年前的宁夏水沟洞遗址出土了用鸵鸟蛋皮磨成的圆形空孔饰物;

距今三万多年前的山西朔县峙峪遗址出土了有孔的墨石装饰品;距今二万五千年前的北京周口店山顶洞遗址出土了用石珠、兽牙、海蚶壳、鱼骨、骨管等制作的串饰品。新石器时代的遗址中,出土的装饰物更是丰富多彩,如宝石、贝壳、羽毛、兽皮、果壳、树皮等等。原始人类甚至还在身体上进行装饰,如文身和耳鼻穿孔等。这些美化人自身的艺术,都是出于人类对美的追求。

二、礼貌遮羞说

持此说的人认为,人类最早用兽皮或树叶等围在下体,作用是遮羞,服饰由此而来。这种看法可以追溯到《圣经》:当上帝造人时,亚当与夏娃都是赤身裸体的。他们生活在伊甸园之中,无忧无虑,不感羞耻。后来受到蛇的诱惑,吃了智慧树上的禁果,才眼亮心明,感到赤身裸体的羞耻。于是折下无花果树的叶子,遮挡了自己的下体。

其实,古往今来,世界各个民族对于遮羞的问题都有不同的看法。北美洲的土著印第安人裸体生活已经成为习惯,他们反而视穿着西服革履的现代时尚为极不体面。而巴厘岛纯真的少女,以裸露丰满而富有弹性的胸乳为美。在英语中,"裸体(naked)"与"裸像(nude)"是两个概念。前者意味着一丝不挂的窘迫与难堪,后者却没有一点羞耻的意味。米开朗基罗(Michelangelo,1475—1564)的《大卫像》,那健壮的人体裸像,给人力

骨饰品
旧石器时代晚期
北京周口店山顶洞遗址出土口现藏中国国家博物馆
四枚骨饰品,是用鹿等食肉动物的牙齿制成。中间有孔,可用绳穿系成串。有的在孔缘还有朱色彩痕,透漏出原始人的精神生活已萌发爱美之心。

量、坚强、和谐的感受。而罗丹(Rodin,
1840—1917)的《老娼妇》，裸露着干枯
瘪瘦的人体，给人以无限的悲凉与凄
惨。因此，并不是衣服遮盖了人们自以
为羞耻的身体，而是被衣服紧紧包裹着
的部分引发了人们的羞耻之心。羞耻心
不是产生服装的原因，而是服装产生的
后果。

三、异性吸引说

　　如果说遮羞说主张性的掩盖，那么
异性吸引说则主张性的表现。持此说的
人认为，服装的起源是为了炫耀男女的
性别特征，以增加对异性的吸引力，是
对两性特征的张扬和强调。

　　千方百计地吸引异性，也许是天地
间万物所共同具备的天性。作为"万物
之灵"的人类也是一样的。在这一方面，
人类启动了自己的智慧，对性感的部
分，不是赤裸裸地暴露，而是用衣饰来
突出它，强调它。对女性而言，远古的克

红山文化陶塑女裸像
新石器时代□残高5～5.8厘米
辽宁省喀左东山嘴红山文化
祭祀遗址出土□现藏辽宁省
博物馆

内蒙古赤峰、辽宁喀左东山嘴、辽宁牛
河梁，均发现属于新石器时代红山文
化的雕塑作品。此件为辽宁喀左东山
嘴祭祀遗址出土的陶塑女裸像，是距
今约5400年前的遗物。残体腹部隆起，
臀部肥大，造型强调女性特征，头部残
缺。应是崇拜的"生育神"，具有生殖崇
拜的意义，是母系社会的象征物。

罗马侬人留下了用猛犸象牙
雕刻成的石器时代的"维纳
斯"，母性部分明显夸张，用腰
绳与小围裙遮盖的部分，正是
人类对于生殖的祈求。中国辽
宁红山文化祭祀遗址出土的
陶塑女裸像，残体腹部隆起，
臀部肥大，强调女性特征，具有生殖崇
拜的意义。这些都是用来炫耀妇女性感
的杰作。而对男性而言，则另有炫耀的
方式。生活在南太平洋诸岛的原始部
落，男子们都在裸露的身躯下体系着一

个用黄色芦秆做的阴茎鞘，南美的印第
安人甚至在阴茎鞘上镶嵌宝石。15至16

辽宁喀左东山嘴红山文化神庙遗址

母神玉佩
新石器时代红山文化
"母神"头上有丫形饰，阴刻五官，裸体，露双乳
和怀孕大腹，双手托腹，呈直立状。

世纪的欧洲，男人们在紧腿的裤子中间，显著地挂着一个花团锦簇的小口袋，醒目而耀眼地装着阴茎。这种炫耀几乎遍及世界。对于生殖的崇拜，引发了这种装饰，进而引发了服装的形制。

四、护符避邪说

恩格斯（Engels，1820—1895）说："在远古时代，人们还完全不知道自己身体的构造，并且受梦中景象的影响，于是就产生一种观念：他们的思维和感觉不是他们身体的活动，而是一种独特的、寓于这个身体之中而在人死亡时就离开身体的灵魂的活动。"原始民族相信万物皆有灵，而且视精神独立于肉体之外存在。灵魂有善恶之分，给人们带来幸福和欢乐的是善灵，给人们带来灾难和病痛的是恶灵。为了远离恶灵，求得善灵的保佑，人们把一些特定的物体，如贝壳、石头、羽毛、树叶、果实、兽齿等戴在身上。人们相信，这些穿戴在身上的东西，或是刻画在身上脸上的花纹，具有人眼看不见的超自然的力量，是一种护符，有了它人就能得到保护。这种穿戴护符的行动发展到后来就成为衣服，而这些护符也以装饰品的形式穿戴在人体上，具有避邪求福的意义。

五、象征意义说

这种说法认为最初佩挂在人身上的饰物是作为某种象征而出现的，后来演变为礼服和装饰品。原始民族的文身、毁伤身体等装饰方法，是表示年龄和社会地位等的标志。江苏将军崖岩画

神人纹冠状玉饰
全器突出表现兽面和羽翎，实际上是简化了的带冠神人驭兽图像，具有通天祈福的含义，反映了良渚文化时期的巫术崇拜观念。出土时置于死者头部，中又上方紧连一根长玉管，并与成组锥形饰叠压，可见是羽冠前面正中的饰件，周围还有四件半圆形组成的额带。头戴这种玉饰的人，是生前掌握神权的巫觋，掌握行政权和军事权的显贵。这是皇冠的形象。

上的人头像，头饰羽冠，形如飞鸟，与以鸟为图腾的少昊族形象十分吻合，是一种图腾崇拜的象征。尚武的原始民族，勇士们常用一些醒目的物件装饰自己，象征力量和权威。山顶洞人的装饰，最初只是作为勇敢、灵巧和力量的标记，后来才成为美的象征。

六、实用需要说

"人生归有道，衣食固其端"。衣、食、住、行是人类生活的四大方面，而衣被列在首位，可见服装在人类生活中的重要地位。原始社会人们用皮毛、叶子、树皮等掩蔽身体，以抵挡风寒酷暑；当狩猎猛兽时，又需要用这些东西把自己装扮成野兽，避免受到伤害。正如《晏子春秋》中所说："夫冠足以修敬，不务其饰；衣足以掩形，御寒，不务其美。"服装的出现，主要是人类为了实用的需要，

以图生存。

七、气候适应说

动物为了适应冷暖四季，不断地换毛或换皮。而进化中的人类同猿一样，是依靠自身的体毛调节和适应气候变化的。人类在直立行走以后，体毛退化，为了适应四季的气候变化，想方设法将身体的裸露部分覆盖起来，这是服装的起因。

八、身体保护说

进化中的人类一点点地失去了体毛，身体成为直接面对外界的最灵敏的感受区域。一方面，身体把大量感受到的信息传输给大脑，使人类更加聪明智慧；另一方面，裸露的身体对冷热疼痛格外敏感，而且很容易受到伤害，极需要保护。当身体有了衣服这第二层皮肤以后，就像有了一层防护，避免了许多痛苦和伤害。

根据上述众说纷纭的服饰起源说，日本学者小川安朗先生把这些多元的起因综合归纳为自然科学性的人体防护和社会心理学性的装饰观念两个方面。前者是为了维护人体的生活之必需，后者则是集团生活中对意识的表现，包括性别意识、阶级意识、社交意识、对敌意识及对神灵的原始信仰。

人类真正走出野蛮时代，结束赤身裸体生活，大约是在距今5万至1万年前的最后一次冰河期。原始的服装到底是个什么样子？至今还没有出土实物可证，但可以从史料推断。《后汉书·舆服志》记载：上古"衣毛而冒皮"。远古时期，人类穴居深山密林，过着非常原始的生活，狩猎和采集仍然是氏族的衣食之源，仅以树叶、草葛、羽毛、兽皮遮身。据《礼记·礼运》记载："昔者，先王未有宫室，冬则居营窟，夏则居橧巢。未有火化，食草木之实，鸟兽之肉，饮其血茹其毛。未有麻丝，衣其羽皮。"当时，"先王"如此，四夷也是如此。据《礼记·王制》记载：东方曰"夷"，被发文身；南方曰"蛮"，雕题交趾；西方曰"戎"，被发衣皮；北方曰"狄"，衣羽毛，穴居。这就是所谓"茹毛饮血，食草木之食，衣禽兽之皮"的原始人类。

大约在1万至2万年前，人类开始走出山洞密林，走向平原。由于平原上生活的动物比山林中的动物形体小而灵敏，猎手不仅要有高超的捕猎技能，更

要有强大杀伤力的武器。于是投掷石球、标枪和弓箭等新型武器相继发明出来，弓箭成为最具威力的武器，极大地提高了捕杀野兽的效率。不仅保证了氏族成员的食品来源，也提供了丰足的兽皮缝制皮衣。

现在所知的原始社会的服饰资料实物，最珍贵的要算北京周口店山顶洞人遗址中出土的一枚骨针，以及141件骨、贝、牙、石制成的串饰品，这足以说明我国在2万年前的旧石器时代末期，先民们已经能用兽皮等材料加工缝制衣服了。在纺织技术尚未发明之前，兽皮应是服装的主要材料。当时还没有绳线之类，可能采用的是动物的韧带，用劈开的丝筋作缝线，缝制兽皮衣。这个时期的兽皮衣已经前进了一大步。过去所披的兽皮，四面露风，不讲究合体，穿着后行动很不方便；这时可以根据人体，将兽皮切割成各种形状，再细密地缝合在一起，制作成合体的皮衣。骨针第一次满足了人类按照体形缝制适体服装的愿望，也是迈向以人类意志为主宰的服装艺术的第一步。

山顶洞遗址
距今约2万至1万年晚期智人的活动场所。遗址中发现的山顶洞人化石共有8个男女老幼个体，不论脑量还是人体特征，都和现代人接近。

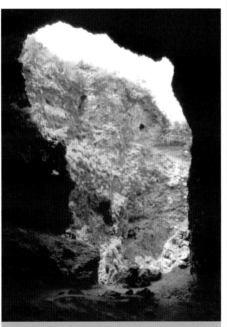

山顶洞人生活的洞穴
山顶洞人在洞穴中生活。他们能制造石器和骨器，而且能制作穿孔的装饰品，还发现了一枚骨针，说明这时人们已开始缝制兽皮衣服，并制作装饰品，是中国服装史的发祥期。

北京周口店远眺
这里就是山顶洞人的故乡。周围环境优美，北部群山叠嶂，山上森林茂密，草木丛生，当时的气候温暖而湿润，与今天有很大的差异。距今25000年前的山顶洞人就生活在这里。周口店不仅是人类生息繁衍的家园，也是鸟兽的天堂。

山顶洞人生活的洞穴中出土大量贝壳
旧石器时代晚期
山顶洞遗址出土
贝肉是山顶洞人的主要食品，贝壳是制作装饰品的原料。

山顶洞人复原头像

山顶洞人属于晚期智人，这一头像是根据北京周口店山顶洞遗址出土头骨化石复原的。

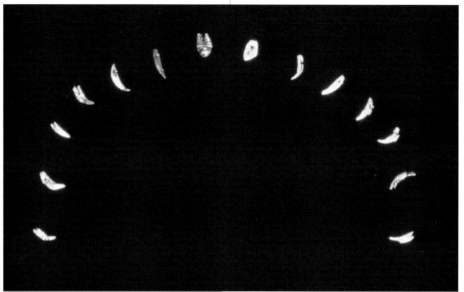

穿孔兽牙装饰
　　　旧石器时代晚期
　　　现藏中国国家博物馆
山顶洞人能够利用简陋的石器和骨器，制作出穿有小孔的石头、贝壳、兽骨等精致的饰品。

石球

旧石器时代晚期□直径8～9厘米
陕西汉中梁山出土□现藏陕西省考古研究院

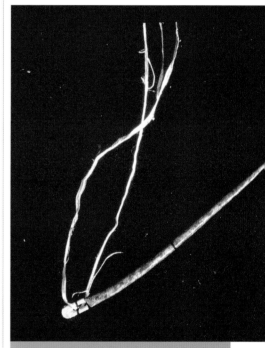

骨针

旧石器时代晚期□长82毫米，直径3.1～3.3毫米，针孔直径1毫米
山顶洞遗址出土□现藏中国国家博物馆
用动物骨磨制的骨针可以缝制兽皮衣。

旧石器时代狩猎图　　田村　绘

各种狩猎石器出现，成为最具威力的武器，极大地提高了捕杀野兽的效率。不仅保证了氏族成员的食品来源，也提供了丰足的兽皮缝制皮衣。石球、石矛、石镞等狩猎工具的应用，为狩猎提供了很大的帮助。

第三节　衣裳成为文明的标志

距今1万年前，地球上最后一次大冰河期结束，我们的祖先终于熬过了漫长的严寒，迎来了温暖的阳光。随着自然气候的改善，他们选择在河流之畔搭建草屋，逐水草而居。黄河流域和长江流域的广大地区遍布密集的氏族聚落，人们已经从猎人和采集者转变为以种植稻谷为生的农民。农业成为氏族生活的主要来源，这为日益稠密的人口提供了可靠的生活保障。同古印度、古埃及、巴比伦一样，发达的农业使中国发生了一场由技术改革而爆发的经济大革命，随之而来的是文明进程的突飞猛进。

这场从规模和意义上堪与近代西方工业革命相提并论的农业革命，使从事农业的氏族最早进入了文明发达的社会，生活质量显著提高了。伴随着农业产量的增加，更多的劳力分离出来，专门从事农业以外的劳动。农业与手工业分工后，纺织技术使人们改变了夏著树叶、冬著皮毛的野蛮旧习，逐渐产生了文明理念。更重要的是，中国特有的男耕女织、自给自足的小农经济就在这样的温床上产生了。

《易·系辞下》记载："黄帝、尧、舜，垂衣裳而天下治，盖取诸乾坤。"《魏台访议》记载：黄帝始去皮服布。文献中提到的三皇五帝的传说时代，相当于距今6000年至4000年前的母系氏族社会和父系氏族社会，也处于新石器时代。在我国已公布的七千余处新石器文化遗址中，几乎都有纺纱捻线的原始纺织工具——纺

陶屋

新石器时代仰韶文化□高9.7厘米
陕西宝鸡出土□现藏陕西省考古研究院

鸟巢演变的房屋。人类最早住在岩洞中，后来受到鸟巢的启示，开始筑巢而居。此陶屋就是原始人类房屋的原始形态。房屋出现是人类定居生活的产物。从此人类开始了稳定的生活。

玉立人

江淮地区原始文化□高9.6厘米
1987年安徽含山凌家滩1号墓出土□现藏安徽省文物考古研究所

农业带给人们安定的生活，也带来了农业民族特有的精神世界。每个氏族在从事农业生产、狩猎和建筑房屋等活动中，都必须举行隆重的祭祀仪式。此时脱离生产的专职巫师产生了。任何重大事情的决策，都由巫师进行占卜来决定。他们主宰着整个氏族的命运，社会地位很高，都是由氏族中德高望重的女人担任，有的还由女氏族首领兼任。但是她们没有任何特权和物质享乐，与普通的氏族成员同甘共苦。这件玉人是距今约5000年前淮河流域玉雕作品。玉人全身只露出脸面、手指、脚趾，可看出穿戴的系软质的织物。头藏丝织方格纹冠帽，身穿无领紧身衣裤，腰系斜纹丝带。腕部弦纹七道，似表示有纹饰的袖口或手镯类腕饰。头两侧耳垂有对穿圆孔，似已有戴耳环习俗。据玉人出土情况分析，此玉人当为巫师形象。

陶纺轮

新石器时代□直径6厘米，高1.7厘米
陕西西安半坡村出土□现藏中国国家博物馆

新石器时代纺轮，系捻线工具，可以捻麻、丝、毛各种原料，也可以纺粗细不同的纱。圆饼形，中间有一穿孔。

玉纺轮

新石器时代良渚文化□直径4.3厘米，孔径0.6厘米，厚0.6厘米，杆长16.4厘米
1987年浙江余姚安溪乡下溪湾村瑶山出土

南北方的诸多新石器时代遗址中，陶、石纺轮较多见，玉纺轮极罕见。更为重要的是，此为目前仅见的一件带有长杆的纺轮，证实了今天人们对纺轮使用方式的推测。

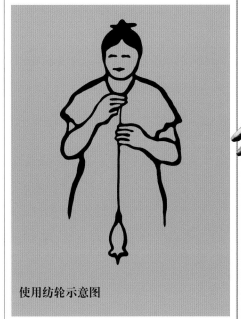

使用纺轮示意图

轮的发现。在黄河流域的中下游和长江流域中下游的遗址中，出土了织布的工具骨梭、机刀，以及麻布或丝织物残片，都有力地证实了新石器时期的先民已

经开始脱去原始的皮服，穿上了缝制的衣裳。人们对美的追求也提高了，服饰在讲究实用性的前提下还要求兼具装饰性，于是就有了丰富多彩的装饰品。

骨梭

新石器时代大汶口文化□长16.6厘米
1959年山东泰安大汶口新石器时代遗址出土□现藏山东博物馆

原始手工纺织工具。我国新石器时代使用的是原始腰机，由两根横木，一个梭子，一把打纬刀，一根综杆，一根分经棍组成。织机的出现，说明纺织技术的开始，人类进入了纺织品制作衣裳的文明时代。

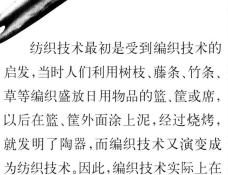

纺织技术最初是受到编织技术的启发，当时人们利用树枝、藤条、竹条、草等编织盛放日用物品的篮、筐或席，以后在篮、筐外面涂上泥，经过烧烤，就发明了陶器，而编织技术又演变成为纺织技术。因此，编织技术实际上在人类文明进程中，曾发挥了巨大的启蒙作用。

当时用作纺织的原料有植物性与动物性两大类。农耕地区一般用葛或麻织布制衣，这种技术传播相当广泛。原料主要是葛与麻，都是生命力很强的植

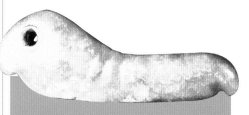

玉蚕

商□长3.1厘米
河南三门峡出土□现藏河南省文物考古研究院

这是仿照蚕的形象制作的玉佩饰，属于黄河中上游食柞树叶的蚕。用蚕的形象作为装饰，可见蚕与人们生活的密切程度，也反映了当时人们对蚕的喜爱。

残绸片

新石器时代良渚文化
1958年浙江吴兴钱山漾新石器时代良渚文化遗址出土□现藏浙江省博物馆

此残片为家蚕丝织品，呈黄褐色，平纹组织。交织的经纬丝由二十多根茧丝并合成一根生丝，是直接用茧丝借助丝胶的粘着力拼合而成。这是我国至今出土时代最早的蚕丝织物，在中国丝绸史上占有极为重要的地位。

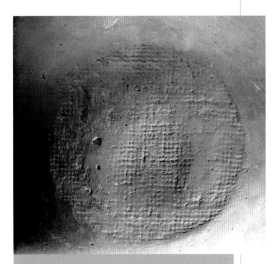

陶钵上的麻布纹

新石器时代仰韶文化□高7.2厘米，口径
14.5厘米

陕西西安半坡村出土□现藏中国国家博物馆

麻布纹是制作陶器时所用的铺垫物遗留下的痕
迹，纱线较粗，平纹，经纬排列均匀。

物，分布广泛，产量高。葛又名葛藤，属于豆科类藤木植物，是我们祖先最早用于纺织的植物纤维。葛藤在沸水中煮过

铜片上的绿绢痕迹

商

1953年河南安阳殷墟遗址出土□现藏
中国国家博物馆

此为铜片上留有的丝绸的残痕，目前发现的商
代丝织品多粘附于其他物质之上。

皮就变软，并逐渐分离出洁白的纤维，经过手搓后，加工成纱线，就可以纺织成布。麻分为苎麻和大麻两个品种。苎麻是我国特有的荨麻科多年生草本植物，它的外皮有一层纤维和胶质粘结的韧皮。使用自然浸沤发酵脱胶的方法，可以取得纤维。《诗经·陈风》中就有"东门之池，可以沤苎"的诗句。苎麻布是做夏衣的佳品，具有"去汗离身"的性能，被称为"中国草"。大麻属于桑科一年生草本植物，对土壤和气候的适应性很强。早在3000年至4000年前，我国大麻种植就遍及华北、西北、华东、中南各地区。河南郑州大河村新石器时代遗址出土了不少大麻籽实物，证实新石器时代已经有人工种植的大麻。

动物性纺织原料主要是毛与蚕丝。利用毛纤维的纺织品主要分布在气候干燥寒冷的新疆、青海等地区，在农耕区生产葛麻织品时，游牧民族的聚居区也开始生产毛织品。原料有羊毛、兔毛、

驼毛、马毛、牦毛、羽毛等，原料来源相当广泛。

在全世界产生影响力最大、使中国得以走向世界的就是丝织品。我国是享誉世界的"丝绸之国"，也是最早发明养蚕和纺织丝绸的国家。相传发明和推广养蚕技术的是黄帝的妃子嫘祖。《史记·五帝本纪》载："黄帝居轩辕之丘，而娶

舞蹈纹陶盆上的舞蹈纹

新石器时代仰韶文化□高28.5厘米，口径13厘米

1973年青海大通出土□现藏中国国家博物馆

此图是舞蹈纹陶盆上的一组舞蹈纹，约5000年前，属新石器时代马家窑文化。盆中绘三组舞蹈图，每组五人，牵手并肩翩翩起舞。短发辫，已经由原始人披发发展成为辫发。裸体，下身装饰尾饰。正如《尚书》"击石拊石，百兽率舞"中所描绘的敲打石乐器表演狩猎舞的情景。

农耕氏族的生活

于西陵之女，是为嫘祖。嫘祖为黄帝正妃，生二子，其后皆有天下。"《路史·后纪五》载：黄帝元妃西陵氏女曰嫘祖，以其始蚕，故又祀为先蚕。关于嫘祖推广养蚕取丝技术的情况，在唐开元年间赵蕤所题《嫘祖圣地》碑文中有全面的记叙：生前，首创种桑养蚕之法，抽丝编绢之术；谏诤黄帝，旨定农桑，法制衣裳，兴嫁娶，尚礼仪，架宫室；奠国基，统一中原，弼政之功，殁世不忘。是以尊为先蚕。后人为了敬奉和纪念嫘祖养蚕这一创举，每年初春，皇后亲自为先帝伏羲氏举行先蚕祭礼，祭祀先蚕之神嫘祖。在祭祀时，皇后所穿礼服称为"蚕服"。从出土实物来看，山西夏县西阴村灰土岭新石器遗址发现了一个人工半割切的蚕茧，山西芮城县西王村仰韶文化遗址发现了一个陶制蚕蛹，浙江余姚河姆渡遗址出土了一个刻有蚕纹的象牙盅，浙江吴兴钱山漾新石器遗址发现一批距今4700年前的丝织品残片等等，都证实了远在新石器时期，我们的先祖已经开始养蚕取丝纺织。殷商甲骨文只有几千个字，但是其中已有蚕、丝、桑、帛等字样；《诗经》中也有四十多处记载了采桑、养蚕、纺丝的活动，说明殷商时代养蚕纺丝已经相当普遍。

　　原始人主要以披发为主，无论男女都是任头发自然披于脑后，这是最古老的一种发型，适宜农业的刀耕火种，手工业的粗制简工。随着农业生产讲究精耕细作，手工业劳动也日趋细致化和工艺化，为了方便劳作，更是为了美观，男女都渐渐将头发梳起来，编成发辫或者挽起发髻，一改昔日披发的风俗。而妇女虽然发式很简朴，但在化妆方面却较为精心，以面红唇赤为美，为今后的化妆术奠定了十分良好的基础。在以血缘为纽带的母系氏族社会中，人们没有服饰的等级观念。

　　这个时期服装的大体趋势是：去皮服布，上衣下裳，束发戴冠，男女服装和装饰都没有明显的区别。

彩塑女神头像
　　新石器时代红山文化□残高22.5厘米，面宽16.5厘米
　　1983年辽宁凌源牛河梁遗址出土□现藏辽宁省文物考古研究所
　　属于红山文化雕塑品。神像有真人大小，具有明显的蒙古人种特征，应是受尊敬的祖先或当时的权势者。胎为黄土掺草禾和泥塑制。头微倾，丰满的瓜子脸形。平直的发际，鬓角、宽阔的前额，高凸的颧骨，尖而上翘的下巴，双眼角上吊呈丹凤眼状，睛饰以玉片，闪亮有神，鼻梁低平。最重要的是面部细腻光滑，面颊呈淡红色，唇为朱色，出土时十分鲜艳，这毫无疑义是最早的化妆证据，说明远在新石器时代人们就以面红唇赤为美。

人面鱼纹盆
　　新石器时代仰韶文化□高16.5厘米，口径39.5厘米
　　1958年陕西西安半坡新石器遗址出土□现藏陕西历史博物馆
半坡遗址是黄河流域典型的母系氏族社会文化。出土的陶盆，上面画着人面含双鱼纹。人面头顶束髻，以骨笄约发，上有尖顶状冠饰，富有神秘的象征意义。

双鸟朝阳象牙刻饰
　　原始社会河姆渡文化
　　1973年浙江余姚河姆渡遗址出土□现藏河姆渡遗址博物馆
河姆渡遗址是长江流域的一处聚落遗址，距今约7000年。河姆渡先民用骨角、兽牙、玉石等制成各种装饰品。这件双鸟朝阳象牙雕刻饰件，形象地反映原始农业产生以后，先民对知时的鸟和照耀万物生长的太阳的崇拜，构思奇特，手艺娴熟，是原始艺术中的精品。

第四节　服饰初为等级尊卑的标志

父系社会同母系社会一样，依然维系着以血缘为纽带的氏族群体。但是世系改变为按照父系计算，男子享有特权，在氏族中占据主导地位，氏族的首领由男子担任。最初氏族的管理还维持民主制度，重大的事件由氏族会议决定。随着一夫一妻婚姻关系的确立，稳定的个体家庭出现了，氏族的全部财产由男性后代继承。为了生育嫡亲子女继承财产，出现了私人占据氏族财产的现象，氏族首领主宰了权力和财富，成为高高在上的贵族，普通氏族成员的地位降低到社会底层，尊卑等级越来越显著，最终冲毁了平等的氏族家园。而服装也成为尊卑等级的标志，尊者衣饰华贵，卑者粗布遮体。

距今5000年至4000年前，在黄河、长江和辽河流域等经济发达地区，终于形成了由若干部落联盟组成的独霸一方的邦国。各个邦国都兴建了高耸林立的城堡，将野蛮社会与文明社会截然分开，标志着平等民主的氏族社会已经走到尽头，国家即将出现。

邦国时代一批具有强大政治势力的领袖和与天灾抗争的英雄，例如黄帝、大禹等，他们为民造福的功绩受到人们的爱戴，以后被尊奉为"三皇五帝"，成为创造中华文明之神。而且国家的雏形已经形成，统治者和贵族开始关注服饰的等级制度问题，这是后世在中国延绵4000年的封建帝王服饰制度的发端。《帝王世纪》中记载："黄帝始，去皮服。为上衣以象天，为下裳以象地。"天未明时为玄色，上衣像天，则用玄色；地为土黄色，下裳像地，则用土黄色。这种上衣下裳的形制，就是我国最

早的衣裳样式，一直影响到今天。这种玄衣纁裳的色彩确立以后，天地万物又启发人们丰富的想象力。自然界的天象星河、山川河流、飞禽走兽的形态和色彩，都成为创作服饰的灵感源泉，极大丰富了服饰艺术的创作空间。

衣裳形制既备，与之相应的，是头上的发型和首饰，以及足下的鞋履。据《世本》载："于则作扉履。草曰屦，麻曰

绢画伏羲女娲图

唐□长220厘米，宽80.9～116.5厘米
1969年新疆吐鲁番阿斯塔那墓出土□现藏浙江省博物馆

人首蛇身的伏羲、女娲上身相拥，两尾相交，表明他们是造人类、掌婚姻、司生育的生命之神。

女神像

新石器时代红山文化□高20厘米
1988年甘肃玉门出土□现藏甘肃省博物馆

女神，双眼镂空，头顶中空。胸前饰网纹饰件，双乳裸露。下身穿不连裆的网纹裤子，足著翘头靴。在氏族社会中，一般氏族成员赤足，只有氏族首领、巫师才有资格穿鞋。

冠状玉饰

新石器时代良渚文化□宽8.5厘米，高4.8厘米，厚0.8厘米
1986年浙江余杭良渚文化遗址出土□现藏浙江省文物考古研究所

冠状玉饰，用整块黄玉制作，有茶褐色斑。通体扁平，上端略宽，冠顶略高有尖，下端有扁短的榫，上作三个等矩小孔。全体用透雕和线刻相结合的技法，雕琢成两面对称的神人像。神像头戴羽冠，冠上所插羽毛自前额均匀左右排列，与印第安人的羽冠极其相似，可能是权力与地位、身份的象征。

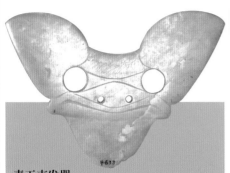

青玉束发器

新石器时代红山文化
1983年辽宁建平牛河梁贵族墓出土□现藏辽宁省博物馆

这件束发器，使用时将长发装在圆筒里，再用带子穿孔拴紧，立在头顶。只有部落显贵才有资格使用。

镂孔象牙梳

新石器时代大汶口文化□长16.7厘米，宽8.2厘米
1959年山东泰安出土□现藏山东博物馆

在黄河下游大汶口文化遗址出土。大汶口文化年代始自公元前4300年至公元前2500年。以农业经济为主，制石、制玉、制骨等手工业已经比较发达。此件象牙梳说明当时先民已经过上比较文明的生活。

玉项饰

新石器时代□周长76厘米
1982年上海青浦墓葬出土□现藏上海博物馆

由穿孔管、珠、坠共七十一粒穿成项饰，下有一锥形玉坠，坠的两侧玉珠上还浮雕兽面纹。制作精美，为长江流域出土的罕见精品。

履。"在母系社会只有氏族首领有穿鞋的资格，一般氏族成员都赤足。而此时从邦国国君到贵族，都是脚上穿有各种材料编织的鞋子，以显示高贵的与众不同的身份。据史书记载，黄帝时期已有皮制或草麻纺织而成的鞋子了。从三皇五帝活跃的黄河中下游到长江中下游的新石器遗址的贵族大墓中（不排除有邦国国君大墓），出土了大量的骨笄、骨簪、象牙梳等头饰和梳妆用品，证实了这时期的统治者束发并戴冠饰，也已经

精致，成为这一时期手工业工艺的杰出代表。

牛河梁4号墓出土玉器

现藏辽宁省博物馆

此墓葬中出土三件玉器。一是在人头骨下出土一长筒状圆玉箍，在胸部出土一青一白成对的玉猪龙。皆光洁细润，形态可掬。这反映出当时氏族成员等级化的趋势。

人面兽纹玉簪

新石器时代□长18.4厘米
1986年浙江余杭良渚文化墓葬出土□现藏浙江省文物考古研究所

这是束头发的玉簪，饰人面纹和兽面纹，组成神徽。玉簪的出土，说明新石器时代先民已经束发插簪。

是显示权力的标志。各邦国君主相互攀比斗胜，更使装饰品越来越讲究华美和

猪龙形玉佩

新石器时代红山文化□高15厘米
1983年辽宁建平牛河梁红山文化墓葬出土□现藏辽宁省博物馆

东北地区的红山文化流行动物造型的玉饰，此件猪龙形玉佩具有宗教信仰的意义。

第二章
彰显社会等级的服饰
夏、商、西周
（公元前2070年—公元前771年）

【历史背景】

公元前2070年，中国历史上第一个王位世袭的国家——夏朝建立，从此原始社会以血缘为纽带的氏族公社解体了，更高一级的文明社会——奴隶社会诞生了。公元前16世纪，商汤与夏桀战于鸣条，桀败死，灭夏，建立了商朝。公元前1046年，武王伐殷，战于商郊牧野，灭商，封邦建国。从武王建国至平王东迁前，共传11代，13王，史称西周。由商朝到西周前后约一千年，是我国奴隶社会的鼎盛时期。商代在服饰上尊卑等差更加显著，贵族不仅穿丝绸等制作精美的服装，还具备了服饰礼制的理念。周朝创立了崭新的礼制化、等级严密的社会秩序，规范和治理国家，以确保王权至上的地位。服饰文化作为礼仪的重要内容，成为"分贵贱，别等威"的工具，服饰制度基本形成。

原始社会末期，在"三皇五帝"旗帜下集结的邦国中，以先进的农业和青铜技术堪称强势的夏族、商族、周族，终于最先迈进国家之门，在黄河中下游演绎了长达千年的群雄逐鹿的战事。

夏朝国君的政权尚未完全确立起来，到商朝，商王所奉行的最高原则，就是依据天帝的意志治理国家，神权甚至高于王权。"国之大事，在祀（祭祀）与戎（战争）"。在商王处理政务时，凡事都要占卜吉凶，并形成规范化的程序。王室占卜师的权力仅次于商王，不仅参与祭祀和征战等国家大事的决策，而且几乎所有与王室有关的活动都要参加，地位十分显赫。在商王的感召下，整个王朝都弥漫着鬼神崇拜的气氛，神权政治渗透到社会生活的每个角落。

夏、商两代的服装款式，目前尚未发现形象资料，文字记载更是片言只字。但从新石器晚期遗址中发现的蚕茧与麻、葛织物来看，夏代应与那时的变化不大，仍然是贵族穿丝绸，下等人穿麻葛衣料的服装。据《论语》记载：子曰，禹、吾无间然矣，恶衣服而致美黻冕。由此证实，大禹平时生活节俭，穿着俭朴，崇尚黑色，只有礼服比较华美。

商代在服饰上尊卑等差更加显著，贵族不仅穿丝绸等制作精美的服装，还具备了服饰礼制的理念。而奴隶变化不大，还是麻葛粗布服装。男女服装的样式没有太大的区别，除了上衣下裳的旧式样依然占据主流以外,还有一种生命力极强的深衣逐渐崭露头角,以后成为西周礼制的重要组成部分,甚至保留到汉代。

到周朝,神权与王权的地位发生了演变,周王亲眼看到天神并没有为商朝保住国家社稷,对神权政治发生了动摇。周王利用宗法制度,严格确立从国家到每个家族内的嫡庶、长幼、尊卑之序。天子、诸侯是贵族最高阶层,卿、大夫是贵族中等阶层,士是贵族最低阶层,以下是众多的平民和奴隶,构成金字塔式的社会结构。周朝还制定了繁缛而精致的周礼,根据每个人的阶层和等级,从衣、食、住、行到举止行为全面加以区别和制约,任何人不得逾越这套无处不在的礼制。商朝对服饰礼制的构想,到西周才真正确立并完善起来。

由于有关周朝服饰的史书记载大量出现,《礼记》、《周礼》、《仪礼》这三大礼制著述成为我们了解服饰制度的文献依据。这个时期的出土实物也相当丰富,更成为再现周代服饰制度的形象资料。周代的等级制度以礼仪的形式固定下来以后,服饰文化作为礼仪的重要内容,成为"分贵贱,别等威"的工具,服饰制度基本形成。《论语》中记载孔子说:"殷因于夏礼,所损益可知也。周因于殷礼,所损益可知也。"又说:"周监乎二代,郁郁乎文哉,吾从周。"说明夏、商、周三代服饰制度是在继承前代的基础上逐步建立起来的。

妇好墓发掘现场

第一节 显示尊卑的夏商服饰

夏、商时代已经进入奴隶制社会，等级制度业已形成。尤其商王的统治方式，与埃及法老政权极其相似，都是用神权与王权合一的统治方式管理国家。他们自恃既是世俗人间的最高领袖，又是天帝或太阳的子孙，具有沟通上帝意志的神力。商朝同埃及一样，政府中的高级官员大都兼有神职，还有大量专门负责宗教和祭祀事物的神职官员，他们形成了最显贵的阶层。社会阶层的尊卑等级是维护国家体制的基石，商王及其有血缘亲属关系的王族是最高贵族阶层，其下是与商王血缘疏远的同姓贵族和异姓贵族，他们占据了全国大部分土地、人口、财富。而社会下层是被称为"众人"的劳动者，分别隶属于商王和各级贵族，他们从事农业劳动和手工业生产，创造社会财富。地位最低微的是战

是人殉和人祭的牺牲品。这种等级差别也强烈地反映在服饰上，但从史籍记载和出土文物的情况来看，夏、商时代在服饰上究竟是怎样分别尊卑等差的，都不甚详备，今天只能知道大致的轮廓。

跪式玉人

商□高7厘米

1976年河南安阳殷墟妇好墓出土□现藏中国国家博物馆

跪式玉人头梳长辫，从右耳后侧往上盘至头顶，绕至左耳后侧，再绕回右耳，辫梢与辫根相接。再戴一箍，前连卷筒状冠帽。身穿交领窄袖衣，衣长过膝，衣上布满云彩花纹。腰束宽带，腰带压着衣领下部。腹前悬一块长条形的韦韠，与衣的下缘齐。足著鞋。左腰间斜插一卷云式宽柄器。玉人衣饰华美，身佩器物，应为奴隶主贵族形象。

商人服饰示意图

头戴高巾冠，著右衽交领，腰间围褶，腹前垂长条形蔽膝。这种服饰为商朝贵族形象。

争的俘虏，他们沦为贵族的奴隶，失去人身自由，可以任意买卖和杀戮，甚至

夏代服装款式至今尚未发现形象资料，但从一些新石器时代遗址出土实物来看，可以肯定夏代已用丝绸、麻布作衣料，并用朱砂等染色。商代纺染技

术渐臻成熟，从出土商代铜器上的丝绸印痕来看，其中有织成规矩纹的绮、绢，可知当时已有丝绸织花技术。这个时期的织物颜色以暖色为多，可能是暖色比较经久不褪色，尤其以红、黄为主，间有棕、褐，但这并不等于不存在蓝、绿等色。商周时期的染织方法往往是染绘并用，常在织物织好之后，再用画笔添绘，称为"画缋之事"。

夏、商奴隶主贵族平时身穿色彩华美的丝绸衣服。衣上织绣或染绘各种花纹，如龙纹、凤鸟纹、舞人、瑞兽、蟠螭、饕餮等，以云纹、虎纹、菱形、几何纹样居多。衣服的领缘、袖口都用花边装饰。窄袖式短衣是通常的样式，衣长一般齐膝上下。领型至少有交领、直领、圆领、大翻领等多种形式。下身以穿着裙裳为主。腰间以宽带束腰，前腹垂一韍。脚上穿圆头履。妇女衣着与男子差别不大，通常身穿束腰衣裳，宽带束腰，腹前垂韍。

商代贵族开始重视头戴冠帽，是贵族服饰的主要标志，而且出现礼冠制度。当时有男子二十而冠，女子十五而笄的习俗。冠是加在发髻上的一个罩子，不覆盖整个头顶，不以保暖或防护为功能。据《礼记·王制》记载："有虞氏皇而祭，深衣而养老；夏后氏收而祭，燕衣而养老；殷人冔而祭，

拱手玉人
商□高10.3厘米
现藏上海博物馆
头戴平顶冠，两耳穿孔。赤身跣足，双身拱于腹前，两腿分立，微曲。

缟衣而养老；周人冕而祭，玄衣而养老。"皇、收、冔、冕，皆冠名。帽又称"头衣"，是在巾的基础上演变而成的，主要用作保暖或防护。戴巾帽始于商朝，普及于周朝。商朝男子一般戴短筒式帽子，样式比较简单。也有戴帽箍的，起初有保暖、吸汗等实用性，后来向装饰性转变，在额箍上镶饰装饰物，形状奇特。额箍不仅男女均可使用，而且一直流传至今。而处于社会下层的平民或奴隶，穿本色粗麻布衣或粗毛布衣，或上衣下裤的短装打扮，或身穿贯头衣。一般头露顶，不著冠帽。

夏、商时代的统治者，已经具备了利用服饰明辨社会等级、尊卑贵贱的意识，但是还没有完备的服饰礼制出台。

石雕像
商
河南安阳殷墟妇好墓出土
头戴帽箍，头上梳发，一辫后垂。

第二节 冠冕堂皇的西周服制

西周是我国奴隶制社会的鼎盛时期，以血缘宗亲为纽带的宗法制构筑了整个国家大厦，并用奴隶主的伦理道德制定了《周礼》，这是周王执政的灵魂。周王利用宗法制度，严格确立从国家到每个家族内的嫡庶、长幼、尊卑之序。嫡长子为大宗，以下的余子为小宗，小宗必须绝对服从大宗，由此确立了王位嫡长子继承制的法统地位。周王是天下大宗，作为诸侯国的共主，称之为"周天子"。与周天子同姓的姬姓宗亲是小宗，分封为诸侯。但他们在封国内又是同族的大宗。任何人不得逾越《周礼》这套无处不在的礼制。

西周时不仅具备了服饰制度，而且设置了一系列的官职，专门掌管和监督服制的实施情况。当时的服制也是以天子的章服制度为核心的，在《礼记》、《周礼》、《仪礼》、《左传》等记录周礼的古籍中都有详细的记载。

一、冕服

冕服为礼服，只有天子及皇太子、诸侯王服用。冕服自周代始创，后来一直是各个朝代礼服的主要形式。随着朝代的更替，冕服有很大补充和修改，各有其定规。到了辽、金、元、清代，这些少数民族执政的时代，则以带有本民族特色的服装为礼服。清代皇帝的衮服，是在这种服装上绣有十二章纹，只是略存古制而已。

其实，西周时期周天子冕服的确切样式根本无法从史书中得知，只有从后代皇帝的冕服样式略知一二。冕服的主要部分有：

衮：均为上衣下裳制。西周流行玄衣纁裳，上以象征未明之天，下以表示黄昏之地。汉唐以后，龙成为皇帝的象征，常画卷龙于衮服上。

冕：头上戴的冠类首服。戴通天冠，黑介帻，附蝉，加笄。前后有旒，不同等级的冕服旒的数量也不相同。

韍：佩于带下的蔽膝。用韦（熟皮）制作。上宽一尺，下宽二尺，长三尺。不同等级用色不同，天子用纯朱色，诸侯用黄朱色，大夫用赤色。

舄：一层鞋底的鞋称为"屦"，双层鞋底的鞋称为"舄"。舄为礼服鞋，天子、诸侯吉事皆着舄。舄有赤、白、黑三色，赤舄为上。所服裳的颜色不同，舄亦异色。赤舄为冕服之舄，白舄为皮弁之舄，黑舄为玄端之舄。卿大夫冕服时也着赤舄，穿其他服式皆着屦。士都着屦。

衡：即横笄。笄有两种，一种是安发的笄，一种是固冠的笄。用来固冠的笄，长一尺二寸。天子用玉做笄，诸侯用似玉的石做笄。

上述各物，足以昭明冕服的制度，以及尊卑等差的区别。又有：

藻：又写作"缫"，亦称"缫籍"。是用来垫玉的东西。以木板为之，外包熟皮，用粉白画水藻纹于其上。

率：借为"帅"，又写作"帨"。佩巾。

鞞：即刀鞘。用皮革等质料做成。

琫：又称"鲇"。指佩刀刀把处的装饰。

鞶：即革带。用皮革制作，宽二寸，用以系垂佩和韍。

厉：指革带垂下成为装饰的部分。

游：又写作"旒"。冕前后均有旒。天子、诸侯、大夫以至于士，身份不同，旒数也不相同：天子前后各十二旒，每旒十二玉，玉与玉之间的距离一寸远，称为"就"，共长一尺二寸。公有九玉，共长九寸。侯伯有七玉，共长七寸。公之孤四就四玉，共长四寸。

冕服共有六等，称为"六冕"，为王者亲祀之服。据《周礼·春官·司服》中记载："王之吉服，祀昊天上帝，则服大裘而冕，祀五帝亦如之。享先王则衮冕。享先公飨射，则鷩冕。祀四望山川，则毳冕。祭社稷五祀，则希冕。祭群小祀，则

【名词点滴·十二章纹】

古代天子之服绘绣的十二种图像。衣绘日、月、星辰、山、龙、华虫，称上六章；裳绣宗彝、藻、火、粉米、黼、黻，称下六章。清代恽敬《十二章图说序》："古者十二章之制始于轩辕，着于有虞，垂于夏殷，详于有周，盖二千有余年。"

【名词点滴·介帻】

古代的一种长耳裹发巾。始行于汉魏，即后来的进贤冠。《隋书·礼仪志六》："帻，尊卑贵贱皆服之。文者长耳，谓之介帻；武者短耳，谓之平上帻。各称其冠而制之。"宋代吴自牧《梦粱录·驾宿明堂斋殿行禋祀礼》："乐工皆裹介帻如笼巾，著绯宽衫，勒帛。"

【名词点滴·韍】

古代大夫以上祭祀或朝觐时遮蔽在衣裳前的服饰。用熟皮制成。形制、图案、颜色按等级有所区别。《汉书·王莽传上》："于是莽稽首再拜，受绿韍衮冕衣裳。"颜师古注："此韍谓蔽膝也。"

玄冕。"这六冕的具体形制是：

大裘冕：其冕无旒，玄上朱里。玄衣纁裳，朱韨赤舄。十二章纹，上衣绘日、月、星辰、山、龙、华虫六章，下裳绣藻、火、粉米、宗彝、黼、黻六章。外穿一件黑色羊羔皮袍。是最高等级的礼服，一般只有天子才能服用。

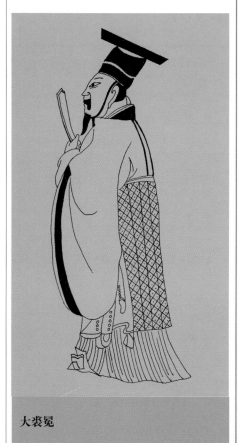

大裘冕

衮冕：冕为玄上朱里，十二旒，每旒十二玉，用五彩玉贯串，前后二十四旒，共享玉二百八十八颗。玄衣纁裳，朱韨赤舄。章纹自龙以下九章，上衣绘龙、山、华虫、火、宗彝五章，下裳绣藻、粉米、黼、黻四章。是第二等礼服。

鷩冕：穿单衣而冕，冕玄上朱里。九旒，前后共十八旒，计用玉二百十六颗。玄衣纁裳，朱韨赤舄。章纹自华虫以下七章，上衣绘华虫、火、宗彝三章，下裳绣藻、粉米、黼、黻四章。是第三等礼服。

毳冕：冕玄上朱里，七旒，前后共十四旒。玄衣纁裳，朱韨赤舄。章纹自宗彝以下五章，上衣绘宗彝、藻、粉米三章，下裳绣黼、黻二章。是第四等礼服。

希冕：或写作"绨冕"。冕玄上朱里，五旒，前后共十旒。玄衣纁裳，朱韨赤舄。章纹自粉米以下三章，上衣绣粉米一章，下裳绣黼、黻二章。是第五等礼服。

玄冕：冕玄上朱里，三旒，前后共六旒。玄衣纁裳，朱韨赤舄。上衣不加章纹，下裳绣黼、黻二章。是第六等礼服。

除天子之外，群臣的礼服也是冕服，按礼必降天子一等而服用。据《周礼·春官·司服》中记载："公之服，自衮

衮冕

鷩冕

【名词点滴·宗彝】

指天子祭服上所绣虎与蜼的图像。因宗彝常以虎、蜼为图饰，因以借称。蜼，一种长尾猿猴，古人传说其性孝。《旧唐书·杨炯传》："宗彝者，武蜼也，以刚猛制物，象圣王神武定乱。"

【名词点滴·黼】

古代礼服上绣的半白半黑的花纹。

【名词点滴·黻】

古代礼服上绣的黑与青相间的亚形花纹。孔传："黻，为两己相背。"孔颖达疏："黻谓两己相背，谓刺绣为己字，两己字相背也。《考工记》云：黑与青谓之黻。刺绣为两己字，以青黑线绣也。"《旧唐书·杨炯传》："黻者，两己相背，象君臣可否相济也。"一说两"弓"相背。

冕而下，如王之服。侯伯之服，自鷩冕而下，如公之服。子男之服，自毳冕而下，如侯伯之服。孤之服，自希冕而下，如子男之服。卿大夫之服，自玄冕而下，如孤之服。"

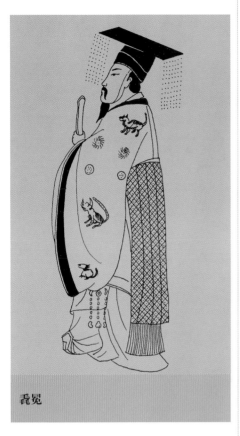

毳冕

玄冕

希冕

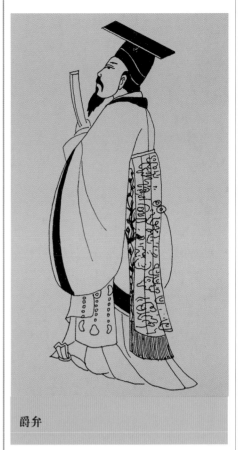

爵弁

二、弁服

除冕服外，弁服也是礼服。周代的公服，主要是弁服，是次于冕服的一种礼服，用于一般性的正式场合。弁服依身份、官阶的不同而有等差，分为三种，称为"三弁"。

爵弁：弁的形制如冕，但前后无旒，也没有前低之势，在綖下作合手状，是仅次于冕的一种首服。弁的颜色不是玄上朱里，而是爵头色（一写作"雀头色"），戴时用笄贯于髻中固定。爵弁服为玄衣纁裳，与冕服相同，但衣裳均不加章纹。腹前用韎韐代替冕服的韨。爵

【名词点滴·綖】
佩玉的绶带。《后汉书·蔡邕传》："君臣穆穆，守之以平，济济多士，端委缙綖，鸿渐盈阶，振鹭充庭。"李贤注："綖，系绶也。"

【名词点滴·韠】
古代朝觐或祭祀时遮蔽在衣裳前面的一种服饰，即朝服的蔽膝。《诗·桧风·素冠》："庶见素韠兮，我心蕴结兮。"

皮弁

弁服是士助君祭的礼服，也是士最高等的礼服。士以上如大夫等也有服用的。一直沿用到宋代。

皮弁：弁的形制如两手相合状，用白鹿皮做成，长七寸，高四五寸。弁上缝中饰玉，称为"琪"。天子用五彩玉十二琪，侯伯三彩玉七琪，子男三彩玉五琪，孤二彩玉四琪，卿二彩玉三琪，大夫二彩玉二琪，士则无饰。戴皮弁时服细白布衣，下着素裳，裳有襞积（打裥）在腰间。腹前也系着素韠。上衣下裳均无纹饰。其他一般执事则上用缁麻衣，下着素裳。天子视朝和效天、巡牲，在朝宾射礼等服用，诸侯在王朝见、视朝、田猎等也服用。皮弁一直沿用到明代，其间颜色有些变化。

韦弁：弁的形制如皮弁，顶上尖。以

韎韦为弁，又以此为衣裳，即赤弁、赤衣、赤裳。凡兵事则服韦弁，若在其他场所，则用韎布为上衣，下着素裳，以示区别于兵事。到北朝后期就不闻有此弁制。

韦弁

三、六服

周代王后的礼服与天子的礼服相配衬，也和冕服一样分为六种规格，称为"六服"。据《周礼·天官·内司服》中记载：内司服掌王后之六服。袆衣、揄狄（又写作"揄翟"）、阙狄（又写作"阙翟"）、鞠衣、展衣、褖衣、素纱。

六服的具体形制如下：

袆衣：衣玄色，画五彩山雉为饰。舄亦有三等，女子的舄玄色为上，次有青色、赤色。袆衣为玄色，则着玄舄。首服规定为"副"。"副"是一种类似汉代的假紒步摇的饰物。《诗·鄘风》中有"副笄六珈"的说法，就是副上还可以加饰六物，这是首服中最高等次的首饰。袆衣、揄狄、阙狄的首服还可以用"衡"，即横笄，垂于副两旁当耳处，其下以纮悬瑱。袆衣为从祭先王之服。

揄狄：衣青色，画五彩鹞雉为饰。与衣色相配，着青舄。首服亦规定为"副"和"衡"。揄狄为祭先公之服。

阙狄：衣赤色，只刻翟形而不加画

祎衣

鞠衣

色。与衣色相配，着赤舄。首服也规定为"副"和"衡"。阙狄为祭群小祀之服。

　　鞠衣：为像桑叶始生之色，即嫩黄色。衣上无纹饰。自鞠衣以下，鞠衣、展衣、禄衣、皆着屦，不再着舄。首服规定为"编"，即编列头发，如汉代的假髻。鞠衣为告桑之服，即亲蚕之服。

　　展衣：又写作"襢衣"。衣白色。着屦。首服亦为"编"。展衣为以礼见王及宾客之服。

　　禄衣：衣黑色，着屦。首服有两种：见王用"次"。"次"即髯髢，就是剪取他人的头发而加益增饰。平时和一般妇女相同，只用缅、笄、总。"缅"又写作"徙"，

揄狄

阙狄

展衣

【名词点滴·屦】

　　单底鞋。多以麻、葛、皮等制成。后亦泛指鞋。《周礼·天官·屦人》"掌王及后之服屦。"郑玄注："复下曰舄，禅下曰屦。"

是用一幅布，长六尺，韬发裹髻。笄横贯固髻。再用裂分的练缯束发根，垂其余于髻后以为装饰，称为"总"。褖衣为御于王之服，亦为燕居之服。

古代妇女尚专一，所以六服不分衣裳，均为深衣制。着六服时，内衣为白色素纱，用缚（縠类）做成，穿在六服里面，使六服能显示出它的色彩。其中袆衣、揄狄、阙狄三服均为祭服，所以都用刻缯为雉翟之形为装饰。

六服不仅是王后的服饰，同时也是命妇的礼服。其中袆衣是最高等级的礼服，只有王后可以服用。内命妇九嫔服鞠衣，世妇服展衣，女御服褖衣。外命妇服饰则依其夫爵位而定。

四、常服

上衣下裳及深衣这两种基本服制已经形成，常见的常服有：

玄端：衣袂和衣长均为2.2尺，正幅正裁，玄色无纹饰，以其端正，故名"玄端"。诸侯的玄端与玄冠（委貌冠）素裳相配，上士亦素裳，中士为黄裳，下士为前玄后黄的杂裳。腹前用缁（黑）带佩系与裳同色的韠。玄端自天子至士皆可穿，为国家的法服。为天子燕居之服，诸侯祭祀宗庙之服，大夫、士早上入庙及叩见父母之服。

深衣：深衣是上衣与下裳连成一体，在腰间缝组的长衣服，用十二幅制成，以应岁年有十二个月的含义。衣长根据穿着者的身体，长不至拖到地面，短不至露出皮肤。右衽。领、袖、下裾处均有缘边装饰。厚质或深色缘边称为"纯"，用画文刺绣做缘边的称为"绩"。腰系丝绦带。总体来看，衣领如矩，袖圆如规，背缝如绳直，下摆如权衡平，符合规、矩、绳、权、衡五种原理。深衣是比朝服次一等的服装，君王以至百姓，不论男女，都可以穿用。庶人常用它当"吉服"来穿。深衣之制始于周，盛行于春秋战国。

裘衣：兽皮作衣已有几十万年的历史，原始的兽皮是未经硝化处理的，硬而臭。商周时不仅掌握熟皮的制作，而且懂得按不同兽皮的性质来区别穿着者的身份等级。天子的大裘用黑羔皮，贵族大人们则锦衣狐裘。狐裘中以白狐最贵重，其次为黄狐裘、青狐裘、麛麑裘、虎裘、貉裘，再次为狼皮、狗皮、老羊皮等。狐裘为贵，除本身柔软温暖外，还因"狐死守丘"，传说狐死后头朝洞穴一方，有不忘其本的象征意义。天子、诸侯用全裘，不加边饰，卿、大夫则以豹皮饰作袖端。裘衣穿着时毛朝外，天子、诸侯、卿大夫要在裘衣外披罩衣，称为"裼衣"。天子白狐裘的裼衣用锦，诸侯、卿大夫上朝时要再穿上朝服；士以下无裼衣。

袍和襦：袍是有夹层的长衣服，夹层里装有御寒的绵絮。如果是新绵絮，称为"茧"；如果是劣质的絮头或用碎枲麻充数的，称之为"缊"。袍是一种生活便装，不作礼服用。

襦是袍之短者，即短绵衣。如果是质料很粗陋的襦衣，则称为"褐"。《诗·国风·豳风》："无衣无褐，何以卒岁。"褐

褖衣

玄端

是贫苦劳动者的服装。

　　西周时的高级衣料已用织锦和刺绣。当时的绣，是包括五彩画绩在内的。绣是人君后妃之服或天子之服，其他人是不能越级服用的。上尊下卑是商周以来社会上必遵的礼仪，所以衣着的面料也有严格的等级规定：7升到9升（每升等于麻缕80根）的粗麻布，是奴隶、罪犯、俘虏们穿用的；10升到14升的麻布，是一般平民百姓可以穿用的；15升以上的称为缌布，精细犹如丝绸，专用来制作奴隶主的服装；30升的缌布最精细，按规定只能做天子和贵族的帽子，称为"麻冕"。《诗·小雅·苍伯》中有："萋兮斐兮，成是贝锦。"纹彩华丽的贝锦，却只能

跽坐人车辖

　　西周

　　1967年河南洛阳庞家沟出土□现藏河南省洛阳市文物工作队

　车辖是古代马车插在轴头孔内，防止车轮脱落的销钉。此辖首作人形，可以略见西周的冠服式样：头戴网状束发冠，带子系在颔下固定。上身穿矩领窄袖衣，下身穿裳，腹前垂一韦拌。

西周青铜鬲

　　西周晚期

　　现藏故宫博物院

　奴隶蓄短发，科头露顶，身著短衣短裤。

执物俑

　西周中期□通高11.6厘米

　1975年陕西宝鸡茹家庄出土□现藏宝鸡青铜器博物院

　头梳总角。身穿长衫，前开襟，紧袖口。腰系带，腹前垂拌。

人形玉佩

　　西周□宽3.3厘米,高9.1厘米

　　山西曲沃曲村墓葬出土□现藏山西省考古研究所

人形玉佩头戴冠,上衣下裳,腰束大带,腹前垂韠,足著履,应为少女的形象。

是帝王贵族的专用品。凡是高级的衣料和装饰品,从原料与成品的加工、制作、使用、征收,都受奴隶主和政府的严格控制。西周设有庞大的官工作坊,从事服饰生产。主管纺织的"典妇功"与王公、士大夫、百工、商旅、农夫合称国之六职。西周政府还在各部门设置专门管理王室服饰生活资料的部门和官吏。如下图:

西周专门管理王室服饰生活资料的部门和官吏									
天官冢宰		地官司徒		春官宗伯		夏官司马		秋官司寇	
官职	具体职务	官职	具体职务	官职	具体职务	官职	具体职务	官职	具体职务
玉府	管理王室常服和玉器	闾师	管理征收布帛	典瑞	管理王宫服饰、玉器	弁师	管理国王的冕冠、帽	大行人	管理公、侯、伯、子、男的服饰制度
司裘	管理国王的各种祭礼、射礼所穿的皮裘服装								
掌皮	管理裘皮、毛毡的加工								
典妇功	主管妇人丝麻纺织								
典丝	管理丝绸的生产								
典枲	管理麻类纺织生产	羽人	管理征收羽毛	司服	管理国王各种吉、凶礼服				
内司服	管理王后六种礼服								
追师	管理王后的首服								
缝人	管理王宫缝纫加工	掌葛	管理征收麻葛布					小行人	管理接待国家宾客的礼节和服饰制度
屦人	管理国王、王后的鞋子			家宗人	管理家祭礼节及衣服、宫室、车骑的禁令				
染人	管理染练丝帛								
宫人、幂人、幕人	管理宫寝装饰陈设用布	掌染草	管理征收染料						

第三节 商周周边民族的服饰

商朝周边还分布有很多关系比较疏远的方国，他们或是独霸一方的少数民族部落，或是与商朝若即若离的异姓诸侯国。商朝与方国之间战事频繁，主要强敌边患来自北方和西北方的游牧民族。而南方又有经济发达的方国逐渐强盛起来，鄱阳湖的新干方国和四川成都平原的蜀方，都是积极吸纳中原先进文明、与商朝势力相当的地方势力。这些方国在与商王朝长期交往中，在不同程度上受到商文化的影响。

位于长江以南的鄱阳湖和赣江流域的新干方国，在晚商偏早时，已经发展成为一支与中原商文化并存的地方文化，具有鲜明的本地文化特色。当商文化传到长江流域时，新干方国的先民很快对其进行吸收和改造，使其融入自己的文化之中。青铜礼器最能反映这两种文化碰撞的结果，服饰文化也不例外。这一点可以从新干大洋洲商朝大墓出土实物看得很清楚。神人兽面玉饰中神人头戴的高冠、羽人玉配饰羽人的双髻、兽面纹胄的形制等，都明显受到商文化的影响，但又保留了本地文化的特征。

兽面纹胄

商口通高18.7厘米，内径18.6～21厘米，重2.21公斤
1989年江西新干大洋洲商墓出土口现藏江西省博物馆
胄为军队的防护装备，正中饰一浮雕兽面纹，顶部一圆管，用以安插缨饰。

玉羽人

　　商□通高11.5厘米
　　1989年江西新干大洋洲商墓出土□现
藏江西省博物馆

玉羽人的艺术构思，表现人征服自然的力量。羽人作蹲踞式，头戴羽冠，脑后由三活环组成的链条。是神鸟的化身。

　　位于成都平原的蜀方，以农业为主，具有高度发达的青铜文明。虽偏居

三星堆青铜立人像

　　商代晚期□通高262厘米
　　1986年四川广汉三星堆遗址出土□现
藏广汉三星堆博物馆

三星堆遗址是时代最早、面积最大的蜀文化遗址。时代相当于晚商，反映了三千年前巴蜀青铜文化的艺术成就。这件青铜方座大型立像是其中最有代表性的器物之一，他头戴花瓣形冠，身穿交领窄袖龙纹衣，下着兽面纹裳，赤足，脚踝戴脚镯。衣饰华美，充分显示了蜀君后裔的民族特色。

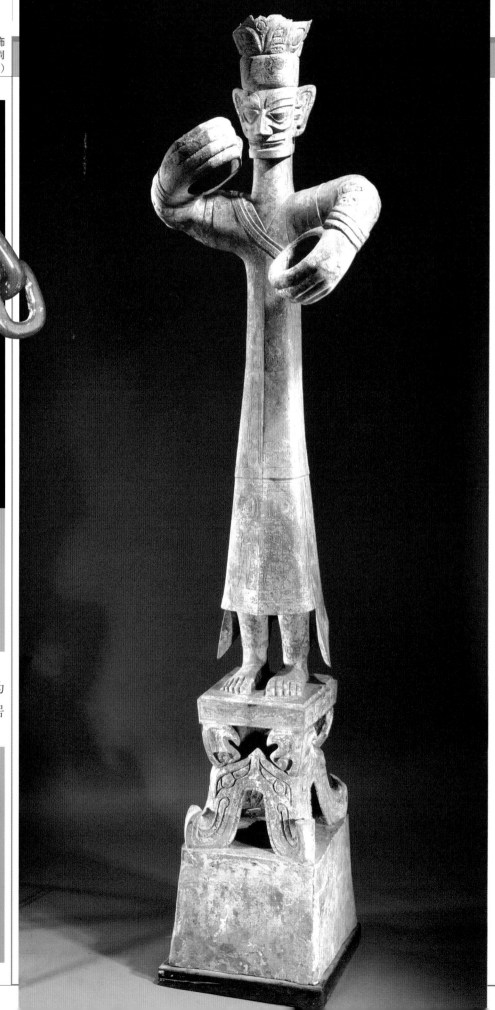

西南，却是一个与商朝关系密切的方国。蜀人与商人一样，重视与神灵沟通，非常讲究祭祀。蜀人的宗教崇拜也与商人的宗教世界相似，信奉多神，但以土地崇拜与祖先崇拜为核心。夏商周三代中原祭天用璧，祭地用琮，蜀人也以玉器作为祭器。蜀人祭祀活动的盛行，成为古蜀文明的重要特色。从四川广汉市三星堆古蜀遗址出土实物情况来看，蜀人把最珍贵的宝物都献给神，但并不把活人当祭品，这与商朝以大量人牲祭祀的情况不大一样。也正是由于这个特点，使我们今天得以从大量青铜器制品中，能看到古蜀服饰文化的特色。蜀人的椎髻、冠饰、袍服等，既有商文化的影响，又有着本土文化的特征。

当时的西北地区，即属于我们经常提到的西域，为现在的新疆地区。它自古以来就是东西交通的重要枢纽，在中外文化、经济的交流中发挥了重要的作用。早在商周时期，西域的先民就创造了灿烂的文明。西域的制陶业比较发达，陶器是当时人们最主要的生活器皿。青铜制造已经掌握了先进的技术，能够采用"多范合铸"的方法铸造器形复杂的青铜器。而主要的经济活动则是农业，小麦和粟是主要的作物。与之相适应的是，西域地区的居民已经开始了定居生活，出现了房屋和城堡，这成为西域进入文明社会的标志。纺织技术也已经达到先进水平，为西域地区的另外一个文明标志。早在商周时期，他们就已经能生产纱线均匀、平整的织物。由于当地气候较为寒冷，当地的毛织物较为发达，衣服也由毛织物制成。1979年新疆哈密一个相当于商末周初的墓葬中发现过一批红、褐、绿、黑四色的毛织物；1986年哈密焉不拉克墓地已有毛织物出土，年代相当于西周早中

金面罩人头像
商代晚期□高37.5厘米
1986年四川广汉三星堆2号器物坑出土
□现藏广汉三星堆博物馆
由铜头像和金面罩两部分组成。头像为平顶，头发向后梳理，发辫垂于脑后，发辫上端扎束。立刀眉，直长耳，耳垂穿孔。金面罩用金箔制成，粘贴于头像上。

方格彩罽
　商末周初（公元前11世纪）
　1978年新疆哈密五堡西周墓地出土□
　现藏新疆文物考古研究所
这件长袍残片，以深褐色为主调，在沉闷的底色上，用红、蓝、黄、白等色毛线交织成几何方格图案，凝重中透露出鲜艳，取得了和谐的效果。从这片彩罽残片可以看到，西周时毛纺技术已经成熟，毛织品在西北少数民族中已经流行。

【名词点滴·璧】
玉器名。扁平、圆形、中心有孔。边阔大于孔径。古代贵族用作朝聘、祭祀、丧葬时的礼器，也作佩带的装饰。《尔雅·释器》："肉倍好，谓之璧。" 邢昺疏："璧亦玉器，子男所执者也……璧之制，肉，边也；好，孔也。边大倍于孔者，名璧。"

【名词点滴·琮】
瑞玉。方柱形，中有圆孔。用为礼器、赞品、符节等。《周礼·春官·大宗伯》："以玉作六器，以礼天地四方，以苍璧礼天，以黄琮礼地。"郑玄注："五等诸侯享天子用璧，享后用琮。"

期，最早为商代晚期。作为重要的交通
要道，出土实物证实西域地区与中原的
商贾来往也非常频繁。殷墟妇好墓出土
的玉器，经鉴定，其玉料大多数是产于
新疆和田地区的软玉；周原遗址出土过
西周中晚期西域塞种人蚌雕头像。

蔓藤纹印花毛布

　　西周

　　现藏新疆维吾尔自治区博物馆

由红、黄、褐三色纬线织成蔓藤纹，色彩和谐，证
明西域地区纺织技术已经比较发达了。

毛袼褙

　　西周

　　1985年新疆且末扎洪鲁克春秋古墓出
土口现藏新疆维吾尔自治区博物馆

袼褙为深棕色对襟长衣，窄袖，无钮扣，需在腰
间系带。下摆及袖口均用红色锁边。其工艺特征
为毛线纺织，缝合不用裁剪，先织好4块同样大
小的毛料和两块袖子，然后用骨针毛线缝合。其
有宽大、结实、耐寒的特点，是研究维吾尔族服
饰渊源的珍贵实物资料。

鸟形尖毡帽

　　西周

　　1985年新疆且末扎洪鲁克周墓出土口
现藏新疆维吾尔自治区博物馆

这顶鸟形尖毡帽以棕色毛毡缝制而成。毡帽一
侧有两排各11行插翎用的孔，每孔插有一撮动
物毛，可能是鸟翅的象征。这件实物证实了11世
纪成书的《突厥语大词典》中关于维吾尔族军士
头戴鸟形帽的记载。

蚌雕人头像

　　西周

　　陕西周原遗址出土

此人高鼻深目，颧高额窄，可见为西域人。其头
戴高帽为毡类制品。

第四节 质朴简洁的发式与化妆

古代男女的发型有一个共同的特点，就是蓄发不剪。古人认为身体发肤受之父母，不能毁伤，一般都留长头发，只有犯罪之人才剃去头发，叫做"髡首"。所以男子最初的发型，与妇女一样，披散在肩上。后来感到披发不方便，就用绳带系束。到殷商时代，男子的发式以辫发为主。辫发的式样很多：有的总发至顶，编成一条辫子，然后垂至脑后；有的将头发编成辫子，盘绕在头上；有的左右两侧梳辫，辫梢卷曲，下垂至肩。到了周代，男子除束发外，还要戴冠巾。冠巾出现于商代，普及于周代。当时男子几乎都戴有冠帽，极少科头露顶。巾帽的样式也比夏商丰富，除帽箍外，还有平形、尖形、月牙形、中间突出两边翻卷等形状。大约普通人

玉梳
　　商代晚期□宽4.4～4.9厘米，高7.1厘米，厚0.4厘米
　　1976年河南安阳殷墟妇好墓出土□现藏中国社会科学院考古研究所
　　梳背两面均雕兽面纹。小巧精致，宜于实用。

盘辫人像
　　商代晚期□通高34厘米
　　1986年四川广汉三星堆遗址出土□现藏四川省文物考古研究院
　　此人头像，是用于祭祀的。卷成麻花状的头发盘于头顶，发际线与耳根齐，浓眉大眼鼻直口阔，并且在耳廓上有三个孔，也说明早在夏商时期就有耳饰了，此时的金属耳环以青铜制成，造型简单。

戴低而平的，贵族则戴高而尖的。

夏商周时期妇女发式与男子大同小异。其辫发样式，大多卷曲垂肩，发饰作"丱"形，发尾作"蚕"形，额上如绳的辫发称"髦"。总角未笄是少女的发式；发上拢成髻，横插笄的，则是成年女子的发式。不论男女，均可使用额箍。周代女子进行笄礼加笄后梳髻。常见样式有双髻和垂髻。双髻以头顶正中为分界线，两边对称各梳一髻，有的还在髻上插对笄，这种发式一

为祭祀人像，头发分成一组组然后在头顶汇成一个高髻，宽脸大眼，张口露齿，左右手腕各带有几只手镯，最早的手镯在五千年前就出现了，商周时期的手镯除天然材质制成之外，还出现了金属手镯。

直流行到清末。垂髻发向后梳，尾部盘绕起来打成结，梳成银锭状。有的则加假发装饰，拖于肩背间作垂式。又称"垂云髻"或"椎髻"。

中国妇女化妆的习俗，在夏、

拱手玉人

　　西周口高7.3厘米、宽2.5厘米、厚1.3厘米
1959年河南洛阳出土口现藏中国国家博物馆

圆脸小颌，浓眉秀目，高鼻厚唇，头顶发际线平直，头发整齐的梳向脑后至枕骨部位，两边戴有对称的双鸟状发笄，也许含有成双成对比翼双飞的意义，从其他的材料来看，凡呈鸟状发笄的不是两鸟相对，就是并列向前，汉代的金雀钗就由此发展而来。

商、周三代便已兴起。《诗经》中就有"自伯之东，首如飞蓬。岂无膏沐？谁适为容。"的诗句。意思是说，自从丈夫去了东方，妻子就蓬头散发，无心打扮。并非是没有保养护肤品，而是丈夫不在，打扮给谁看呢？可见中国妇女修饰容颜的习惯很早就有。河南安阳殷墟出土的商朝贵族妇女的生活用具中，就有一套研磨朱砂用的玉石臼和杵，以及调色盘的物件，上面还粘有朱砂，足以证明妇女化妆最迟在商代已经出现。而为观看容颜的需要发明的铜镜，更加促使化妆习俗的盛行。

　　以粉饰面是化妆的第一步。据晋崔豹《古今注》中记载："三代以铅为粉。"

古代的化妆用粉主要是铅粉和米粉两种。金属类的铅粉又名光粉、百粉、胡粉、定粉、水粉、官粉等。有较强附着力，但易硫化变黑，所以古代较常用的化妆用粉是植物类的米粉。米粉用米粒研碎后加香料制成，能保持洁白。《淮南子》中说："漆不厌墨，粉不厌白。"漆是越黑越好，粉是越白越好。用白粉涂在肌肤上，洁白柔嫩，表现青春美感，当时有"白妆"之称。

人形车饰

　　西周中期口通高12.8厘米
1974年山西宝鸡茹家庄出土口现藏宝鸡青铜器博物院

器中空，上端为兽首，后有人形作抱持状，头发披于脑后，发梢削成尖状，有北方少数民族风格。

　　抹胭脂的历史，古籍记载有些出入。据《中华古今注》记载，胭脂起源于商纣时，以红蓝花汁凝成脂，让宫人涂在脸上作桃花妆，由于此种花原产于燕国，故称"燕脂"。《续博物志》中有"三代以降，深紫草胭脂，周以红花为之"的记载，红妆当起源于周。宋高承在《饰物纪原》中又说："周文王时女人始傅铅粉。秦始皇宫中悉红妆翠眉，此妆之始也。"古代胭脂或凝作膏状，或混杂成粉类，或制成花饼等，以便存放和使用。

　　《诗经》中已出现赞美双眉的诗句："螓首蛾眉，巧笑倩兮，美目盼兮。"这时画眉的材料以黛为主，就是所谓的"粉白黛黑"。古代用来做黛的，既有矿物也有植物。矿物类的石黛包括石墨和石青（又名蓝铜矿）；植物类的青黛又叫青定花、青蛤粉。石黛和青黛在修饰眉毛时，会随着浓淡而呈现出蓝、青、翠、碧、绿等色彩，而不是黑色的。画眉时，先剔去原有的眉毛，再用黛画上想要的眉型。眉型很多，但最流行的是"蛾眉"，是一种长眉。

　　古代妇女化妆有点唇的习俗，就是将唇脂涂抹在嘴上。一般认为嘴长得小比较好看，因此涂染的面积总是比原有的嘴唇要小一些。

第五节　玉饰为主体的首饰与佩饰

我国自原始社会就出现了首饰佩饰，除实用美化的目的外，还渗透着丰富的精神内涵。夏商周时期，随着奴隶制的出现，首饰佩饰不仅赋有宗教内涵，而且被赋予了阶级的内涵。因此，奴隶主们非常重视首饰佩饰，设立专门的手工作坊进行制作。当时制作首饰佩饰的材质多种多样，有金、铜、骨、角、玉、蚌等，其中以玉制品最为突出。周代奴隶主以玉来衡量人的品格，"君子比德于玉"，因此，"君子无故玉不去身"。据《礼记·玉藻》记载，君子"进则揖之，退则扬之，然后玉锵鸣也。故君子在车则闻鸾和之声，行则鸣佩玉，是以非辟之心，无自入也。"佩玉成为奴隶主贵族道德和人格的象征，使用玉石饰品的数量最大。夏商周时期主要的首饰和佩饰有：

一、头饰

夏商周时期主要的头饰是笄，男女均用，但一般要在成年后才用。男子二十而冠，举行冠礼后即可用笄。妇女十五而笄，如果年过二十尚未许嫁，也要行笄礼，举行笄礼后即可用笄。

笄的用途有两个：一是固定发髻，这种笄称为"鬠笄"。另一是固定冠帽，这种笄称为"衡笄"。衡笄插进冠帽固定于发髻之后，还要从笄左右两端用丝带拉到颌下系住。丝带与笄都有等级的要求：天子玉笄朱组纮，诸侯玉笄青组纮，大夫象（牙）笄缁组纮，士骨笄

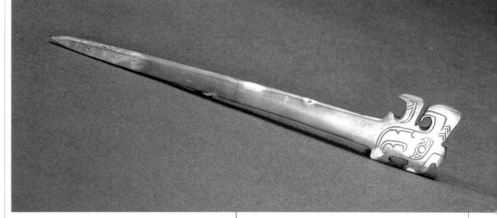

龙首玉簪
商□长13.4厘米，厚0.2厘米
河南安阳殷墟妇好墓出土□现藏中国
社会科学院考古研究所
簪一端圆尖，另一段雕刻为龙首样式。以双勾琢纹，呈"臣"字目，具有商朝特色。

骨笄
西周□长12.4厘米
河南三门峡市虢国墓地太子墓出土□
现藏河南省文物考古研究院
此件骨笄呈圆锥体，中部粗，两端渐细，一端尖稍残，另一端尖稍弯。通体磨光，中部饰数周凸弦纹。中部有一横向穿孔，出土时孔内尚存细绳，当为固定冠帽之用。

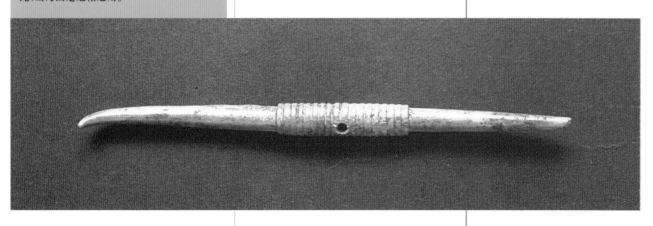

【名词点滴·纮】
古代冠冕上的带子。由颌下向上系于笄，垂余者为缨。《晏子春秋·外篇上九》："冕前有旒，恶多所见也；纩纮珫耳，恶多所闻也。"唐韩愈孟郊《城南联句》："战服脱明介，朝冠飘彩纮。"

缁组纮。

夏商周时期的笄形式多样，从出土实物来看，主要有四种：一种为圆锥形笄帽与圆柱形笄身套接式；二种为笄首呈梯形或正方形式；三种为刻鸟纹或凤纹式；四种为笄首刻夔龙纹四周镂刻锯齿形缺口式。

雕花骨笄
　　商
　　现藏河北省文物研究所
笄首雕刻有精美的花纹，当为贵族所用。当时的贵族插笄戴冠，与华服相配。

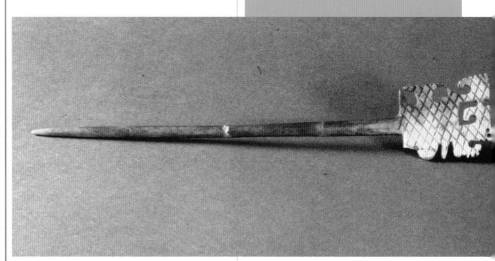

青玉阴阳人
　　商□高12.5厘米，最厚1厘米
　　1976年河南安阳殷墟妇好墓出土□现藏中国社会科学院考古研究所
此青玉阴阳人，是体现中国传统阴阳文化的实例。玉人裸体正立，两面作人形，一面男性，一面女性，头插对笄，身饰勾云纹，表明他（她）已具备神的性质。足下设榫，证明玉人是被插嵌一处接受膜拜的。妇好虽是统帅千军万马的武将，但她的天职仍是为武丁王生儿育女，所以经常膜拜具有男女性特征的神像，请神赐福，多子多孙，人丁兴旺。从中可以看到对笄的插戴方法。

二、耳饰

夏商周时期的耳饰有玦、珰、环等。玦除圆环形带缺缝外，还有椭圆形或柱形的，花纹比前代复杂细致。珰是直接

玉玦
　　商
　　1976年出土于河南安阳殷墟妇好墓□现藏中国社会科学院考古研究所
此件玉玦，整体雕刻成龙形，形态优美。

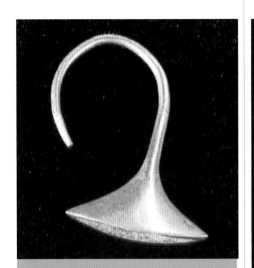

金耳珰

商□通高3.4厘米，坠部直径2.2厘米，重6.7克

北京平谷刘家河商墓出土□现藏首都博物馆

此件金耳珰，尾端弯曲成锥状。坠部呈喇叭状，底部周边有一沟槽，可能原来有镶嵌物。

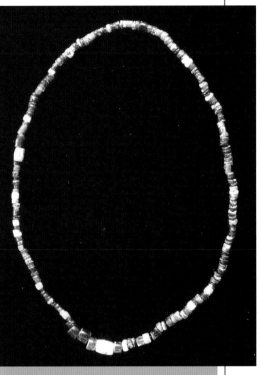

玛瑙珠项饰

西周

河南三门峡市虢国墓地太子墓出土□现藏河南省文物考古研究院

由一色的玛瑙珠串成，非常华美，为贵族饰品。

臂。夏商周时期常见的手饰是手镯，男女均可戴，佩戴的方法非常自由，可戴左手，也可戴右手，或者两手都戴，甚至双臂同时佩戴数个。夏商周时期最多出土的实物是玉瑗，式样比前代复杂，有的外廓中凹，有的外廓中间凸起，有的唇瑗形似碗托，有的外缘雕镂成花纹。金手镯在商代已经出现。

韘是射箭时戴在右手大姆指上，保护手指和拉弦的工具。本来用革制作，商代已改为用角、骨、玉等制作。形制为圆筒形；上口一边偏高，一边偏低，下

穿挂在耳上的首饰，所以必须先穿耳。穿耳的最初用意并不在于装饰，而是起警戒的作用。《释名》记载："穿耳施珠曰珰，此本出于蛮夷所为也。蛮夷妇女轻淫好走，故以此琅珰锤之也。今中国人效之耳。"但耳珰是一般身份低下的妇女所戴的耳饰。贵族妇女是不穿耳戴珰的，她们的耳饰是瑱，与帝王使用的充耳是同一类东西，使用时用丝带系在笄上，悬挂在耳边，又称为"珥。"耳环则是冶金技术产生之后出现的饰物，最早以青铜制作，商代已有用黄金制作的耳环。

三、颈饰

夏商周时期男女均可戴颈饰，一般都是串饰。一件完整的串饰，总是由几个、几十个乃至几百个饰件穿组而成的。

这些饰件的个体，考古学界统称为"珠"。珠的质料不一，是造成串饰五彩纷呈的主要原因。目前夏商周时期出土的珠有骨、蚌、陶、金、铜、玉、琥珀、玛瑙、绿松石、水晶、孔雀石等几十种质料。造型也繁简不一，常见的有圆形、椭圆形、方形、长柱形、菱形、腰鼓形、动物形及不规则形等。穿组的方法有三种：一是不拘形式，杂乱穿组；二是由大及小，循序穿组；三是按照规律，间隔穿组。

四、手饰

手饰包括指环和镯钏。镯即手镯，一般戴在手腕；钏即臂钏，一般戴在手

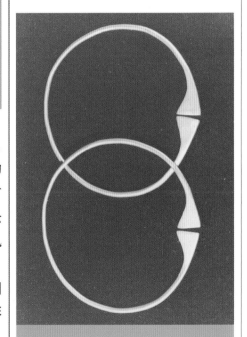

金钏

商□环径12.6厘米，截面径0.3厘米，重93.7克

1977年北京平谷刘家河商墓出土□现藏中国国家博物馆

用圆形金条制成，两端锤扁，呈扇面形。环部末端呈锥状，以便穿戴。形制简单，可见商朝金器制作工艺仍处于原始阶段，是金器的初创时期。

口钻两个小孔，用带穿缚固定。又称为
"玦"，俗称"扳指"。后来成为一种手饰。

五、佩饰

　　夏商周时期的佩饰以玉佩为主，最
常见的是佩璜。璜是一种半圆形的玉。
夏商周时期的佩璜有两类：一类是在璜

凤擢人首玉佩
　　商□高10.2厘米，宽4.9厘米
　　现藏上海博物馆
传世品。此件玉凤佩上部为小凤站在大凤背
上，大凤爪擢人首。商族祖神玄鸟即凤，是凤
图腾部族。凤擢人首玉佩是商族战胜他族
的历史见证，也是"人祭"场面的写照。

的基本形的规范下，无纹或略施纹
样，保持礼器"不琢为贵"的传统；
另一类是以装饰美为主，将各种形
状的轮廓化成璜形的，如人形璜、
龙形璜、鸟形璜、兽形璜、鱼形璜
等，这类佩璜出土较多。

人龙合雕有尾璜
　　西周□长7.7厘米，宽1.5厘米，厚0.2厘米
　　河南三门峡市西周虢国墓地虢季墓出
　　土□现藏河南省文物考古研究院
此器饰纹为人龙合雕，正背两面均饰呈蹲坐状
且有长尾的侧视人形，头部和臀部以下各饰一
俯视龙首。

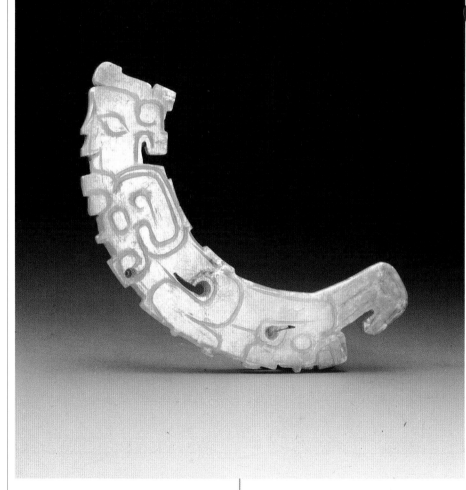

玉兔
　　西周
　　1985年出土于陕西长安张家坡西周墓
　　□现藏中国社会科学院考古研究所
玉佩制作成各种禽兽动物形象，既写实，又生
动，体现西周玉佩的主要特点。

虢国君主虢季墓出土玉组佩现场

此外，夏商周时期各种动物、人物等形状各异的玉佩也很多。佩玉也有一定的等级要求，《礼记·玉藻》记载：天子佩白玉，公侯佩山玄玉，大夫佩水苍玉，子佩瑜玉，士佩瓀玟。

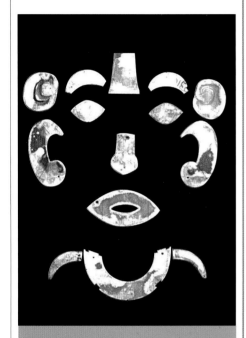

玉组佩及玉覆面

西周

河南三门峡市西周虢国墓地虢季墓出土□现藏河南省文物考古研究院

此件组列式佩，上面是刻有四龙首纹的玉版；下两侧连玉棒，并以玉珠、玉管相横接；中间又连两行为组的四列串饰，由玉和玛瑙数十枚间隔串连而成。共有374个玉件、玛瑙珠和料珠组成，是随葬玉器中最重要的礼制玉佩。为主人生前的胸饰，表示其身份地位的显赫。组佩的雏形旧石器时代已有，到商代这种配饰方法的玉佩被单件玉佩所取代，西周组佩的复兴，是装饰玉的发展，为春秋战国及秦汉组佩奠定基础。此件玉面罩是迄今最早的一件，由十三块各形玉片组成，缝缀于丝绸之上。玉面罩的性质属殓葬玉。始于西周的玉面罩，到春秋战国时仍延续使用，自西汉起更出现了套罩全身的玉衣，将殓葬玉的习俗发展到极点。

第三章
在分裂与变革中大放异彩的服饰
春秋战国
（公元前770年—公元前221年）

【历史背景】

西周幽王被犬戎所杀，其子宜臼即位，是为周平王。公元前770年，周平王受到犬戎的军事威胁，被迫由镐京（今西安西南沣水东岸）迁都洛邑（今河南洛阳），史称东周，中国开始进入春秋时期。东迁之后的周王室丧失了权威，各路诸侯竞相发展自己的势力，出现了"礼崩乐坏"的局面。"礼崩乐坏"的现实，改变了社会上的传统观念，在思想上"百家争鸣"的同时，服饰文化也形成了"百花齐放"的局面。

春秋战国时期服装面料的纹样、服饰的色彩、服装的样式等方面，都出现了明显的变化，构成了各种地域的不同风格。同时铁器的出现和普遍使用，带动了纺织工艺的发展，拥有美誉的"齐纨鲁缟"即是质薄精细的丝绸。连孔子也说："麻冕，礼也，今也纯，俭，吾以众。"（《论语·子罕》）意思是周礼规定用麻做冕，而今跟大家一样改用丝绸来做。

春秋时期，最大的战役不过出动十万人，通常在一两天内结束战斗；到了战国时期，各国之间的征战更加激烈，参战者常达十几万人，而且旷日持久。特别是战场从平原扩展到山区，于是各诸侯国纷纷放弃了笨重的战车，组织起骑兵和步兵。地处北方的赵国为适应作战的需要，全军上下皆习骑马射箭。原来那种上衣下裳、宽衣博带式的服装就很不便于骑射了。赵国与东胡（即匈奴）接界，这些边疆地区的游牧民族，服装轻便灵活，当时称为"胡服"，非常适于骑射。为了发展骑兵制敌取胜，公元前307年，赵武灵王进行服装的改革，学习胡服，这就是著名的"胡服骑射"。"胡服骑射"是我国服饰史上的一次重大改革，对后世的服饰产生了深远的影响。

第一节　冲破礼制的诸侯国服饰

春秋时期，位于中原地区的各国称"诸夏"，居于周边的民族称"四夷"，包括东夷、西戎、北狄、南蛮。诸夏与四夷在服饰上有着明显的差异，但是随着频繁的战争与迁徙，四夷的文化不断与诸夏融合，形成地域辽阔的华夏文化。华夏文化又因地域不同而各具特色。加之中原诸侯割据称雄，各国不遵周制，以及各国地理气候的不同，诸侯爱好奢俭的不同，各民族风俗习惯的不同，各地区经济发展的不同等原因，产生了服饰

上的差异，出现了各有千秋的局面。《墨子·公孟篇》中生动地反映了这种情况："昔者齐桓公，高冠博带，金剑木盾，以治其国，其国治。昔者晋文公，大布之衣，牂羊之裘，韦以带剑，以治其国，其国治。昔者楚庄王，鲜冠组缨，绛衣博袍，以治其国，其国治。昔者越王勾践，剪发文身，以治其国，其国治。"

根据出土文物及绘画等形象资料，可以看到春秋战国时期各诸侯国不同

的服饰情况：

一、深衣带钩的燕国服饰

燕国是与周同姓的姬姓诸侯国，位于今河北省北部和辽宁省西端，建都于蓟（今北京城西南隅），为战国七雄之一。燕国服饰大体与中原相同，深衣流行。但也受到北方游牧民族的影响，开始使用带钩，以革带束腰。

二、楚王好细腰

楚国是由黄河流域与长江流域各部落融合形成的民族，它一度是中原王朝与诸侯心目中"南蛮"的主要代表力量。春秋时期，楚人吞并江汉地区数十个周王室的封国，和诸多"南蛮"小国，列入诸侯之林。战国时期，楚国融合成华夏的一部分，成为能够和秦国相抗衡的国家。

南方蛮族的服饰与中原有着很大的差别，中原服饰为右衽，而蛮邦为左衽。但是随着与中原的交往日渐频繁，到了战国时期，楚人贵族和平民所穿的袍衣，已是右衽，接受了中原地区袍衣右衽的服制。贵族还在衣袍上挂以带钩，兼具装饰与实用的特点。楚人还遵照中原"君子佩玉"的习俗，按身份等级佩玉。大夫以上佩组佩，士佩一至两件，而平民则不佩玉。楚国女服以深衣瘦长、腰肢纤细为特点。据《韩非子》记载："楚灵王好细腰，而国中多饿人。"楚王爱好腰肢纤细的女子，国中女子以细腰为美，甚至为了美不食致死。后世称女子细腰为"楚腰"，盖始于此。

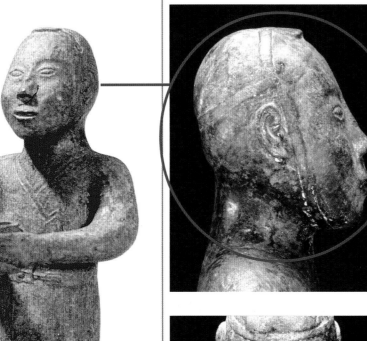

立人灯座

战国燕国□高25.8厘米

1967年河北易县武阳台乡高陌村战国燕墓出土□现藏河北省文物研究所

铜人身体直立，端庄宽厚。头发中分后梳，头顶一巾，巾上束带系于颏下。身穿右衽窄袖深衣，领口前尖后方。腰间系带，用长带钩连按于腹前。

漆画《聘礼行迎图》（局部）

　　1986年湖北荆门包山2号楚墓出土□现藏湖北荆州博物馆

这幅《聘礼行迎图》是至今年代最早、保存最好，代表先秦绘画最高水平的漆画，绘在直径28厘米的漆奁盖上。画中26个人物，他们不同的服饰形制色彩，将人物身份的高下区别得清清楚楚。这幅贵族行迎图，是一幅楚人的生活画卷，不仅显示了当时的礼仪制度，而且可以了解到楚国服饰制度。

绣衣俑

　　战国晚期□高50.2厘米
湖北江陵九店401号墓出土□现藏湖北荆州博物馆

头发后梳，系红丝带，是楚国妇女的典型发式。身穿曲裾交领右衽长袍，腰系皮带，衣服上绣一凤三龙相蟠纹样，这种纹样在当时的楚国是最流行的。

春秋战国楚国步兵图　　田村　绘

楚国贵族妇女服饰图

褐色绢帽

战国中期□高18.5厘米

湖北江陵马山1号墓出土

帽的前缘较高，后缘较低，帽缘镶大菱形纹锦。帽顶部有圆孔，以容发簪。这种类型的帽子，中原未曾发现过。

楚国的丝织工艺不亚于中原各国，尤其是提花技术的出现和朱砂染料的使用，都显现出楚国独有的特色。楚国设置有专门管理纺织业的"织室"，纺织的丝绸十分轻薄，经纬密度可达到每平

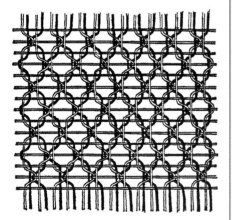

织法示意图

方厘米164×64支，提花纹样长可达50厘米。约公元前3世纪还出现了针织技术，从而改写了中国针织技术的历史。

塔形纹锦

战国中期□幅宽约49厘米

这是一件二色锦，由小方块构成塔形的纹样。纹样顺经线方向作条带状排列，并采用分区配色法，使相邻各条带的颜色避免重复。

三、喜插牛角笄的中山国妇女

战国中期，由北方进入到太行山东侧的白狄族建立起一个小诸侯国，初称鲜虞，后因城内设祭天的圜丘而定国名

狩猎画像豆

为著短衣短裤的猎人形象和著窄袖上衣和长裙的妇女形象。

为"中山"，其国位于燕赵之间。白狄为北方游牧民族，服饰有自己的特色，但也融合了一些汉族服饰的特点。妇女喜穿窄袖上衣，下著长裙，特别是头顶上喜插牛角笄，反映了北方少数民族由游牧转为农耕社会的状况。

拱手玉人

战国□高4厘米
1974年河北平山中山国墓葬出土□现
藏河北省文物研究所
玉人上穿窄袖紧身衣，下穿方格花纹裙。在当时
具有代表性。头上的牛角形发饰，可能是当时流
行于中山国的笄饰。

四、断发文身的百越风俗

越族广泛分布于长江中下游以南
地区，部族众多，故有"百越"、"百粤"之
称。从事渔猎、农耕，以金属冶炼及水上
航行而著称，有断发文身的习俗。到春
秋中期吴越分别在江浙立国。战国时
期，吴越逐渐与中原文化融合，开始拥
有发达的葛麻纺织和丝织业。

越族人形镈

战国前期□通高18.6厘米
浙江湖州埭溪出土□现藏浙江省博物馆
此为兵器的附件，末为一跽坐人形，上身及两臂
刻蟠虺纹身，头顶断发，是一个越族奴隶的形象。

五、尚武的塞人服饰

西域地区由于气候寒冷干燥，因此
服装比较厚实，以穿皮毛为主。西域的
皮革加工和毛纺织很发达，而且已经有
了毛染色技术。古塞族人分布于今伊犁
河流域及伊塞克湖附近，后因大月氏人
侵入其地，塞族分散，一部分南下，一部
分留居故地与乌孙人混合。塞族为游牧
民族，对于东西方的文化及经济交流起
到促进的作用。由于连年征战，民族尚
武，男子服饰以短装为主。

六、马背民族匈奴的服饰

内蒙古阴山南北的大片草原，留下

春秋战国骑兵图　田村　绘

第二节　广泛流行的曲裾绕襟深衣

了游牧民族的足迹，战国时期崛起的匈奴在这里建立了前所未有的草原帝国。匈奴人平时放牧，战时人人参战，崇尚勇武，精于骑射。由于牲畜是其主要财产，因此服装以穿毛、皮为主。匈奴人拥有发达的金属加工业，贵族以享有金银器为时尚，多以贵金属制作成冠和腰带饰牌佩带。

擎灯铜俑

战国晚期□通高16.3厘米

1986年湖北荆门包山2号楚墓出土□现藏湖北省博物馆

用人俑做器物的底座，是春秋战国时期常见的造型手法，可从中看到当时的服饰情况。此件人俑头梳斜形椎髻，身穿深衣，特点是下摆后部曳地尺余，腰束博带。这是当时妇女着装的一大特色。

深衣，亦写作"申衣"，因被体深邃，故称。是春秋战国时期盛行的一种最有代表性的服式，它不同于上衣下裳，是一种上下连在一起的服装。它的出现，影响很大，据《礼·深衣》记载："可以为文，可以为武，可以摈相，可以治军旅。"一时男女、文武、贵贱皆穿。诸侯、大夫、士人用作常服，士庶阶层朝祭时亦穿深衣。深衣的特点是：

衣裳相连　制作时上衣下裳分裁，然后在腰间缝合。制以十二幅，以应十二月之意。

矩领　据《礼·深衣》记载："古深衣者，盖有制度，以应规、矩、绳、权、衡。"即深衣之制，袖圆如规，领方如矩，缝线如绳，衣摆如权衡。

续衽钩边　深衣将衣襟加长，形成三角状，著时由前绕至背后，以丝带结扎，以免露出里衣。清任大椿《深衣释例》卷二："在旁之衽前后属连曰续衽。"《礼·深衣》郑玄注："钩边，若今曲裾也。"所以这种形制称为"曲裾绕襟深衣"。

深衣的长度　据《礼·深衣》记载："短毋见肤，长毋被土。"就是说，深衣的长短随穿著者的身材确定。太短露见体肤，太长覆盖地上，皆不可取。一般下摆不开衩，长至足踝。

缘边　制作深衣的质料，最初多以白麻布为之，领、袖、襟、裾另施彩缘，多为条纹图案。战国以后多用彩帛制作。

袖子往往有袖口，袖身扩大部分称为"袂"，袖口缩敛部分称为"祛"，这种袖式则称为"琵琶袖"。

深衣出现于春秋，盛行于战国、西汉时期，东汉以后多用作女服。魏晋以降，为袍衫所代替，深衣制度随之湮没。制作深衣的质料，最初多以白麻布为之，领袖襟裾另施彩缘。战国以后，多用彩帛为之。其制对后世服饰影响很大，如长衫、旗袍等。

彩绘女木俑

战国

湖南长沙仰天湖墓出土□现藏故宫博物院

俑是东周时期开始出现的用以代替人殉的陪葬偶像。此女木俑，眉、眼、嘴等作彩绘。头顶平切，髻发齐整，眉目清秀，身穿曲裾绕襟深衣，右衽，宽领缘，绕襟旋转而下，衣上纹样为黑红色云纹与小簇花。腰系丝带，在前身下垂飘带。

【名词点滴·裾】

衣服的前后襟。亦泛指衣服的前后部分。《尔雅·释器》："袿谓之裾。"郭璞注："衣后裾也。"汉代枚乘《七发》："杂裾垂髾，目窕心与。"郭沫若《星空·广寒宫》："衣色纯白，长袖宽博，裾长曳地。"

人物驭龙帛画

战国□长28厘米,宽37厘米
1973年湖南长沙弹子库楚墓出土□现
藏湖南省博物馆

帛画上画一个男子头戴纱冠,身穿绕襟深衣,长
可掩足,腰佩长剑,驾驭着一条龙,前面有鱼,后
面有鸬鹚鸟,表示能升天入海。

第三节 历史上第一次服装改革——胡服骑射

战国时期，我国古代服饰进行了第一次重大的改革。这次服装改革的代表人物，是赵国国君赵武灵王。

这次服装改革，首先是由战争方式的发展变化所决定的，同时与赵国的地理位置也不无相关。春秋之前，战争主要用车战，到战国时，特别是在北方，战场从平原扩展到山区，各诸侯国纷纷放弃了笨重的战车，组织起骑兵和步兵，加强了作战时的机动性。这时，地处北方的赵国，为适应军事的需要，以弓箭为主要武器，全军上下皆习骑射，而原来那种宽衣博带式的汉族服装很不便于骑射。赵国与东胡（今内蒙古南部、热河北部及辽宁一带）、楼烦（今山西西北部）接界。这些地区的游牧民族，当时被称为"胡人"。他们的服装轻便灵活，很便于骑射，称为胡服。赵武灵王想改穿胡服，以便于骑马射箭，但又有顾虑，担心改变周的衣冠礼仪会受到谴责。据《史记·赵世家》记载，他曾同先王贵臣肥义商议说："今吾将胡服骑射以教百姓，而世必议寡人，奈何？"肥义说："王既定负遗俗之虑，殆无顾天下之议矣。"于是赵武灵王坚定了决心，下令："世有顺我者，胡服之功未可知也，虽驱世以笑我，胡地中山吾必有之。"但后来还有反对的人，赵武灵王斥责他们说："先王不同俗，何古之法？帝王不相袭，何礼之循？"坚持"法度制令各顺其宜，衣服器械各便其用"，毅然实行胡服骑射，果然使赵国很快成为一个强大国家，列为战国七雄之一。这次的服装改革，对后世产生了深远的影响。

立人陶范

战国

山西侯马市东周墓出土□现藏中国国家博物馆

陶范为人形，头戴平顶帽，穿窄袖矩领上衣，衣饰雷纹，腰束绅带。下身似裸露，为男子形象。

赵武灵王引进的胡服有以下特点：

一、上衣下裤

当时汉族服装有两种基本形制，一为上衣下裳，一为深衣。长裤只能穿在衣裳之内，而且有腿无裆。而胡服的特点是短衣长裤，在当时是不符合朝会之间的礼服制度的。所以废弃上衣下裳，改穿胡服，是一种大胆的改革。

陶骑俑

春秋秦国

现藏陕西省考古研究院

骑马人所穿为胡服，这是迄今所见最早的胡服骑射形象。由此证实胡服早在春秋时期已经进入黄河流域。

二、穿靴

古时汉族有舄履而无靴。靴是北方少数民族所着的，以便于跋涉水草之间，适应游牧乘骑。赵武灵王变舄履而改著皮靴。据《中华古今注》记载："靴者，盖古西胡服也，昔赵武灵王好胡服，常服之，其制短靿黄皮，闲居之服。"

三、戴貂皮冠

貂皮冠本是北方少数民族的冠式。北方寒冷，本以貂皮暖额，附施于冠。赵武灵王改革服饰，也采用貂皮冠。

四、用带钩

古代衣裳上没有钮扣，用丝绦系结，在腰间束带。腰带一般为"大带"，即"绅带"，用宽丝帛束腰，腰前打结，并有两条长长垂下的带梢。这种装束极不方便骑射。据《战国策·赵策》记载："赵武灵王赐周绍胡服衣冠具带，黄金师比。"具带是革带，师比即带钩，说明赵武灵

双龙鸭首金带钩
　　陕西凤翔秦公大墓1号墓出土□现藏陕西省考古研究院
鸭头呈球状，喙上饰一对"S"形纹，背部饰龙纹。

铲形玉带钩
　　战国鲁国□长8.3厘米，宽6.8厘米
1977年山东曲阜市鲁国故城墓出土□现藏曲阜市文物管理委员会
带钩为玉质铲形。钩身饰兽面纹，左右aspine背用阴线刻卷云纹、花形纹等。钩端作回首兽头。

金柄铁剑
　　春秋晚期□长35.2厘米
1992年陕西宝鸡益门村2号墓出土□现藏宝鸡市考古工作队
春秋战国的王公贵族常以佩带短剑为身份显赫的标志。此剑是秦国君主秦景公专用。剑柄为纯金，身为铁质。剑柄饰以勾云纹、珠形的绿松石。

镶嵌狩猎画像豆

王在改革服式时也引进了胡人的腰带。战国时带钩的制作日渐精巧。王公贵族、社会名流，均以带钩为装饰，成为当时一种时尚，形成"宾客满堂，视钩各异"的局面。只要看带钩，便可知身份、地位和财富。

第四节 织绣技术与衣料的变革

春秋战国时期，随着养蚕、缫丝、染织等工艺技术的发展，官营的纺、织、染、缝等大工场盛行，四时都有"麻枲丝茧之功"。正是在这种广泛的社会基础上，织绣工艺有长足的进步：除麻、葛等纺织品外，丝织品的生产已遍及兖、青、徐、扬、荆、豫等州。如兖州的织文（彩色织花的丝织品），青州的厵丝（野蚕丝），徐州的玄纤（黑色薄绸）和缟（极薄的丝绸），扬州的织贝（锦类），荆州的玄（青黑色）、玑组（穿绣珠子的丝带），豫州的纤（细绸）、纩（丝棉），都是名闻遐迩的产品。土地肥沃、生产技术领先的齐、鲁一带，成为丝绸生产的中心地区，齐国有"冠带衣履天下"之称，质薄精细的丝绸享有"齐纨鲁缟"的美誉。同时，一种绚丽华美的最高贵

的丝绸品种织锦诞生了，它不仅被用来制作被面和衣裳，而且成为诸侯国间礼聘交往的物品。到战国时期，刺绣工艺已经发展到成熟阶段，贵族富豪所用面料，有的完全用辫绣法全部施绣而成，但画缋填彩的面料更加盛行一时。

同时在西周二重经锦的基础上，战国织锦的织造技术有很大提高。1982年湖北江陵马山1号楚墓出土大批丝织品，其中不同纹饰的织锦达十二种之多，如菱形纹锦、十字菱形纹锦、凤凫几

何纹锦、舞人动物纹锦等。目前所见的战国织锦均为经显花夹纬二重锦，平纹组织。但显花的经线打破了只有二色的局限，出现了三色或三色以上的显花经线。经线为二色的表经与底经的排列比为1：1；经线为三色的排列比为1：2，即表经1，底经为2，两根底经的交织点重合（显花时可轮流上来与纹经交换位置）作一根交织；再一种是锦面呈三色，一根纹经两根底经相间排列，需要时与纹经交换位置显花，这样，锦面呈竖条

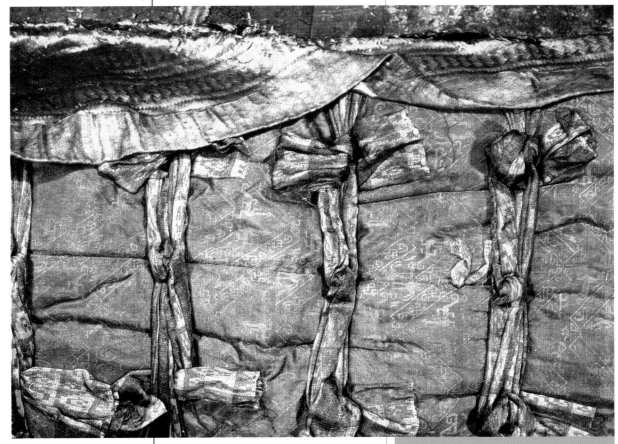

湖北江陵马山1号墓丝织衾
此墓中出土了大量丝织品，纹饰多样。而且出土的一些刺绣品非常精美，代表了战国刺绣工艺的水平。

【名词点滴·缂丝】

中国传统的丝织工艺品之一。中国缂丝历史悠久，新疆楼兰汉代遗址曾出土用缂丝织成的毛织品。吐鲁番唐墓则发现有几何形的缂丝带。表明缂丝最晚起源于公元7世纪中叶。隋唐五代比较流行，到宋代已相当繁盛。明清时期缂丝已经开始专业化生产，技术水平进一步提高。以生丝作经，各色熟丝作纬，交织而成，花纹色彩正反两面各一。

状花纹，色彩显得丰富。

在织机技术上，现在虽然没有明确的实物证明，但从汉代已普遍使用脚踏多综蹑斜织机的情况可以推断出来，战国已开始使用此织机。脚踏多综蹑斜织机有杼（梭）、柚（筘）、综、蹑和机架等完整结构。织机经面与水平的机架成50°～60°倾斜角，织工坐在前面操作，可以一目了然地看到经面是否平整，经纱有无断头等。利用杠杆原理，织工只需用两只脚踏板（蹑）提综，形成梭口，两只手专用来投梭、打纬。既保证了产品质量，又提高了生产效率，为以后多蹑提花束综织机的出现，奠定了基础。

在丝织染色技术高度成熟的基础上，刺绣工艺得到了迅猛发展，产量大，纹饰丰富华丽。

江陵马山1号楚墓出土的刺绣品，无论是其尺幅、数量，还是花纹形式均为世之仅见，代表了战国刺绣工艺的高度成就。这批刺绣品包括绣衾、绣袍、绣衣裤及衣服的绣缘。其中一件纨地绣对龙对凤纹衾，由五幅料缝合而成，面积竟达到200厘米×207厘米。按《汉书·食货志》中周制"布帛广二尺二寸为幅，长四丈为匹"计算，这件绣衾竟用了两匹面料，在当时可算是巨幅绣品了。像这样的大型绣品在此墓中不止一件，黄绢绣蟠龙飞凤纹锦衾，面幅亦达到191厘米×190厘米，龙、凤姿态生动，口、眼、爪等细部都作了精心描绘。数量众多的大幅作品，单个家庭是难以独立完成的，因此，可以推测当时刺绣制作规模已很大。

织绣技术的提高和各种各样产品的出现，既改变了服装用料的成分，也

龙凤虎纹绣

战国中期楚国□残长29.5厘米，宽21厘米

1982年湖北江陵马山1号楚墓出土□现藏湖北省荆州博物馆

龙凤纹样早在商周时期就已经出现，但龙凤与虎组合在一起还是罕见的。这件面料粗看貌似花卉卷草，细看却是龙飞凤舞，龙虎相斗。凤作穿插回旋，头上饰以硕大的花冠，十分醒目。成灰底色配以由深棕、浅棕两色组成的龙凤纹样，又用红、黑两种对比色刻画出老虎的勇猛灵活，龙凤与虎共舞，组成一幅多姿多彩的刺绣面料。

改变了服装用料社会分配的格局。商周时期，高级的服装面料，如丝、帛、绢、缣、绮、绣等，只有贵族能使用，由专门的官吏掌管生产和供应，商人和奴隶是不许穿用的。到春秋战国时期，商人手中拥有大量生产和销售物资，他们富可敌国，食必粱肉，衣必文绣，可与千户侯相比，被称为"素封"。有的甚至可以左右诸侯的政治，如孔子的弟子子贡，"结驷连骑，束帛之币以聘享诸侯，所至国君，无不与之分庭抗礼"。商人地位的提高，打破了过去礼所规定的格局。

随着服装格局的改变，服装的色彩观念也出现了改变。商周时期服装的色彩已经开始成为"明贵贱，别尊卑"的手段。青、赤、黄、白、黑被视为"正色"，是贵族礼服的色彩，象征着高贵。绀、红、缥、紫等是"间色"，只能作便服、内衣或平民百姓的服色，象征着卑贱。但是到春秋时期，齐桓公姜小白却喜欢穿紫色的衣服。据《韩非子·外储说左上》记载："齐桓公好衣紫，国人皆好服之，致五素不得一紫。"《史记·苏代遗燕王书》中也说："齐紫，败素也，而价十倍。"齐桓公作为春秋的第一个霸主，竟然爱穿间色的紫袍，而且影响了全国，这是对过去传统色彩观念的一大变革。后来紫色被视为权威的象征，上升为大富大贵的服装色彩。

春秋战国时期服饰的纹样，也在商周服饰纹样的基础上，有了进一步的演化。商周服饰纹样强调夸张和变形。以直线为主，曲线为辅，以几何框架为依据作中轴对称。特别夸张动物的头、角、眼、鼻、口、爪等，将图象严格控制在几何框架之内，整个轮廓表现出一种齐整

征长寿；翟鸟五彩兼备，是后妃身份的标志；鸱鸺（猫头鹰）则象征胜利之神；虎为百兽之王，是威德的象征；麒麟为瑞兽，是圣者的象征；菱形组成的方胜纹，寓意生活丰裕等等。这种将纹样赋予象征意义的传统，一直为后世所继承，成为中华民族装饰纹样的一大特色。

舞人动物纹锦

战国中期楚国□幅宽50.5厘米

1982年湖北江陵马山1号楚墓出土□现藏湖北省荆州博物馆

三色锦是经线起花的平纹重经织物。纹样横向布置，以歌舞人物和龙凤等为主题。这种横贯通幅的提花纹样和织锦左侧一组图案的错综现象，反映了当时已经有成熟的提花织机和织造技术。

蟠龙飞凤纹绣绢面衾（局部）

战国中期楚国

1982年湖北江陵马山1号楚墓出土□现藏湖北省荆州博物馆

这件浅黄绢面衾绣品是在绢上用朱砂绘出纹样轮廓，然后进行刺绣。整件由25片绣绢拼接而成，正中23片为蟠龙飞凤纹绣，左右两侧各有一片舞凤逐龙纹绣。云气地上龙飞凤舞，透出可亲可近的人间情味，表明龙凤图像开始向世俗文化转变。此处选一部分，可以看出其精美的纹饰。

止凝重走向生动活泼。纹样可以根据创作意图，超越几何框架的边界，灵活地处理，往往是在花草枝蔓纠结的空位，以鸟兽动物的各种纹样来填补，形成枝蔓交错、凤翥龙翔的风格。特别值得注意的是，这时期的服饰纹样已经开始具备一定的象征意义。如最流行的龙凤纹，既象征宫廷昌盛，又象征婚姻美满；鹤、马、鹿都与神仙长寿的神话有关，象

划一，严峻凌厉之美，象征着奴隶主贵族的威严。到春秋战国时期，随着"礼崩乐坏"和思想的解放，服装纹样也由封闭转向开放，造型由变形走向写实，结构由直线主调走向曲线主调，格调由静

第五节　寓意道德的玉佩饰

中国玉器源远流长，并以其功能广泛、造型丰富、装饰多样、工艺精湛、风格独特而著称于世。在流传过程中，先民们逐步形成了爱玉、崇玉的特殊观念，并出现了拜玉的神化活动。夏、商、西周三代，青铜器的运用，削弱了玉器在社会礼仪方面的独占地位。春秋战国时期玉器有很大变化，但是在象征性上还是与西周一脉相承。

秦公1号大墓全景
春秋战国时期秦国墓葬，位于陕西凤翔。

春秋是西周玉器向战国玉器大转变的过渡期，起着承前启后的作用。

首先，玉器的品类有很明显的变化。如：西周时的仿工具和武器形的玉器几乎消失；像生器中的玉虎一花独放；礼器六器璧、琮、圭、琥、璜、璋中只有璜一种仍向前发展，其他五种相对衰落；西周萌芽的成组佩玉的发展达到成熟，组串的形式由简单发展到多样；人神器中的人头或人面形器已很

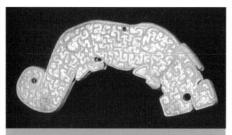

蟠虺纹玉虎
春秋中期秦国
陕西宝鸡益门2号墓出土□现藏宝鸡青铜器博物院
玉虎，古文中均写出作"琥"，是一种瑞玉。琥与圭、璋、璧、琮、璜一起合称"六瑞"。主要作用是作为礼器用于祭祀。"以苍璧礼天，以黄琮礼地，以青圭礼东方，以赤璋礼南方，以白琥礼西方，以玄璜礼北方"。此外，还可以作为礼品用于赏赐，一些贵族也可以日常佩戴。此件玉虎就是腰部佩带之物。琥一般成双佩戴，由此发展成为虎符，变成了发兵的瑞玉。

罕见，跪地抚膝人和人兽复合式等均已不见，并由跪地而坐、双手拱于胸前的贵族式人代替。

这时期还出现了许多新器物，重要的有玉带钩、玉具剑饰物、佩玩玉牒等，

透雕四龙玉璜
战国早期□横长12.5厘米，宽4.6厘米，厚0.6厘米
1978年湖北随县曾侯乙墓出土□现藏湖北省博物馆
璜，按历代注家解释为"半璧也"，但从出土实物来看，一般只相当于壁的三分之一、四分之一，甚至五分之一。璜是"六瑞"之一，一般用作朝聘、祭祀、丧葬，也用来日常佩带。可单独佩带，也可组合佩带。佩戴的部位为身前的各个部位，有的和其他佩饰穿在一起，分作两排对称，从肩一直佩挂到脚。璜的使用时间延续较长，从商周一直沿袭到明、清。本件饰四龙两蛇纹，为同类作品之最。

对后世影响较大。玉器的纹饰，由早期的双钩纹，发展到夔龙纹。玉器的制作趋向精巧，身轻体薄。一些传统玉器的使用方法也发生了新的变化。如玉璜，过去是两端穿孔，佩戴时弧凸的一侧朝下；而春秋时的玉璜，在中部加穿一孔，佩戴时弧凸一侧改为朝上。

战国时，随着社会的发展，从以青铜器为主变为以铁器为主，反映在玉器生产、选材、品种、器形和图案等方面，都发生了一些划时代的重大变化。

战国时玉器按用途分为四大类：

礼器　六器至此时完备无缺，并进入全盛

十六节玉佩
战国早期□长48厘米，宽8.3～4.3厘米
1978年湖北随州擂鼓墩曾侯乙墓出土□现藏湖北省博物馆
玉佩共十六节。各组组合不同，均雕成龙、凤、璧、环等形，计有三十七龙、七凤、十蛇，纹饰繁缛，相互对称。工艺复杂，难度绝世。

彩绘佩玉饰木俑

战国中期□高66.7厘米
湖北江陵纪城1号墓出土□现藏湖北省
荆州博物馆

彩绘木俑身穿深衣，腰间系带佩玉于前。《尔雅义疏》云："缫即佩玉之组条，用以连贯瑞玉者，也叫做纶，用丝绳宛转结之。"从此俑可以看到春秋战国时期的佩玉方式。

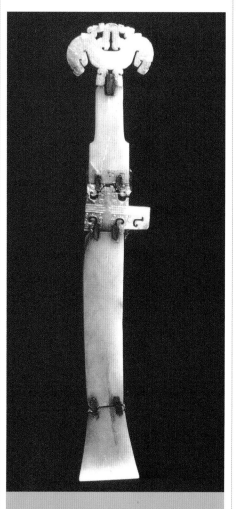

玉剑

战国早期□通长33.6厘米，最厚0.5厘米
1978年湖北随州擂鼓墩曾侯乙墓出土
□现藏湖北省博物馆

由玉质剑首、茎、璏、鞘、珌五部分用金属镂结成一件。剑上饰玉者，始于西周，盛于战国和汉代，但用玉制作一件完整玉具剑者，仅此一件，堪称绝品。

葬玉　始于西周的玉面罩，春秋战国时仍继续使用。而口中用的玲，进一步雕成仿生肖的微型玉雕，除表明"长生不灭"的意思外，还反映墓主拥有财富。

由于铁器治玉的普遍运用，战国玉器上的纹饰变化突出。往常以动物器官为纹饰，此时则单独出现几何式纹饰，如乳丁纹、滑纹、蒲纹、云纹、钩连云纹、竹笋式纹、网状纹、扭丝纹等。以往的写实和非写实像生纹，有的已经消失，有的则面目全非。此时最流行"S"形龙纹，神奇多变，还新派生出"蟠螭纹"。

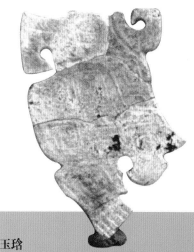

玉玲

玲是丧葬用玉。《说文解字》："玲，送死口中玉也。"出于墓主人口腔及颅腔，器小如豆，不刻细部，有牛、羊、猪、狗、鸭、鱼等形状。这种仿生玉玲，其寓意为"长生不灭"。

期。

佩饰　此时，儒家先哲给玉注入了"德"的内涵。据说孔子认为玉有仁、知、义、礼、乐、忠、信、天、地、德、道等十一德，而君子比德于玉，这就是"首德次符"的主张。这种主张是贯彻于用玉、治玉、赏玉领域千古不移的准则。所以春秋战国时有佩玉的习俗，上层人士男女皆佩玉为饰，"君子无故玉不去身"。

实用器具　品种在前人基础上大增，玉带钩美轮美奂，四种玉具剑：玉具首、玉璏、玉珌、玉璲已经完备。

【名词点滴·玉璏(wèi)】

玉制剑鼻，即剑柄下端与剑身相连处的玉饰。后代又称昭文带。

【名词点滴·玉珌】

古代刀鞘末端的玉装饰。刀剑鞘口处的玉饰叫"琫"，琫对面的小方玉叫珌。毛传："鞞，容刀鞞也。琫，上饰；珌，下饰。"《汉书·王莽传上》："于是莽稽首再拜，受绿韨衮冕衣裳，玚琫玚珌。"

【名词点滴·玉璲】

①瑞玉。毛传："璲，瑞也。"郑玄笺："佩璲者，以瑞玉为佩。"《金史·宗弼传》："以衮冕圭宝佩璲玉册册康王为宋帝。"②古代的一种玉制剑饰。

第六节 粉白黛黑与梳髻情趣

春秋属奴隶社会,战国属封建社会。当时的社会生产力水平已大大提高,出现了比较细致的社会分工,青铜冶铸,制陶,玉石骨牙雕刻等工艺日益精湛,尤其是青铜冶铸工艺。在青铜器的器皿中对化妆具有重要意义的是铜镜的发明,它成为直到清代出现玻璃的镜子之前,中国一千多年封建社会妇女化妆的主要工具。我国最早发现的铜镜是在殷商时代,战国时已非常普及。铜镜一般为圆形,到后来还有菱形和方形的。照面的一面磨制得光洁照人,背面常铸花纹装饰,最初为几何图形,后来逐渐繁复,有人物故事、花鸟禽兽等等。

透雕龙凤镜
　　战国晚期□直径20.5厘米
　　1976年湖北江陵张家山出土□现藏中国国家博物馆
照容用具。镜背嵌入镜托内,镜托饰透雕纹饰。内圈透雕龙凤纹,外圈为镂空的几何形云纹,钮座饰柿蒂纹。工艺精良,纹饰清晰可辨。

铜镜最初都嵌在镜奁中,到宋元时有了独立的可供手持的长柄铜镜。除铜镜之外,玉石雕刻的各种装饰物也十分优秀,玉石逐渐成为中国独有的装饰材料,也成为形容容貌娇好,体态优美的特有名词,如"玉色"、"玉面"、"玉手"、"亭亭玉立"等等。

　　先秦时期妇女的发式以辫发为主,与今天的辫子十分相似,此外,还出现了盘辫发式、卷发垂肩的发式、发髻等,样式逐渐多了起来。以梳髻为核心的妇女发式,自战国始定格局。

　　在化妆方面,楚国妇女的妆容很有特色。楚文化很有想像力且极富浪漫精

云纹玉梳
　　战国早期□长9.6厘米,上宽6厘米,下宽6.5厘米,厚0.4厘米
　　1978年湖北随州曾侯乙墓出土□现藏湖北省博物馆
先秦时期的成年男女都留长发,梳是当时人们必备的用品。此梳以白玉制成,两面雕勾云纹,梳齿疏密有致。梳背有孔,可穿系随身佩带。商代已有玉梳,但多已残损,此梳是迄今发现最完整、做工最精良的先秦玉梳。

梳双丫角雕玉女孩
　　战国中期□通高3厘米
　　1976年河北平山中山王墓出土□现藏河北省文物研究所
当时的小孩和未成年男女都梳"丫角",即在头顶左右两边各结一个髻,像树杈的枝丫。男子的式样是顶门两旁留一小撮,把发梳理之后,结成小丫角。成年后将发盘成髻,加上冠巾,女子顶正中留一撮,编成小辫,俗称"一抓揪",长大之后施"笄礼",则梳成不同的发式。

神,崇尚灵秀朴素的美,《楚辞·大招》中用"粉白黛黑"来形容当时妇女的化妆,说明楚国的妇女喜欢洁白的肤色配以浓黑的眉毛,这种简洁自然又不乏装饰感的造型正是楚文化的体现,对后来化妆的发展也很有影响。

银首男俑灯

战国中期□通高66.4厘米

1977年河北平山三汲出土□现藏河北省博物馆

男俑头妆发梳髻,罩巾缚带,浓眉短须,宽脸高颧,面带微笑,说明当时男子已开始梳发髻。

镶嵌绿松石金耳坠

战国

现藏河北省文物研究所

耳坠分为三节,由金环相连接。中间圆球和上端均嵌绿松石,整体色泽鲜艳。

第四章

创建帝国服饰礼制的时代

秦汉

（公元前221年－公元220年）

【历史背景】

"六王毕，四海一"。公元前221年，秦始皇完成了统一中国的大业，秦朝成为中国历史上第一个中央集权的封建王朝。公元前206年，刘邦建立汉朝，定都长安，史称西汉。秦汉时期，各种仿制品的数量和质量，都较前大为提高。汉武帝派张骞通使西域，开辟了一条沟通中原与中亚西亚文化和商业的大道，这就是著名的"丝绸之路"。各国之间交流的活跃，导致社会风尚的改观，人们的穿着打扮日趋华丽。公元8年，王莽托古改制，摄位篡权，建立新朝，后引起社会混乱。公元25年，刘秀重建汉政权，定都洛阳，史称东汉。东汉氏族门阀制度盛行，豪门贵族之间夸富比奢，皇室的服饰成为上流社会追求的时尚。

秦王朝的建立，改变了列国田畴异亩、车涂异轨、律令异法、衣冠异制、言语异声、文字异形的状态。秦始皇时，车同轨，书同文，统一度量衡，创立了各种统一的制度。据传，秦始皇相信阴阳五行学说，认为黄帝时以土气胜，崇尚黄色；夏朝是木德，崇尚青色；商朝是金德，崇尚白色；周文王以火胜金，色尚赤；秦则以水德统一天下，尚黑色。并以六数为各种制度的基数，如冠高六寸，轨宽六尺，二百四十步为一亩，全国分为三十六郡等。但秦对全中国只统治了十五年，因此，当时的服制情况到底如何，史书记载不详，出土实物有限，现在大量出土的只有秦始皇陵兵马俑，反映了秦代戎装的情况。好在汉承秦后，多因袭旧制，大体上保存了秦代的制度，从中大致可以推知秦代的情况。

汉初实行休养生息政策，注重恢复和发展生产，到汉武帝时达到强盛的顶点。汉武帝派张骞通使西域，开辟了一条沟通中原与中亚西亚文化和商业的大道，这就是著名的"丝绸之路"。各国之间交流的活跃，导致社会风尚的改观，人们的穿着打扮日趋华丽。贾谊就曾在作品中写到奴婢穿着绣衣丝履，在市场上待价而沽；富人家中的墙壁也以绣花白縠为之。

东汉时期，地方豪族庄园经济有很大的发展。东汉末年，全国陷入军阀割据的局面，各地世家豪族纷纷拥兵自保，促使庄园经济更加发达。在规模宏大的庄园中，不仅组织了农、林、牧、渔的生产，还进行着纺织、铸造、酿酒、制药活动，可以说是百工技艺无所不包。这种自给自足的经济，给服饰时尚带来很大影响。曲裾绕襟深衣是战国时流行的袍服，身份越高的人，曲裾缠绕越多。直至汉代，上至帝王，下至平民，不分男女，都以深衣为常服。但是，深衣紧裹身体，又浪费布料，不适合贵族崇尚宽松舒适的风气。因此从西汉初年开始，贵族就不断改革深衣，曲裾越来越短，舒适随意的短衣也从平民阶层走向上流社会。汉武帝时，皇室出现一种由曲裾深衣演变而来的直裾式长袍，并在贵族中流行起来。起初不在室外穿，到西汉中期逐渐成为常服。随着豪门贵族夸富之风的盛行，皇室的服饰成为上流社会追求的时尚。汉代纺织业发达，服装质地精良，样式不断翻新，西域的开通，使外国和边疆民族服饰影响到内地。

河南洛阳杏园东汉墓壁画骑马出行图
骑马者头戴冠，外著交领赤色袍服，内著深衣，覆足。

第一节 等级森严的汉朝服制

秦朝不用周礼，废除了六冕，只采用最轻的小祀礼服，群臣也只保留了玄冕。汉承秦制，汉初不设车旗衣服之禁。到汉文帝时，仍崇尚俭朴，所穿服装不过"弋绨、革舄、赤带"，王后的裙裾长不及地。汉文帝在位23年，出现了"文景之治"，经济的发展繁荣，刺激了生活水平的上升，服饰也随之由俭转奢。京师贵戚的穿着打扮大大超过了王制，就连他们的奴仆侍从，服饰也必"文组彩牒，锦绣绮纨"，"金银错镂，穷极丽美"。富商大贾也都穿起高贵的服装，在嘉会宾客的时候，还用高级丝织品裱被墙壁。贾谊曾上书皇帝，批评这种奢华的现象，但无效果。汉武帝元封七年（公元前104年）决定改正朔，易服色。但仍没有规定详细的章服制度。直到东汉明帝永平二年（公元59年），下诏采用《周官》、《礼记》、《尚书》等说，制定了官服制度。永平二年正月祀光武帝明堂位时，汉明帝和公卿诸侯首次穿着冕冠衣裳举行祭礼，成为儒家学说衣冠制度在中国全面贯彻执行的开端。

汉代的朝服为袍，即深衣制。褒衣大裙，衣袖宽大的袂与收口的祛组成，形成一条弓弧线的弧状。"张袂成荫"就是对这种宽大衣袖的形象描绘。领子以祖领为主，大都裁成鸡心式，也有大襟斜领的，衣领开得很低，穿时露出里衣。领和袖都用花边，色彩华美。袍服里面

衬以中单，下穿肥裆大裤，只露出裤腿。样式有曲裾和直裾两种。直裾的又称"襜褕"，西汉时不能作为礼服，东汉时成为流行的服式。袍一般有表有里，或絮棉，凡无里的，叫禅衣，禅衣也可做礼服。这些礼服不以样式区别身份贵贱，而以衣料精细及颜色来区分。红为上，青绿次之。

【名词点滴·绨】

①(tí)为厚实平滑而有光泽的丝织物。《管子·轻重戊》："鲁梁之民俗为绨。"尹知章注："缯之厚者谓之绨。"《汉书·文帝纪赞》："（孝文皇帝）身衣弋绨，所幸慎夫人衣不曳地，帷帐无文绣，以示敦朴，为天下先。"②(tì)比绸子粗厚的纺织品，用蚕丝或人造丝为经、棉线为纬织成。

河北望都1号东汉墓壁画辟车伍佰图
现藏河北省文物研究所
壁画中人著黄衣者，头戴赤色帽，著黄色袍服及膝，腰系带，以白布缠腿，足穿鞋。黑色袍服者深衣及地。

汉代身份等级，主要从冠巾、组绶、大佩三个方面来区别：

一、冠巾制度

秦以前冠制纷乱，汉代初定，以后冠制虽有发展变化，但大体不脱汉代诸冠之基本形制，所以汉冠是承上启下的。

汉冠制度与古制不同之处，是古时男子直接把冠罩在发髻上，而秦汉在冠下加一带状的頍，与冠缨相连，结于颔下。到东汉则先以巾帻包头，而后加冠。文官在进贤冠下加衬介帻，武官在武冠下加衬平上帻。汉冠尽管有数十种之多，但冠式都作前高后低倾斜向前形。所有冠式中，最主要的是两种：一是文官所戴的进贤冠，以冠梁多少来区分身份的高低；一是武官所戴的武弁大冠，漆纱制作，上饰鹖尾或貂尾。汉代的其他冠式，大致是在这个基础上，按文冠、武冠两个系列变化。

汉冠是区分等级地位的基本标志之一。下面介绍常用的一些：

冕冠

冕冠是帝王臣僚祭服所戴之冠。前圆后方，外涂黑色，内用红绿二色。广八寸，长六寸。以旒区分尊卑等差。旒就是冠冕悬垂的玉串，皇帝有前后两组，诸侯以下皆有前无后。汉制皇帝十二旒，白玉为珠；三公诸侯七旒，青玉为珠；卿大夫五旒，黑玉为珠。各以绶采色为组缨，旁垂黈纩。凡戴冕冠时，必须穿冕服，全身按级别绘绣章纹，与蔽膝、佩绶等配套。

爵弁

爵弁是周代爵弁的发展，祀天地五郊，明堂云翘乐舞人服之。形似冕，唯无旒，前小后大，用雀头色缯制成。广八寸，长一尺六寸。着时与玄端素裳相配。

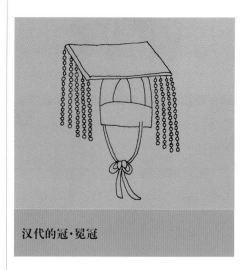

汉代的冠·冕冠

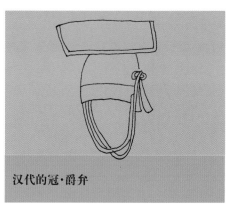

汉代的冠·爵弁

长冠

长冠又称"斋冠"、"刘氏冠"，祭拜宗庙之服，重要性仅次于冕冠。是一种竹皮冠，高七寸，广三寸，制如板，扁而细长。此冠系刘邦创制，据《史记·高祖本纪》载："高祖为亭长，乃以竹皮为冠，令求盗之薛治之，时时冠之，及贵常冠，所谓'刘氏冠'乃是也。"后来定为官员的祭服冠，并规定爵非公乘以上，一律不得服用。

委貌冠

委貌冠又称"玄冠"。行大射礼于辟雍，公卿诸侯、大夫行礼者服之。同古皮弁制，上小下大形如覆杯，以黑色丝织物制成，长七寸，高四寸。在汉之前，又称"章甫"、"毋追"等。戴此冠时须着玄端素裳。

建华冠

建华冠是祭祀天地五郊，明堂乐舞人所戴礼冠。以铁为柱卷，贯大铜珠九枚，下轮大，上轮小。又名鹬冠，可能以鹬羽为饰。

方山冠

方山冠是祭祀宗庙时乐舞者所戴之冠。形似进贤冠和高山冠，以五彩縠为之。

巧士冠

巧士冠为皇帝侍者、宦官所戴之礼冠。前高七寸，直竖似高山冠。

通天冠

通天冠为皇帝专用礼冠，凡郊祀、

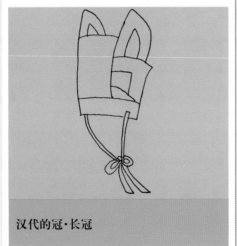

汉代的冠·长冠

汉代的冠·委貌冠

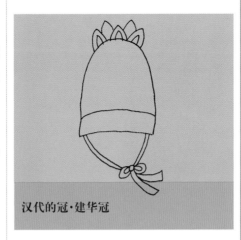

汉代的冠·建华冠

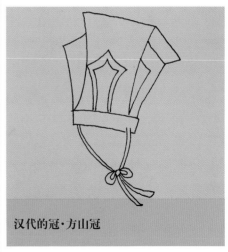

汉代的冠·方山冠

汉代的冠·巧士冠

汉代的冠·通天冠

【名词点滴·展筒】

古代礼进贤冠，前高七寸，后高三寸，长八寸。长是指帽梁的长，与前高七寸，后高三寸的帽缘相接，就成为前高后低的斜势，形成前方突出一个锐角的斜俎形，称为"展筒"。展筒的两侧和中间是透空的。

朝冠、燕会，皆戴此冠。始于秦，终于明，其间只元代不用。冠之形制，历代大同小异。高九寸，正竖顶少邪，直下为铁卷，梁前有山，展筒为述。山述就是在颜题上加饰一块山坡形金板,金板上饰浮雕蝉纹。

远游冠

远游冠为诸王所戴之冠,分具服远游冠、公服远游冠。形似通天冠,有展筒横之于前,而无山述。前梁高耸,向后倾斜。以梁的多少表示爵位等级,皇帝五梁,太子三梁。

高山冠

高山冠又称"侧注冠",为中外官谒者、仆射之服。原为齐王冠,秦灭齐,以之赐近臣谒者。形如通天冠,但顶不邪却,高九寸,无山及展筒。

进贤冠

进贤冠又称"缁布冠",为文吏及儒士所戴礼冠。前高七寸,后高三寸,长八寸。以梁的多少区别等级。公侯三梁,中一千石以下至博士两梁,自博士以下至小吏私学弟子皆一梁,宗室刘氏为两梁。

法冠

法冠又称"柱后",或称"獬豸冠",为执法者所戴之冠。本为楚王之冠,秦灭楚,以其赐御史。冠高五寸,以铁丝卷成柱形,取其"历直不曲桡"之意,外面用缁布包裹,状如獬豸。獬豸是传说中的一角神羊,能别曲直,所以上古以獬豸断案。

术氏冠

术氏冠即鹬冠,掌天文的官员所戴之冠。前圆,差池四重,鹬羽为饰,绀色。鹬为水鸟,天将雨则鸣,古人因鹬知天时,乃使掌天文者冠之。

武冠

武冠又称"鹖冠"、"赵惠文冠"、"武弁大冠",系武官所戴之冠。鹖,雉类,其斗时必至死方休,所以用其尾插于冠之左右以示勇武。这种鹖冠,战国时已出现,据说赵武灵王用以表武士,秦汉因袭不变。汉代跟随皇帝的侍从及出入宫廷的宦官也戴这种冠式,只是前面还插有貂尾,并加金珰、蝉纹等装饰,与一般武官有所不同。

汉代的冠·法冠

汉代的冠·远游冠

汉代的冠·术氏冠

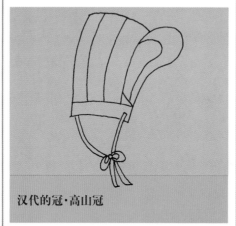

汉代的冠·高山冠

汉代的冠·武冠

汉代的冠·进贤冠

樊哙冠

樊哙冠为殿前司马、卫士所用之冠。制似平冕,广九寸,高七寸,前后各出四寸。原系汉将樊哙所戴,故名。此冠取意鸿门宴时,樊哙闻项羽有意杀刘邦,乃裂裳裹盾戴于头上,闯入军门立于刘邦身旁来保护,后创制此种冠式以名之。

却敌冠

却敌冠为卫士之冠。形似进贤冠,前高四寸,通长四寸,后高三寸。

却非冠

却非冠俗称"鹊尾冠",为宫殿门吏仆射所用之冠,戴之执事,以防伺非。形似长冠而下促。

巾帻

巾帻本来只是包头发的,起到不使头发蒙面的作用,即把四周头发整齐向上,收发不乱,所以最初只有百姓戴。秦代百姓以黑巾裹头,称为"黔首";汉代仆隶以青巾裹头,称为"苍头"。秦代加绛帕于武将之首,开始用巾帻来表示贵贱。在汉代,身份低微的人不能戴冠,只能用帻。身份显贵的官吏戴冠时,也必须先戴上巾帻,然后再加冠。衬在冠下的巾帻也有一定的制度,不能乱用。文官衬介帻,武官衬平上帻,这是帻的两

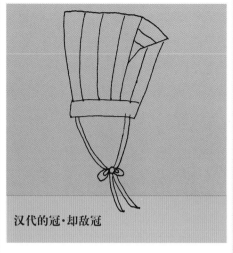

汉代的冠·却敌冠

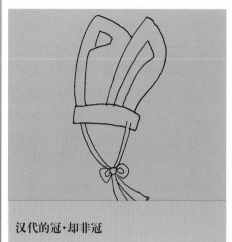

汉代的冠·却非冠

种基本的形制。汉代的帻已与前代不同,不再是帕首样,加高颜题,加长耳,又施帻屋,大体已与帽式类似。据说西汉王莽因本人秃头,特制巾帻包头,流传开来,成为风气。至汉末流行一时,虽王公大臣,均以幅巾为雅。汉代的巾帻又以色彩区别身份,如卑贱者戴绿帻,群吏春服戴青帻,武吏戴赤帻,耕用青帻,猎用细帻等。

玉武士头像

东汉□高3.7厘米
陕西西安出土□现藏陕西省考古研究院
此武士头上所戴为平上帻。

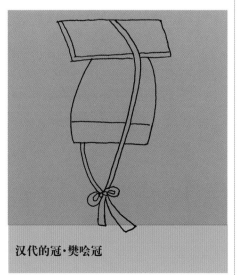

汉代的冠·樊哙冠

二、佩绶制度

春秋战国时期，由于战争频繁，贵族官吏的佩饰一般都是兵器。西汉董仲舒在《春秋繁露》中说："剑之在左，青龙之象也。刀之在右，白虎之象也。韨之在前，朱鸟之象也。冠之在首，玄武之象也。四者，人之盛饰也。"在我国，自先秦至汉晋，男子法服盛装均须佩剑。而玉具剑是其中最豪华的一种。《说苑·反质篇》："经侯往过魏太子，左带玉具剑，右带环佩，左光照右，右光照左。"

秦汉除佩兵器外，还要佩挂"组

冕服佩剑图
图中王侯头戴冕冠，身著深衣，腰佩长剑。为汉代贵族典型衣饰。

绶
秦汉时的绶，有代替古时韨佩的作用。战国时去韨佩，留其丝缫，秦乃以采组连结于缫，即组绶。组绶的形制，秦汉均不一样，这里参照明代王圻、王思义父子编集的《三才图会》中的绶形制。

绶"。"组"是一种用丝带编成的饰物，可以用来系腰；"绶"是官印上的绦带，又称"印绶"。"印绶"是汉朝官员权力的象征，由朝廷统一发放。由于冠巾还不能把等级区分得很严明，所以还要借助印绶来划分更细的等级，印绶成为汉朝区分官阶的重要标志。据文献记载，汉朝皇帝佩黄赤绶，长二丈九尺九寸；太皇太后、皇太后、皇后与此相

同。诸侯王佩赤绶，长二丈二尺。诸国贵人，相国皆绿绶，长二丈一尺。公、侯、将军紫绶，长一丈七尺。九卿、中二千石、二千石青绶，长一丈七尺。千石、六百石黑绶，长一丈六尺。四百石、三百石皆黄绶，长一丈六尺。二百石黄绶，长一丈五尺。百石青绀绶，长一丈二尺。

组绶的佩挂方法，通常是打成回环，使它自然垂下。按制度规定，官员平时在外，必须将官印装在腰间挂的鞶囊里，将绶带垂在外边。

三、大佩制度

东汉孝明帝时，在古代佩玉制度的基础上，又增加了礼服的大佩制度。皇帝、三公、诸侯、九卿等，在祭祀、朝会等重要场合，都必须佩带"大佩"。"大佩"就是各种玉制佩件组成的饰物。它一般的组合方法，上部为弧形的珩（又写作"衡"），联系小璧，中间是方形或圆形的琚、瑀，下边中间是菱形的冲牙，两边是曲璜。用五彩丝绳贯串璜珠点缀其间，下施彩缫。

佩玉的方法，是在外衣的两侧各佩带一套，以佩玉的质地显示佩带者身份

【名词点滴·冲牙】
玉佩的零件。《礼记·玉藻》："佩玉有冲牙。"郑玄注："居中央，以前后触也。"孔颖达疏："凡佩玉必上系于衡，下垂三道，穿以蠙珠；下端前后以县于璜，县以冲牙，动则冲牙前后触璜为声，所触之玉，其形似牙，故曰冲牙。"

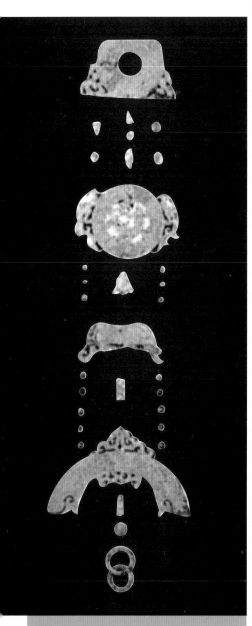

南越王玉组佩

西汉□最大玉璜长14.2厘米，厚0.35厘
米

1983年广州象山岗南越王墓出土□现
藏西汉南越王博物馆

成组玉佩从上至下由一件玉镂雕双凤卧蚕纹出
廓璧、一件玉镂雕双凤一螭卧蚕纹瑗、一件玉镂
雕犀牛形佩、一件玉镂雕双龙体形璜、四件玉
人、一件玉镂雕壶形佩、一件玉兽颈形佩、一件
玉组丝纹双活环套、五粒玉珠、二粒煤精珠、十
颗金珠等共计三十二件组串为一器。成组玉佩
始于西周，盛行于东周。此件玉佩中各种玉饰及
其他材质之多，制作之精美，较之前及同时代同
类组成玉佩，均有过之而无不及，堪称组成玉佩
之绝品。

的尊卑贵贱。据文献记载，天子佩白玉而玄组绶，公侯佩山玄玉而朱组绶，大夫佩水苍玉而纯组绶，世子佩瑜玉而綦组绶，士佩瓀玟而缊组绶。佩玉后，走起路来，冲牙与两璜相撞击，发出有节奏的叮咚之声，铿锵悦耳。玉声一乱，说明走路的人乱了节奏，有失礼仪。

四、葬服制度

汉代由于社会稳定，经济发达，厚葬成风。秦始皇治骊山，设朝寝，建立陵墓制度。汉承秦制，逐步形成完善的规

刘修金缕玉衣

西汉□通长182厘米
1973年河北定州中山怀王刘修墓出土
□现藏河北省文物研究所

中山怀王刘修金缕玉衣共用玉片1203块，金丝约2567克，玉为黄色。同时出土的还有九窍塞。用金丝将玉片编缀成人形，头部由头罩、脸盖组成，上身由前后衣片、左右袖筒及左右手套组成，下身由左右裤筒及左右鞋组成，皆能分开。金缕玉衣按汉制是皇帝才能使用的，刘修作为诸侯王，死后厚葬，也使用金缕玉衣。出土时左右裤筒均截下一段，盖在腹部，胳膊也比袖筒短，可见玉衣比穿者身材要大一些。玉衣出土时尸骨已朽，可见这些东西并不能保护尸体不朽。

制。自汉代起，帝王墓被专称为"陵"，在陵旁建宗庙的陵寝制度也基本建立，地面建筑开始出现石象。汉代的厚葬之风，不仅表现在地面，更表现在地下。一是砖石墓代替了木椁墓。汉代早期木椁墓有"黄肠题凑"的葬制，以黄柏木叠成墙，称为"黄肠"；柏木端头皆向内，叫"题凑"，是帝王和诸侯享用的一种葬制。后来由砖石墓取代，墓室增多，结构更复杂。这些砖石墓又根据装饰材料的不同，有"画像石墓"、"画像砖墓"和"壁画墓"的不同，其中的雕刻和壁画，成为汉代服饰文化的重要形象资料。另一是以玉衣为殓服。玉衣史书中称"玉匣"或"玉柙"。使用玉衣不仅为显示死者尊崇的身份和地位，而且迷信它可保护尸骨不朽。东汉灭亡后，社会经济日益凋敝，统治者再也无力制做玉衣殓葬。曹魏提倡节俭，黄初三年（公元222年），魏文帝下令禁止使用玉衣，从此玉衣殓葬制度便在历史上销声匿迹了，玉衣遂成为名冠中外的千古绝唱。

玉衣是汉代皇帝和高级贵族的殓服，按等级分为金缕、银缕、铜缕三等。

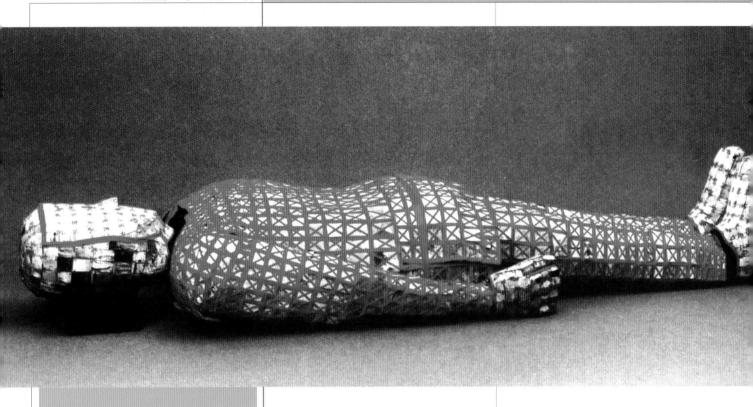

丝缕玉衣
西汉 □长173厘米
1983年广东广州象岗南越王赵眜墓出土
为南越王葬服，用红色丝线将2291片玉片编缀而成。目前全国共发现四十多件玉衣，丝缕玉衣仅此一件。

据文献记载，皇帝使用金缕玉衣，诸侯王、公主等使用银缕玉衣，大贵人、长公主使用铜缕玉衣。这套制度东汉时才严格起来，西汉时尚未形成严格的规定，所以西汉诸侯王也使用金缕玉衣。但到

被视为僭越行为，要受到严厉惩处。汉桓帝时，冀州官吏赵忠葬父时私自使用仿造的玉衣，被发现后以僭越的罪名掘开父墓，陈尸棺外，赵忠一家也被监禁，可见玉衣的使用制度是十分严格的。

玉衣的外观由多片玉组成人体形状，分为头部、上衣、裤筒、手套和鞋五大部分。玉片之间用金丝编缀的称"金缕玉衣"，用银丝编缀的称"银缕玉衣"，用铜丝编缀的称"铜缕玉衣"。与玉衣同时殓葬

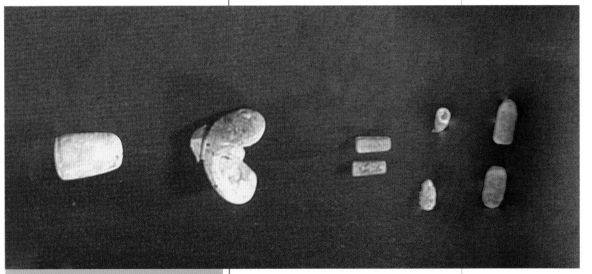

九窍塞
西汉
南越王墓出土

东汉时，只有皇帝使用金缕玉衣，其他贵族均不能使用，地方豪富使用玉衣则

的，还有玉眼盖、玉鼻塞、玉耳、玉琀、玉肛门塞、玉生殖器罩等"九窍塞"。

秦汉一般男子常服有襦、衫、裤，冬天穿裘衣。

襦又名"短袍"，后世称为"袄"，是一种有衬里的、长至膝以上的上衣。如果是用粗麻、兽毛等粗陋的布制成，就叫做"褐"。《诗经·豳风·七月》中有"无衣无褐，何以卒岁"之句。"褐"是贫穷的人所穿的衣服，所以古代称贫贱者为"褐"或"褐夫"。

衫是穿在衣内或夏天贴身穿的上衣，有大襟的，也有对襟的。据文献记载，这种衫本叫"中单"，汉高祖与楚交战，归帐中汗透，就改名"汗衫"或"汉衫"。衫与袍的区别除长短不同外，主要在袖口。袍袖口收小，并装有祛；衫不施祛，袖口宽敞。

古代的裤子与今天不同，是没有裆的，仅以两只裤管套在腿上，用带子系在腰间，是一种套裤或护腿。穿时一定要穿在里面，如果不用外衣将它掩住，裤管外露，是被视为不恭敬的。汉昭帝时，大将军霍光专权，上官皇后是霍光的外孙女。为了阻挠其他宫女与皇帝亲近，买通医官，以爱护汉昭帝身体为名，命宫中妇女都穿有裆并在前后用带系住的"穷裤"，又称"绲裆裤"，以后有裆的裤子就流行开来。此外，百姓中还有一种类似三角裤的短裤，叫"犊鼻裤"。《史记·司马相如列传》中"相如身自著犊鼻裤，

玉人
西汉□高5.4厘米
1968年河北满城中山靖王刘胜墓出土□现藏河北省文物研究所
此玉人为中山靖王刘胜十九年所制王公延的坐像，出土时置于刘胜墓棺椁间。玉人为圆雕，束发于脑后，顶戴小冠，冠带自耳后下垂结于颏下。身穿宽袖右衽长衫，腰系斜格纹带。凭几端坐，当为常服像。

犊鼻裤

说唱立俑
东汉□高66.5厘米
1963年四川郫县东汉墓出土□现藏四川博物院
此俑头戴旋钮软帽，上身袒裸，下著肥裤浅裆，赤足。闭眼吐舌，执桴欲击状。情态处于说唱重要情节，作精彩表演的瞬间，真实传神，是民间艺人的形象资料。

与保庸杂作，涤器于市中"，说的就是这种短裤。

襦、衫和裤、裙是经常搭配着穿的常服。穿襦裙或衫裙劳作时，常将裙撩起一角，约在胯间，以便操作，叫"缚裙"。穿襦裤或衫裤劳作时，也常把裤脚

提起，约在膝上，以便操作，叫"缚裤"。冬天御寒可穿裘衣。甲骨文中就有

"裘"字，写作"◈"形，可见上古的裘衣都是毛在外。到秦代始有裘上加锦衣的

万世如意锦袷袍
　　东汉□长133厘米，腰宽59厘米，下摆148厘米
1959年新疆民丰尼雅故城出土□现藏新疆维吾尔自治区博物馆
男袍，对襟窄袖，束腰斜摆式。面料为"万事如意"锦，以绛色为地，用红、绛、浅蓝、绿、白五色彩绘，织出图案化的忍冬藤和一蒂两蕾忍冬花，花纹间织有隶书"万事如意"吉语。小衿下摆右侧用一块"延年益寿大宜子孙"锦横条拼接。色彩绮丽。

龙虎纹玉带钩
　　西汉□通长19.5厘米，宽4.1厘米
1983年广东广州象岗南越王赵眜墓出土□现藏西汉南越王博物馆
带钩为男子常服所束腰带的装饰物。此带钩由一根铁柱穿连八块玉饰组成，通体圆雕。龙虎合体，钩首为龙头，钩尾为虎头。汉代玉带钩沿袭战国风格，有两种形制。一为分节带钩，此带钩即属此类；另一为水禽形。

穿法，而且有严格的等级区分。据《白虎通义》记载："天子狐白，诸侯狐黄，大夫苍，士羔裘，亦固别尊卑也。"穿时天子、诸侯均用全裘，不加袖饰；下卿、大夫则以豹皮做袖饰，以示区别。

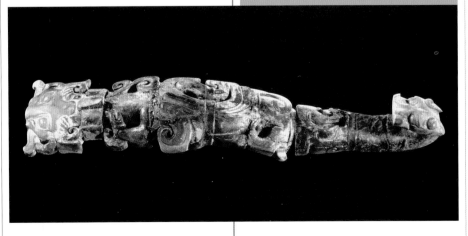

第三节 显现修长体态的华丽女服

自秦以来，凡身份显贵的男子，都普遍蓄养妾女，少则数十，多则数百。至汉武帝时，又在原来基础上增加了婕妤、昭仪等名目，后宫规模越来越大；再加上妓女在军营中出现，并扩及社会。这些都是汉代女服由古朴趋向华丽的重要原因。

汉代妇女礼服均为深衣制。头梳高髻，身穿绕襟深衣，下著长裙，脚穿高大丝履，是汉代贵族妇女衣着的普遍风格。这时妇女的深衣，与战国时期的样式已有些改变。明显的改变是衣襟绕转层数增多，衣服下摆部分增大。为使盘绕的衣襟不至于松散，用绸带或系在腰际，或束在臀部，由衣襟末端的位置而定。

到东汉时，妇女礼服有了规定的服制。据《后汉书》等史书记载，凡太皇太后，皇太后入庙及皇后谒庙之服，皆绀上皂下；蚕服则青上缥下，隐领袖缘以绦。皇后以下至二千石夫人皆以蚕衣为朝服。贵人著蚕服，纯缥上下。自公主封君以上皆带绶。公卿、列侯、中二千石、二千石夫人，入庙佐祭之服皂绢上下，

汉代深衣木俑

助蚕之服缥绢上下。

有一种形制类似深衣的褂衣，也是汉代妇女的常服。其制与深衣基本相似，只是服装底部由衣襟曲转盘绕形成两个尖角。

汉乐府《陌上桑》中形容采桑女子罗敷的形象为"头上倭堕髻，耳中明月珠。缃绮为下裙，紫绮为上襦"。这种色彩鲜明的上襦下裙，是汉代一般妇女的日常穿着。上襦下裙的女服式样，早在战国时就已经出现。而汉代的襦裙，上襦极短，只到腰间；而裙子却很长，下垂至地，呈喇叭状，行不露足；裙腰很高，高至胸

长信宫灯

西汉　通高48厘米，重15.78公斤
1968年河北满城中山靖王刘胜之妻窦绾墓出土　现藏河北省博物馆

宫灯通体鎏金，作宫女跪坐持灯状。据灯上铭文可知此原为阳信侯所制，后归长信宫尚浴府使用，转赐中山靖王刘胜的夫人窦绾。持灯宫女像头梳椎髻，身穿绕襟深衣，下著裳。衣袖有特点，外衣袖口反折，内衣袖口长大，当为当时的流行款式。

玉舞人

东汉　高9厘米，宽3.4厘米，厚0.3厘米
现藏上海博物馆

传世品。汉代已出现专职的歌舞艺人。玉舞人体扁平，下有插榫。前额刻假髻形发饰，两耳垂发至肩，是东汉盛行的一种发型。身穿交领长袍，腰束带。特点是袍袖口内伸出两只长袖，作舞动状，后世戏曲服装上的"水袖"可能受到它的影响。

部，而且裙身窄小，袖口较宽大，形成窄衣大袖的式样，使妇女修长的体态表现得十分明显。襦裙的花色和样式也很丰富，从颜色上看，红、黄、白较流行，有的还绣上花。《赵飞燕外传》中说，赵飞燕著南越所贡云英紫裙，后来宫中仿效，制成一种腰部有褶裥的留仙裙，也十分流行。劳动妇女穿裙时，外面还常饰一条围裙，叫"蔽膝"，既减少裙裳的磨损，又起到装饰的作用。这种"长裙连理带，广裙合欢襦"的襦裙，是中国古代女服中主要样式之一。自战国到清代，前后二千多年，尽管长短宽窄时有变化，但基本形制始终保持最初的样式。

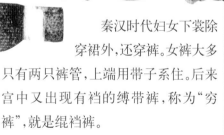

素纱禅衣

西汉□衣长128厘米，两袖通长195厘米，袖口宽29厘米，腰宽48厘米，下摆宽49厘米，重48克

1972年湖南长沙马王堆1号汉墓出土□现藏湖南省博物馆

交领右衽，直裾式。由精缫蚕丝织造，其丝缕极细。整件衣服薄如蝉翼，轻如烟雾，是一件极为罕见的稀世珍品。

印花敷彩绛黄纱棉袍

西汉□衣长130厘米，通袖长250厘米，袖宽39厘米，袖口宽25厘米，腰宽51厘米，下摆宽66厘米

1972年湖南长沙马王堆1号汉墓出土□现藏湖南省博物馆

棉袍为交领右衽直裾式。袖筒较大。印花敷彩黄纱面，素纱里，素纱缘，絮丝绵。由上衣与下裳组成，领口挖成琵琶形。其面料为空版印花和敷彩工艺相结合，是当时印染新工艺。

秦汉时代妇女下裳除穿裙外，还穿裤。女裤大多只有两只裤管，上端用带子系住。后来宫中又出现有裆的缚带裤，称为"穷裤"，就是绲裆裤。

秦汉妇女履式与男子大同小异，只是多施纹绣，以翘头履为多。

1972年，西汉驮侯利仓妻墓被发现。驮侯利仓是西汉初年长沙国的丞相，仅领有民户七百，和万户大侯相比，小得可怜，在汉朝的公侯序列中微不足道。但在厚葬之风影响下，他夫人的墓葬中却拥有大量精美的陪葬品，发掘出土的实物资料非常完整。特别令人惊奇的是，由于尸体保存完好，所有随葬物品皆依然如新。尤其是服饰，虽历经二千多年，质地仍旧完好，色泽依然鲜艳。出土的服饰有十几种之多，较全面地反映了西汉贵族妇女的服饰情况。这就是震惊世界的长沙马王堆1号汉墓。

墓中出土的纺织品，除少数为麻布外，绝大多数为丝织品，品种有绢、纱、绮、罗、锦等，有绣，也有绘，还有印

花。颜色有茶褐、绛红、朱、黄、棕、青、绿、白、灰等十余种。纹样有动物、卷草、云纹、几何纹等。出土的服饰用料，细的纨、缟、缣、纱多用来作绵袍、夹袍、禅衣，及衣、巾、袄等的边缘，也用以制作香囊、手套等物。粗绢则用来作衣里及裙、袜等。罗和绮常用来绣花，广泛用做衣服面料、香囊、手套、枕巾等。锦一般用作袍服边缘，几巾、枕巾、镜衣、香囊等。

出土的服饰均为汉代女性所用，袍分为複袍、褕禭、禅衣三种。複袍是一种夹服或棉服，为曲裾绕襟深衣。领口挖成琵琶形，袖筒肥大，袖口收小。下裳底边拉长成尖角，穿时掩入左侧身后，裹至胸前，再将衽角折往右侧腋后，用腰带束住。领、襟、袖均用绒圈锦镶边，再在外沿镶绢条窄边。褕禭是直袖的袍，样式与複袍大体相同，只是没有绕襟部分。褕禭原是男女通用的便服，到两汉时逐渐转为女子常服。禅衣又称"单衣"，是单层的薄长袍，其制是将衣襟拉长，向后拥掩，有合身省料的特点。出土的裙为单裙，用宽一幅的绢四片缝制而成。出土的手套为直筒露指式。出土的夹袜为齐头，勒后开口，开口处附带，袜底无缝。出土的鞋为双尖翘头方履，青丝织品制成。此外还出土了枕、枕巾、被衾等物。马王堆1号汉墓出土的服饰及纺织品，反映了西汉服饰艺术的高超水平和精湛工艺，说明了西汉时期我国纺织技术已经发展到一个高峰期。

绢地信期绣手套
　　西汉□长24.8厘米，上宽9.4厘米，下宽11厘米
　　1972年湖南长沙马王堆1号汉墓出土□现藏湖南省博物馆
手套为夹层直筒露指式。手掌部用信期绣，指口镶绛色绢，信期绣边缘压"千金绦"边。套袖部分以棕黄色绢制作。这副手套是中国发现年代最早，又最完整的手套。

青丝履
　　西汉□长26厘米，后跟深5厘米，头宽7厘米
　　1972年湖南长沙马王堆1号汉墓出土□现藏湖南省博物馆
履为双尖翘头方口样式，是当时女鞋的通常样式。面用青绿色丝缕纺织而成，底用麻线编织，浅绛紫色。衬里为绛紫色。帮为人字形组织。宽大的后跟与窄小的前尖形成鲜明的对比，造型既别致，又精巧。

【名词点滴·勒】
靴、袜的筒儿。亦指靴或袜。《隋书·礼仪志七》："长勒靴，畋猎豫游则服之。"五代马缟《中华古今注·靴笏》："靴者，盖古西胡服也。昔赵武灵王好胡服，常服之。其制短勒黄皮，闲居之服。"

第四节　丝绸之路与蓬勃发展的纺织业

汉代是纺织业发展的高峰期。西汉时，以都城长安为中心，在全国形成包括上党、洛阳、陈留、齐郡、蜀郡、吴越、滇七大纺织业产区。朝廷设立织室，管辖各地纺织场。地方上的大经营户"可比千乘之家"。

纺织业规模的扩大，带动了纺织技术的革命。商周以来，长期使用手摇纺车和立式织布机，由于技术落后，纺织品种类一直很单调。到了汉代脚踏纺织机的发明和普及，把织工的双手解放出来，大大提高了质量和效率，这是纺织业划时代的进步。

同时，印染技术专业化，从纺织业中独立出来，成为专门的行业。汉代丝织品的颜色多达39种，其中浸染的颜色有31种，绘染的颜色有8种。新增加的黄色和红色植物染料，以及黑色和金银粉

龟背海棠花罽残片

东汉□长24厘米、宽28厘米
1959年新疆民丰尼雅遗址出土□现藏新疆维吾尔自治区博物馆

罽以蓝、白、红三组纬线与交织经相交而成，在蓝地上满布白色龟背纹，中间填以红色海棠花纹，花瓣饰白色边缘。在两个单元纹饰之间缀以带白边的红色小花。此物虽是西域产品，但龟背纹、海棠纹是中原流行纹饰，具有中原特色。色彩明丽舒朗，均为植物染料所染。

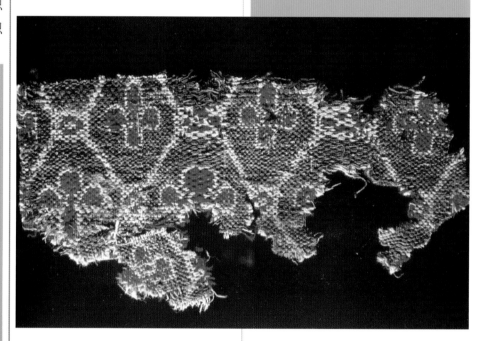

汉代画像石纺织图中的脚踏纺织机

1970年江苏泗洪曹庄东汉墓出土□现藏南京博物院

画面为"曾母投杼"的故事。曾母头梳高髻，坐在织机上，并转身投杼于地，在训斥曾子。为研究纺织机的发展提供了重要实物资料。商周以来长期使用手摇纺车和立式织布机，由于技术落后，设备简单，纺织品种类一直没有很大突破。汉朝脚踏纺织机的发明是纺织业划时代的进步。这种纺织机属于斜织机座，织工坐于织机上，整个机面的操作状态一目了然，能够减少布面的断头，使织物更加均匀平整。更重要的是，这种织机的机轮牵引力提高了，而且用脚踏板，把织工的右手解放出来，双手配合纺纱和并线。

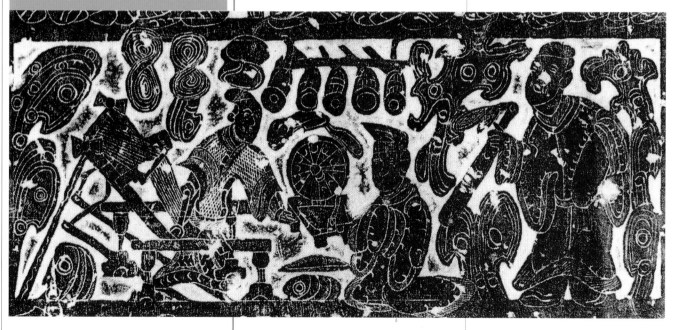

等矿物染料构成汉代服饰的主体色彩。

汉代五行学说大行其道，并反映在服饰色彩上。春秋战国时，黄色下裳是百姓常服，在《诗经·国风》中就有"绿衣黄裳"、"载玄载黄，我朱孔阳，为公子裳"的描写。到秦代时，根据五行学说，秦以水德而尚黑；到汉代时，以东青、西白、南朱、北玄四方位而立中央为土，即黄色，确定了黄色为中心，开始以黄色作为皇帝朝服正色。据周锡保先生《中国古代服饰史》说："西汉斋戒都著玄衣，绛缘领袖，绛裤袜。其正朔服色尚黄，至后汉服色尚赤。"汉时黄色作为皇帝朔服，当时还未像后世那样禁民

几何纹绒圈锦

西汉□宽28厘米
1972年湖南长沙马王堆1号墓出土□现藏湖南省博物馆

锦的结构为三枚经提花并起绒圈的经四重组织，纹样具有立体感。织造工艺复杂，需有综架和提花综束配合控制经线提沉，并需在卷经轴之外加设绒经架卷绕起绒经线，织好后将它抽去。这种绒圈锦充分显示了汉代纺织工艺的高超技术和水平，堪称丝绒的发端。

铺绒绣锦

西汉□长35厘米，宽13厘米
1972年湖南长沙马王堆1号墓出土□现藏湖南省博物馆

此件为内棺外表四周的装饰，烟色绢为地，用朱、黑、烟三色丝线绣成。绣线甚细，直径仅0.1毫米左右。绣工纯熟，色调庄重，是中国最早的铺绒绣锦。

众服用。据《后汉书·舆服志》记载，东汉时还制定了百官的五时服色，即随季节变化服色，按"四时迎气"的制度制定。立夏日京都百官都换上赤色服装，到南郊迎夏，穿到立秋前十八天，换上黄色衣服，到立秋为止。立秋日百官都换上

菱花贴毛锦

西汉□长81.5厘米，宽42厘米
1972年湖南长沙马王堆1号墓出土□现藏湖南省博物馆

此件为内棺外壁的装饰。用不同颜色的羽毛，在锦上粘成重叠复杂的菱形纹，边上以"千金"绦收边。色彩艳丽，装饰性强，在中国古代丝织物中罕见。

白衣，戴黑帻，到西郊迎秋，礼毕换上绛色衣服，到立冬为止。立冬日换皂色衣服，到北郊迎冬，礼毕换上绛色衣服。立春日皇帝率领百官，到东郊迎春，车旗

对鸟菱纹绮地乘云绣

西汉□长50厘米，宽40.5厘米
1972年湖南长沙马王堆1号墓出土□现
藏湖南省博物馆

云气灵兽纹是汉代的主体纹样。云气由流畅的
回旋形组成复杂的带状纹饰，犹如流动的云彩，
表示绵绵不断。此件乘云绣于云纹中夹有变化
云凤纹，云中藏凤，凤隐云中，富有想象力，具有
浪漫气息，有战国时期刺绣纹饰的遗风。

代时主要纹样为云气纹中的长寿纹、乘云纹、信期纹，由于刺绣技法要求高，费工费时，所以仍属于高级丝织品，价值还在彩锦之上。

公元前138年和公元前119年，汉武帝两次派遣张骞出使西域，开辟了中国与欧亚各国的陆地交通线。当时从长安出发，经敦煌通往欧亚各国的商路有两条：一条为南道，沿昆仑山北麓，经今新疆境内翻越葱岭南部到达大月氏（今阿富汗）、安息（今伊朗）诸国，再抵达地中海或身毒（今印度）；一条为北道，沿天山南麓，经今新疆境内翻越葱岭北就到达大宛（今费尔干纳盆地）、康居（今撒马尔罕）、奄蔡（今里海）诸国，再抵达大秦（罗马）。不论南道和北道，主要以运销中国的丝织品而闻名于世界，因此被历史学家称为丝绸之路。陆上丝绸之路开通的同时，在南部沿海也拓展了海上的丝绸之路。汉武帝时，已有使者经黄支国（今康契普腊姆）到达已程不国（今斯里兰卡）。东汉时，中国的帆船已经印度的莫席里港（今克拉格诺尔）到达埃塞俄比亚的港口阿杜利，与世界建立贸易往来。

丝绸之路的开创，在中国文明发展史，甚至世界文明发展史上，都具有相当重要的意义。几千年来，中国和世界

服饰均用青色，至立夏为止。虽有五时服色，但至朝皆著皂衣。

丝织品是贵族的主要衣料，麻织品是平民的主要衣料。毛织品原本属于贫贱者的衣料，但在西域（今新疆）出产的毛罽，质地如毡毯，在皇室贵族中盛极一时，视为高级织物，皇帝曾明令禁止内地商人穿着。

棉织品最初被视为粗织物，也属于贫贱者的衣料，到东汉晚期，西域生产出一种精细棉布，才受到中原贵族的重视。彩锦是汉朝丝织品中最高水平的代表，色彩绚丽，纹样活泼，织法复杂，是上层社会的时尚衣料。

而商代已经出现的刺绣，到汉

敦煌莫高窟壁画张骞通西域
敦煌莫高窟323窟北壁壁画。

红底人头纹缂毛残片
东汉
现藏新疆维吾尔自治区博物馆
在红地上缂织人头形象，周围环以花朵。

技、安息的黎轩魔术师及化妆歌舞等也十分流行。伊朗等国的骆驼、翼兽和狮子，安息等国的天禄、辟邪和麒麟，西域和中亚的特产如石榴、葡萄、大蒜、芝麻等，也都出现在汉代艺术和衣料纹样之中。西汉的衣料纹样经常是行云流水，枝蔓缠绕，间以变体的龙、凤、虎、豹、鸟纹。源于古波斯的联珠怪兽纹、人头马纹，西域常用的葡萄纹、西域人物形象等，都大量应用于服装面料之上。

东汉的衣料纹样则更多地反映神仙长生思想，图案形式打破现实生活的局限，使人物与飞禽猛兽共处于云气山水之间，加饰吉祥文字。如间织"长乐明光"，代表官府名称；间织"登高明望四海"，与秦始皇、汉武帝登泰山封禅联系起来；间织"万世如意"、"延年益寿大宜子孙"、"新神灵广成寿万年"等以示吉祥。

丝绸之路的开通，进一步促进了纺织工业的发展。缫车、纺车、络丝工具，脚踏斜织机、提花机都已广泛使用，发展了套色型版印花技术，发明了蜡染工艺。纺织品的质量很高，品种更加丰富。丝、毛、麻、棉织品都得到发展，其中尤以丝绸最重要。印度当时只能生产野蚕丝，质地粗糙，《大唐西域记》中称之为"峤奢耶"。中国丝进入印度后，成为制作丝衣的代表。中国的棉布纺织吸收了印度的工艺。东汉时期印度马图拉印花布输入新疆地区，后来称为"叠布"或"牒布"。在新疆、云南、广东、广西等地区已生产棉织品和蜡染棉布。

各国沿着丝绸之路进行了极为丰富的政治、经济、宗教、文化等各方面的交流。一方面，中原地区的冶铁、造纸、穿井、开渠等先进技术传入欧亚各国。公元2世纪大夏制造出镍币，就得益于冶炼技术的交流。公元5世纪，中国的养蚕技术由伊朗传入东罗马，罗马人把中国称为"丝国"。西汉时期，中国生产的优质钢铁在木鹿市场上广受欢迎，用这种钢铁生产的刀剑被称为"木鹿兵器"。中国发明的铜锌镍合金，俗称白铜，在波斯语中称为"中国石头"。另一方面，欧亚各国的特产和文化等也传入了中国。印度的佛教就是通过大月氏传到了中国各地。伊朗的竖箜篌、四弦曲项琵琶和筚篥流入中国后风行一时。伊朗的杂

长乐明光锦
东汉□长49厘米，宽10厘米
1980年新疆罗布泊高台2号汉墓出土□
现藏新疆文物考古研究所
锦以靛蓝色为地，用粉绿、褪红、绛、白四色经显花。花纹为变形忍冬，间饰骑士与独角翼兽，夹织隶书"长乐明光"四字。花纹与文字作巧妙的结合，反映了当时织锦工艺的时代风格。

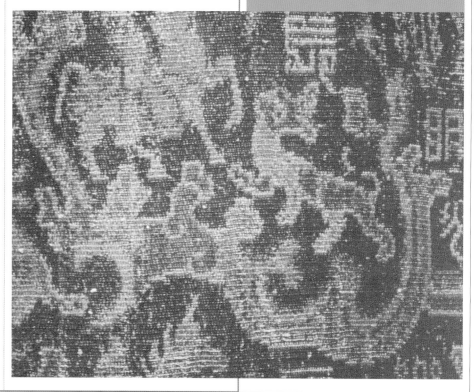

第五节 尽显妩媚的发式与化妆

秦汉时期妇女发式的主要特点是中分头发，在脑后挽低低的发髻，发髻上的装饰物较少，非常古朴。闻名的发式是椎髻和坠马髻。

秦朝的发髻有神仙髻、垂云髻、凌云髻、望仙九鬟髻、参鸾髻等，但留下来的形象资料很少。关于椎髻，在《后汉

灰陶听琴俑
东汉□通高55厘米，宽30厘米
四川墓葬出土□现藏故宫博物院
女俑梳高髻，画长眉。身著中衣、禅衣，束腰，跪坐，正陶醉于娓娓琴声之中。

书·逸民列传》中有这样一个故事：梁鸿人品高洁，娶同县女子孟光为妻。出嫁之日，孟光梳妆华丽，过门七日，梁鸿都不理睬。孟光感悟，"乃更为椎髻，着布衣，操作而前"。这说明椎髻是东汉妇女十分普通的发式。所谓椎髻就是垂髻，因为造型与木椎十分相似，所以也称椎髻。梳的时候将长发向后梳得很低，在

脖后打成结或盘成银锭状。这种发式是秦汉时期妇女的最主要的发式。

风行于当时的堕马髻，即将头发中分至颈后集为一股，挽成髻垂于肩，从中抽出一缕垂在一侧。梳堕马髻者有一整套装束，《后汉书·梁冀传》："（寿）色美而善为妖态，作愁眉，啼妆，坠马髻，折腰步，龋齿笑，以为媚惑。"好似美人刚从马上坠下，步履不稳，无限娇羞之态。

在汉代，妇女开始以鲜花来装饰发髻，经常配以大小颜色各不相同的几朵插满头顶，非常可爱。这一习俗一直影响到后世。除了鲜花之外，还有用步摇来装饰秀发的。所谓步摇，《释名》中说"步摇，上有垂珠，步则动摇也"。步摇一般以花枝形的金钗为底，上缀以各色活动的宝珠。这是西汉妇女装饰发髻主要

持箕女陶俑头饰
四川乐山汉墓出土□现藏中国国家博物馆
此女俑头部为汉代流行的鲜花头饰。

的饰物。步摇一般插在额顶部向正前方探出，此插法很有意思。东汉贵族妇女按照前代的副笄六珈制度，在高发髻上插数枚花钿，是统治阶级尊贵的象征。一般的女子则横插二钗或不着修饰。所以高低贵贱一望钗饰便可得知。

说到秦朝男子发式，不能不说秦兵马俑的发式，尤其是一般步兵，大都将头

圆椎髻式
圆椎髻位于头顶偏后，是地位最低的士卒发式。

圆髻偏左式
圆形髻位于头顶偏左，地位略高于梳圆椎髻式的士卒。

圆髻偏右式
圆形髻位于头顶偏右，是一级爵的发式。

发分成几股，其中有一两股编成小辫，然后互相缠绕结成在头顶向左或向右的发髻。其编结之复杂程度不可思议，也许与当时军事组织或所属番号有关。

秦朝男子发式高椎髻

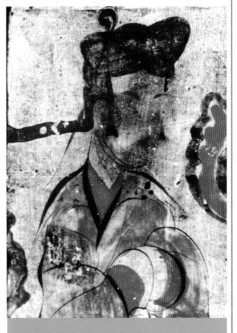

仕女图
此为河南洛阳汉墓壁画上的仕女。仕女面施胭脂，口涂红唇，发髻插簪，似应为汉代妇女流行的"啼妆"。

顾恺之《烈女仁智图》局部侍女
现藏中国国家博物馆
图中侍女梳高髻，正为主人梳发，应也是高髻。

《战国策·赵策》："郑国之女，粉白黛黑。"从这诗句中可以看出自战国以来，妇女就喜欢以脂粉来修饰面颊。汉代妇女更是如此，她们将脂粉厚厚地涂在脸上，以取得肌肤白皙的效果，再配上黑黑的眉毛和简洁的发髻，很有一种古朴之美。

汉代出现了画眉史上的第一次高潮，史籍中有汉武帝刘彻"令宫人扫八字眉"的记载，也有张敞为妻画眉的佳话。西汉初期，妇女尚长眉，后来出现了八字眉也叫愁眉，"恒帝元嘉中，京都发女作愁眉"。

所谓愁眉，就是将眉头抬高，眉梢向下，眉毛呈八字状，并且画得很细，这也是长眉的一种。之后又从长安城内传出一种阔眉，就是将眉毛画得长且粗，《后汉书》中描写道："城中好广眉，四方画半额。"可见其粗的程度。

在此基础上，汉代妇女流行"啼妆"，就是先施脂粉于脸上，然后将油膏薄薄的一层擦在眼下，看上去就像刚刚哭过的样子；配以愁眉，后梳堕马髻，迈着折腰步，仿佛刚从马上坠下，还未站稳，面含娇羞，泪迹未干，显得纤弱可怜，温婉动人，十分妩媚。这与唐代的元和时世妆很有些异曲同工之处。

《洛神赋》局部贵妇服饰
现藏故宫博物院
贵妇梳双环髻，头饰珠璎。

第六节　金玉并重的精美首饰与佩饰

随着服装由古朴趋向华丽，秦汉时期的首饰和佩饰也日益精美。从材质看，金玉最多，工艺水平也大大提高。

宜子孙钟形金饰

东汉□高2.3厘米，最宽1.8厘米，重2克
1955年安徽合肥汉墓出土□现藏安徽博物院

钟形，上端钮中央有一小穿，边饰联珠纹。中部竖刻朱文篆书"宜子孙"三字，两侧饰对称的缠枝花纹。字和纹饰皆用精细的金丝和细珠盘绕焊接而成。显示了汉代金饰制作高超的工艺。

秦汉时期的发饰主要有笄、簪、钗、擿、华胜、步摇等。古代妇女一向用笄固定发髻，簪是笄的发展，在头部盛加装饰，常做成凤凰孔雀的形状。笄与簪通常做成一股，做成双股的就是钗。钗的出现较晚，现存最早的发钗实物是春秋时期的骨钗。发钗的普及大约在西汉晚期，此后一直是我国妇女的主要首饰之一。如果在发钗上装缀可以活动的花枝，并在花枝上垂以珠玉等饰物，就成了步摇。早在先秦时就已有步摇这种饰

物，到西汉时期，步摇的形制已经非常复杂。据《续汉书·舆服志》记载：皇后服制有所谓"副笄六珈"的制度，就是覆在头上的假髻用笄固定之外，还要加上熊、虎、赤罴、天鹿、辟邪、牛等六种动物的饰片，再与孔雀、黄金山题、九种华胜及用白珠穿成桂枝般的装饰，和用白珠做成的耳珰配套，绕以翡翠华云，金碧辉煌。走动时步摇摆动，更显婀娜多姿。华胜是制成花草状插于髻上或缀于额前的装饰。汉时在华胜上贴翡翠鸟毛，这种工艺称"贴翠"。擿是将簪的头部做成可以搔头的簪子。据《西京杂志》记载，汉武帝的李夫人，就取玉簪搔头，自此后宫人搔头皆用玉簪。

秦汉时代的耳饰有瑱、玦、珰、耳环、耳坠。最早的耳饰是玦，秦汉时期除玦外，还流行其他耳饰。穿耳戴环的习俗，我国古已有之，但那是卑贱者的标志。穿耳的最初意义并不在装饰，而是起一种警戒的作用。它本来是少数民族的一种风俗，有些女子不甘居守，于是

有人想出一个办法，在女子耳上穿孔，悬挂耳环，来提醒她们生活检点。后来传到中原，也成为汉族人民的风俗。所以在秦汉时期，皇后嫔妃等贵族妇女是用不着穿耳的，尽管她们的耳边也悬有耳饰，但那是另一种含义的饰物。这种耳饰叫"悬珥"或"瑱"。一般为玉质，蚕豆大小，使用时以丝绳系缚在发簪上，悬于耳际，所以又称"簪珥"。它与帝王冕冠上的"充耳"一样，是为了提醒人不要听信谗言。因为是象征性的饰物，佩戴时不需要在耳上穿孔。士庶妇女则通常是在耳上穿孔，将耳饰穿在孔内，称为"耳珰"。大多用玻璃、珍珠等透明晶

金环玉耳坠

西汉□通长10厘米，宽5厘米，金牌高3厘米，厚0.3厘米，玉坠高6.5厘米，宽4米，厚0.4厘米
1979年内蒙古准格尔匈奴墓出土□现藏鄂尔多斯博物馆

耳坠由金牌、玉坠两部分组成。金牌为鹿形，嵌绿松石。玉坠镂雕蟠龙和螭虎纹，外镶金边。玉坠为汉族纹饰，金牌为匈奴族喜爱的纹饰，反映了当时民族的融合。

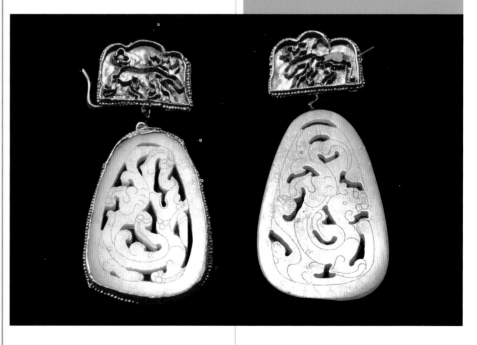

民族妇女佩戴耳环和耳坠，汉族妇女一般佩珥珰。

古代的颈饰主要有项圈和项链两种。项圈的形制比较简单，项链则比较复杂。项链由项坠、链索、搭扣三部分组成。最早的项链一般用玉石、牙齿、贝类等制作，后来才出现金质项链。两汉时金质项链的制作，已经达到很高的工艺水平。

两汉时以金、银制作指环，上面还可镶嵌珍珠翡翠宝石等。这时还出现了金护指，用以保护指甲。

秦汉时期仍流行用带钩。汉式带钩多为贵族专用，材质珍贵，工艺更趋精巧。而匈奴、东胡等少数民族则多使用铜带扣，用浮雕斗兽和人物为饰，艺术风格粗犷质朴，多是反映生活的题材，图案富有写实性，反映了北方游牧民族的地方特色。

秦汉时期的佩玉，一方面继承了前代的传统，另一方面由于大佩制度的出现，佩玉的样式更加丰富，制作也更加精美。从出土实物的情况来看，以观赏性佩玉为主。

拧丝穿珠金耳饰
此耳坠由金丝拧制而成，在底端穿红色宝珠。

盘角羊纹包金带饰
东汉□饰牌长11.7厘米，高6厘米，宽7厘米，环扣长9厘米，宽5.3厘米
1979年内蒙古准格尔旗西沟畔匈奴墓出土□现藏鄂尔多斯博物馆
为铁心包金。两套，每套两件，大小、图案均相同。饰牌正面用金片锤镍出盘角羊形图案。羊昂首前视，双角盘卷而上翘，四肢稍屈呈蹲状。空间饰花草纹。背面平，原有钮，已脱落。环锃正面呈弧形，用金片锤镍出花草纹图案，背平无纹。

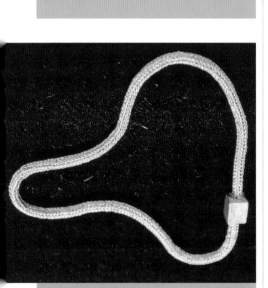

金丝编项链
东汉□周长19.4厘米，重12.8克
1959年湖南长沙李家老屋出土□现藏湖南省博物馆
项链用极细的金丝编织而成，形似鳝鱼骨。以方形金牌衔接扣合成链。无链坠。设计新颖，工艺高超，是最早的金丝编织饰物中的精品。

螭纹玉佩
西汉
陕西西安出土
玉佩外周透雕蟠螭纹，中间呈鸡椭圆形。玉佩晶莹剔透，细腻温润。

龙形玉觿
西汉□长11.2厘米，宽2.9厘米，厚0.25厘米
1972年江苏徐州墓出土□现藏南京博物院
觿作扁平尖角状，宽端作龙首形，尖锐如锥为龙尾，全身浅刻勾连云纹，背上透雕变形凤鸟、螭虎纹。两面纹饰相同。用丝线穿缀佩带，尖端可用来解结。

莹材质制成，所以又称"明月珰"或"明珰"。汉乐府诗《孔雀东南飞》中就有"足下蹑丝履，头上玳瑁光。腰若流纨素，耳著明月珰"的描写。秦汉时期只有少数

第七节 显示威武风采的军装

1974年，在陕西临潼秦始皇陵东侧发现了秦始皇兵马俑坑。这一消息顿时轰动了全球，被誉为20世纪最壮观的考古发现，称为"世界第八奇迹"。

商周时期，奴隶主以大批奴隶殉葬，据《墨子·节葬》记载："天子杀殉，众者数百，寡者数十；将军大夫杀殉，众者数十，寡者数人。"春秋战国时期开始以俑代替活人殉葬。秦始皇陵兵马俑就是秦始皇的殉葬俑。其中1号坑是步卒，战车相间排列长方形军阵；2号坑为战车和骑兵、步兵混合编组的军阵；3号坑有驷马战车和执殳的仪仗，象征军阵的指挥部。整个兵马俑坑共有武士俑7000个，驷马战车100余辆，战马400余匹。俑均与真人真马大小相当。佩带的兵器都是实用的金属武器。战车为木制，多已腐朽，但架具却是实用器物。这些都为秦代戎装提供了可靠的形象资料。夏商周三代战争重要形式是车战，自战国赵武灵王始效胡服骑射，到秦代，则骑兵战与车战步兵战同时并用，已向骑兵战过渡，故车马形制比较完善。

从这些武士俑的情况来看，他们不仅有兵种和等级的区别，而且不同兵种、不同等级的装束也不相同。

秦军戎装大体可分为军官和战士两大类：

一、军官戎装

秦军军官分高、中、低三级。军官戴冠，士兵不戴冠，以示勇武。将军等高级军官戴鹖冠，中级军官戴双版长冠，低级军官戴单版长冠。秦军从将军到士兵都穿紧身短袍，将军著两层，其余均为一层。战国时已出现铁甲，但秦军带甲百万，注重进取，采用急疾捷先的战术，革甲重量轻，制造易，消耗体力小，穿着携带方便，符合实战需要，所以秦军采用革甲而不用铁甲。只有高级军官穿彩色金属制作的鱼鳞甲，中级军官穿带彩色花边的前胸甲或齐边甲，低级军官甲衣不绘彩，甲片较战士甲衣的甲片小而数量多。不论军官和士兵，均足著翘尖履或浅履，腿缚行縢。

秦朝军士冠帽

秦将军俑

秦□通高196厘米
1974年陕西临潼秦始皇陵兵马俑1号坑出土□现藏秦始皇兵马俑博物馆
头戴燕尾长冠，身穿双层战袍，前胸披细密战甲，足穿方口浅履，腿扎行縢。冠戴、服饰和装束展示了将军的身份和风度。

秦武官俑
　　秦□通高196厘米
　　1974年陕西临潼秦始皇陵兵马俑1号坑
　　出土□现藏秦始皇兵马俑博物馆
头戴单版长冠，冠带系于颈下，身著战袍，外披
前胸甲，扎护腿，足穿方口翘头履。彩绘色彩现
已变暗。出土时位于一将军俑身旁，应为身份低
于将军的武官。

二、士兵戎装

　　秦军有车兵、步兵、骑兵、弩兵四个
兵种，戎装各有不同。一般士兵均不戴
冠，以布束发，称作"帻"。铠甲武士、战
袍武士、弩手、骑兵都著帻，只是形状装
饰略有不同。御手在白色圆形软帽上戴
长冠，单版；车士有的戴白色软帽，有的
戴单版长冠；轻装步兵身穿袍，腰束革
带，下着短裤；重装步兵有的穿袍，有的
还外披铠甲，下穿短裤；战车上御手身
穿战袍，外披铠甲，两肩有长披膊，并有
护手甲；骑兵身穿胡服，外披齐腰短甲，
下着围裳长裤。秦俑均为革甲，有三种
类型：一、由披膊和身甲组成，甲片较
大；二、只在胸、腹有甲片，背后用斜十

秦铠甲武士俑
　　秦□通高196厘米
　　1974年陕西临潼秦始皇陵兵马俑1号坑
　　出土□现藏秦始皇兵马俑博物馆
武士俑束发戴软帽，身穿紧身窄袖战袍，外披连
肩铠甲，下着短裤，腿扎行縢，足著浅履。应为重
装步兵的装束。

秦战袍武士俑
　　秦□通高192厘米
　　1974年陕西临潼秦始皇陵兵马俑2号坑
　　出土□现藏秦始皇兵马俑博物馆
武士俑束发不戴冠，身穿紧身窄袖战袍，腰束革
带，不披甲。下穿短裤，足着浅履。应为轻装步兵
俑的装束。

字带固定束身；三、胸、背、肩有甲片，周
边的革带镶边。色彩鲜艳，更显军威。

秦驭手俑

秦

1980年陕西临潼秦始皇陵西侧出土□

现藏秦始皇兵马俑博物馆

为秦始皇随葬的青铜安车御官俑，头戴冠，身穿领缘绘朱红菱形纹右衽长袍，腰间束带佩剑，双手握辔，形象逼真。铜车马以二分之一的比例仿实物而作。

汉代基本上以骑兵大军团作战为主。汉武帝欲战胜匈奴，需要强大的骑兵，骑兵随之成为主要的作战力量。据《前汉书·匈奴传》记载，公元前114年，天子巡边至朔方，勒兵十八万骑；公元

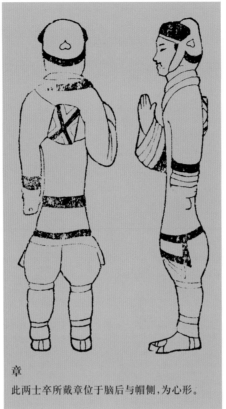

章

此两士卒所戴章位于脑后与帽侧，为心形。

西汉佩幡武士俑

前71年，赵充国等五将军又率十万骑及发乌孙等兵，共二十余万骑，出塞二千余里。统帅如此庞大的军队，行军如此遥远，必须使用徽识，以区别部伍，便于指挥调遣，同时标明个人身份及姓名，便于辨认。这种在军服上标出徽识的制度，本是先秦时代沿用已久的，只不过汉代更为完备。

徽识不仅士卒的军服上要有，就是最高统帅也要佩带代表自己身份的徽识。汉代的徽识大体分为章、幡、负羽三种。

章是士卒以及其他参战的平民皆应佩带的徽识，它的体积不大，是一种"小徽识"。佩章的方式，据《墨子·旗帜篇》记载："城上吏卒置之背，卒于头上，城下使卒置之肩，左军于左肩，中军置之胸。"

幡又称"徽"，等级比章高一些，大约是军官佩带的。《文选·东京赋》曰："戎士介而扬挥。"薛综注："挥为肩上绛帜，如燕尾者也。""挥"即"徽"，假借字。

负羽则士卒和军官均可用。《国语·晋语》："被羽先登"。韦注："羽，鸟羽，系于背，若今军将负旄矣。""旄"即羽饰。军人负羽在我国古代曾长期流行，但图像及实物极少。据《尉缭子·经卒令》记载负羽的用法："左军苍旗，卒戴苍羽；右军白旗，卒戴白羽；中军黄旗，卒戴黄羽。"可知它是配合旗帜，区别部伍的一种徽识。

彩绘骑马武士俑

西汉□通高68厘米
1965年陕西咸阳杨家湾汉墓出
土□现藏陕西历史博物馆

骑马武士俑系巾子，身穿红、白色短战
衣，一手持缰，一手持兵器，形象威武雄
健。同时出土数千件骑马俑，反映了西汉
时期军事力量之强大。

随着骑兵战的增多，远程杀
伤武器强弩机的制作也日见精
良。到汉代，铁铠取代了皮甲。西
汉时的铁铠，经历了由粗至精的
发展过程。从用较大的长条形甲
片编的"札甲"，逐渐发展为用较
小的甲片编的"鱼鳞甲"；由仅保
护胸背的形式，发展到保护肩臂
的"披膊"及保护腰胯的"垂缘"。自西汉
以后，甲片的形制和编组方法变化不
大，但精坚程度日益提高，甲胄的类型
也逐渐增多，功能日渐完备。东汉时床
弩出现，其弹射能力远远超过单人使用
的弩机，射程可达三百步（约合300米），

彩绘铠甲俑

西汉□通高49.5厘米
1965年陕西咸阳杨家湾墓葬出土□现
藏咸阳博物馆

铠甲俑头戴巾子，长带沿两颊结于颌下，身穿窄
袖战袍，外披黑色铠甲，甲衣上绘有红、黑色甲
片。腿扎行縢。背后有方形盒状物，其上有小孔，
可能是插羽用的底座。此俑对于研究汉代军队
徽识极有价值。

西汉军士头戴陌额和缅纱
武士俑头部的陌额和缅纱，是汉朝
军士的装束。

杀伤力大大增强。为了保护
自身，甲胄的改进也成必然。
先秦时，甲主要用皮革制造，
称"甲"、"介"、"函"等；战国
时，开始用铁制造，称"铠"，
但使用并不普遍。

汉朝军士冠帽

第八节 颇具特色的滇人服饰

"西南夷"是汉朝西南地区少数民族的统称，滇族是西南夷中最大的氏族，人口达数万。秦汉之际，滇池一带的部落组成联盟，统称为"滇"。汉武帝时期，封滇人君长为"滇王"，从此滇族臣服汉朝，成为多民族大家族中的一员。

受地理环境阻碍，汉朝时西南夷吸收汉文化的进程较

滇族女奴隶主俑

西汉

1955年云南晋宁石寨山滇人贵族墓出土□现藏中国国家博物馆

此俑为滇人贵族随葬品。此女俑头挽银锭式发髻，身穿宽大的对襟外衣，内著长裙，跣足，佩戴耳环和手镯。双手持祭祀用的权杖。在滇人的青铜器上，女奴隶主的形象高大突出，占重要位置，这是滇人以母权为中心的侧面反映。

西汉捕牛扣饰

西汉□长5.6厘米，宽9.5厘米

1957年云南晋宁石寨山出土□现藏云南省博物馆

云南少数民族贵族服装扣饰，当时汉族尚无扣。图像中开牲牢门，一人赶牛出门。牢门外两边各蹲列五人，头戴羽冠，大耳环，大手镯，赤膊跣足，作歌咏状。墙头列坐十一人，戴大耳环、大手镯，作祝祷状。

滇族男奴隶主俑

西汉

1955年云南晋宁石寨山滇人贵族墓出土□现藏中国国家博物馆

此俑为手持权杖的滇族男奴隶主形象。滇族男奴隶主一般头挽螺形髻，身穿长衫，束有腰带，胸前戴圆形铜扣饰，臂部和耳部也有镯或环。他们负责掌管军队和狩猎，因此，在青铜器上，放牧者和征战者的形象都是男性，而农业生产者和手工业制造者，则是女性形象。

鎏金双人舞盘扣饰

西汉□长19厘米，宽13厘米

1956年云南晋宁石寨山出土□现藏云南省博物馆

云南少数民族贵族扣饰，图像为两男子起舞。两俑头梳髻，着长袖交襟上衣、长裤，跣足，佩剑。衣裤布满卷云形与月牙形纹饰。从面部特点及服饰看，两俑似为西域人。

慢，有的部族还处于原始社会阶段，而滇人却已经进入了青铜文明时代。滇族保留了浓厚的原始社会母权制，男女分工明确，由女性主宰社会。滇人处于奴隶社会阶段，奴隶主与平民、奴隶的服饰是截然不同的。尤其是女奴隶主，处于权力中心，服饰更具特色。她们头挽银锭式发髻，身穿宽大的对襟外衣，臂戴扁形手镯，耳戴大圆环。男奴隶主一般是头挽螺形髻，身穿长衫，束有腰带，胸前戴圆形铜扣饰，臂部和耳部也戴镯和环。平民、奴隶则多为短衣打扮，穿戴比较简陋。

第五章
魏晋风骨与异域风采的融汇
魏晋南北朝
（公元220年—公元589年）

【历史背景】

魏晋南北朝是一个社会大动荡的时期：战乱频繁，朝代更迭；国换其君，城易其主；民族分裂，迁徙交融。从公元220年曹丕代汉，到公元589年隋灭陈统一全国，前后历时约369年。这是秦汉和隋唐两个极盛之世中间的重要变革时期。南北民族大融合，西域文化大量输入，佛教东渐，中原文化大量南进，促使服装款式、衣料纹饰等起了很大的变化。这时发生了历史上著名的魏孝文帝改制，充分体现了民族融合对服饰的影响。

社会大变革的序幕由东汉末年的军阀混战拉开，豪强争夺的结果，形成了魏、蜀、吴三国鼎立的局面。后来司马氏结束了三国分治，建立了统一的晋朝，出现过短暂的"太康之治"。但很快就发生了诸王混战和北方少数民族分裂割据的局面。南方依次为宋、齐、梁、陈；北方则由北魏统一，后又分裂为东魏、西魏，又演化为北齐、北周。西北游牧民族匈奴、鲜卑、羯、氐、羌，先后入侵中原，建立了十多个小王朝，史称"五胡十六国"。长年的战乱和民族大迁徙，使民族杂居，南北交流，来自北方游牧民族和西域诸国的文化与汉文化相互融合，相互推进。一方面，进入中原的少数民族进一步汉化，其中最具代表性的是魏孝文帝改制。太和十九年（公元495年）禁胡服、禁胡语。另一方面，中原汉人也接受了少数民族文化，不仅胡舞胡乐传入中原，还将穿胡服视为时尚，乃至妇女习武也成为社会风气，"木兰从军"的故事就发生在这一历史时期。

南北朝时期，王室贵族都崇信佛教，使佛教一度成为国教。由于佛教文化影响，中原服饰也突破旧的礼教，不但衣着宽大，不受约束，而且还袒胸露怀。随着商贸交流，西域的胡锦也不断进入中国，它们纹样新颖，织法不同，充满异国情调，为中原所采纳。正如《抱朴子·讥惑篇》记载："丧乱以来，事物屡变，冠履衣服，袖袂财制，日月改易，无复一定，乍长乍短，一广一狭，忽高忽卑，或粗或细，所饰无常，以同为快。"这一记载生动地反映了魏晋南北朝时期服饰变化的情况。

第一节 各具特色的南北服制

魏晋时期的法定服制，仍袭用秦汉旧制。各少数民族初建政权时，也仍按本族习俗穿着，但后来受到汉族文化的影响，也穿起了汉族的服装。因此传统的冠冕衣裳被保存下来，始终成为祭祀典礼及重大朝会时的专用服饰，与常服、便服相容并存一直延续到明代。

一、魏晋服制

皇帝服制　祭服戴黑介帻，通天冠上加平冕，十二旒。衣画裳绣，颜色为皂上绛下，共十二章纹。朝服用通天冠，金博山颜，内衬黑介帻，身穿绛纱袍，内着皂缘中衣。杂服有青、赤、黄、白、缃、黑诸色介帻，配五梁进贤冠、远游冠、平上帻武冠，身穿五色纱袍。素服戴白帢，穿单衣。

公卿百官服制　大致承袭秦汉旧制。王公、卿祭服均服平冕。王公冕八旒，衣九章；卿冕七旒，衣七章。文官朝服著进贤冠，三公等冠三梁；卿以下至千石冠两梁；六百石以下冠一梁。武官朝服著笼冠。中外官、偈者、仆射朝服著高山冠。执法官朝服著獬豸冠。凡车驾亲戎均服袴褶。

后夫人服制　魏初因袭秦汉旧制，皆为深衣制。皇后祭服为皂色；亲蚕则青上缥下，用以文绣。皇后至二千石夫

传顾恺之《洛神赋图》卷中的人物服饰
东晋□长572厘米，宽27厘米
现藏故宫博物院
图中描绘的是曹植及其仆从。曹植头戴远游冠，穿朱衣绛纱领，皂缘白纱中衣，朱绂赤舄。侍从则均头戴笼冠，穿皂缘青衫，足著青舄。这种穿着打扮是当时的风尚。

人皆以蚕衣为朝服。晋元康六年（公元296年）皇后蚕服改服纯青，以为永制。三夫人及九嫔助蚕服纯缥色。另以首饰"钿"的多少区别等级，皇后是假髻步摇十二钿；三夫人太平髻七钿，加簪珥；九嫔、公主、夫人五钿；世妇三钿。

二、北齐服制

皇帝服制　祭服为衮冕，常服通天冠；春分朝日服青纱朝服，秋分夕月则服白纱朝服，都戴五梁进贤冠；戎装冠武弁。

公卿百官服制　祭服冠平冕，青珠为旒，上公九旒，三公八旒，诸卿六旒；皆玄衣纁裳，三公八章纹，九卿六章纹。诸王服远游冠。文官服进贤冠，二品以上三梁，四品以上二梁，五品以下皆一梁。武官通著武弁。七品以上朝服为绛

【名词点滴·帢】

即帽，如帢弁，乌纱帽。《隋书·礼仪志六》："今通为庆吊之服。白纱为之，或单或夹，初婚冠送钱亦服之。"

【名词点滴·褠(gōu)】

直袖的单衣。《释名·释衣服》："褠，禅衣之无胡者也，言袖夹直形如沟也。"《玉篇·衣部》："褠，单衣。"

皇后命妇服制　助祭、朝服皆服袆衣，其他祭祀服揄狄，小宴服阙狄，亲蚕服鞠衣，礼见皇帝服展衣，平时服褖衣。

首饰为假髻、步摇、十二钿。内命妇，左右昭仪、三夫人视同一品，假髻、九钿，服揄翟。九嫔视同三品，五钿、蔽髻，服鞠衣。世妇视同四品，三钿，服展衣。八十一御女视同五品，一钿，服褖衣。外命妇一品、二品七钿蔽髻，服阙翟；三品五钿，服鞠衣；四品三钿，服展衣；五品一钿，服褖衣。

三、北周服制

皇帝服制　祭服冕衣同色，有苍、青、朱、黄、素、玄等色。另有衮冕、山冕、氅冕、韦弁、皮弁等制。

文吏俑

北齐
河北河间邢氏墓出土 现藏河北省文物研究所
文吏头戴冠，身穿袴褶。为北朝文吏的形象。

纱单衣，白纱中单；八品以下服纱单衣，深衣；流外五品以下皆著襦衣。

女官俑

北齐
河北河间邢氏墓出土
女官俑头戴黑色笼冠，身穿右衽大袖衫，杏黄长裙，腰束白带。右手握裙一角，裙角形成扇形。从女官俑头戴冠来看，笼冠是当时北朝男、女均可戴的一种冠式。

北周皇帝服饰

北周
此为敦煌莫高窟290窟壁画。画中皇帝头戴合欢帽，头后垂发辫，是鲜卑族特有的发式。著翻领皮袍，脚蹬笏头履，垂绶带。

【名词点滴·钿(tiàn)】

用金、银、玉、贝等制成的花朵状的首饰。南朝梁刘孝威《采莲曲》："露花时湿钏，风茎乍拂钿。"明代程中权《桂枝香·春思》曲："鬓钗云乱，蛾钿星散。"清代许肇封《浣溪沙·鸳湖舟中作》词："杏子衫轻鬓贴钿，鞋头新凤裹金莲。"

【名词点滴·阙翟】

古代王后的祭服。《周礼·天官·内司服》："内司服，掌王后之六服：袆衣、揄狄、阙狄、鞠衣、展衣、缘衣、素沙。"郑玄注："狄当为翟。翟，雉名……王后之服，刻缯为之形而采画之，缀于衣以为文章。袆衣画翚者，揄翟画摇者，阙翟刻而不画，此三者皆祭服。"

西魏皇帝与大臣服饰
西魏

此为敦煌莫高窟285窟南壁壁画。画中国王与大臣坐在殿堂谈话。国王戴高屋白纱冠，宽衣博带，手执麈尾。大臣戴笼冠，穿垂胡袖袍服，有束腰，衣带长至膝部。国王和大臣均内著曲领中单。国王身后的侍从，戴平巾帻，著袴褶，束腰。

四、南朝服制

皇帝服制　祭服为平天冠，下衬黑介帻。朝服戴通天冠，身穿绛纱袍，皂缘中衣。其余服制皆因袭魏晋。

百官服制　皇太子、诸王朝服戴远游冠，梁前加金博山；身穿朱衣绛纱袍，皂缘白纱中衣，白曲领。百官戴进贤冠，三公及封郡公、县侯戴三梁冠，卿大夫至二千石戴二梁，以下均一梁。武官均戴笼冠，骑士、武贲戴鹖冠。执法官戴獬豸冠。士庶服制亦大体如魏晋之制。

皇后命妇服制　谒庙服袆衣，其余服饰仍袭魏晋旧制。另规定二品以下山鹿、黄豹和步摇、蔽髻、八钿织成衣帽，不得使用纯金银器。三品以下还禁止使用真假珠翠、装饰缨佩，不准穿杂采衣。六品以下还不得用金钿、绫、锦、锦绣、金钗、环珥。

诸臣服制　三公有九种服制，即祀冕、火冕、毳冕、藻冕、绣冕、爵弁、韦弁、皮弁、玄冠。三孤之服有八种（无火冕），公卿之服有七种（又无毳冕），上大夫之服有六种（又无藻冕），中大夫之服有五种（又无皮弁），下大夫之服有四种（又无爵弁）。士之服只有祀弁、爵弁、玄冠三种。庶士之服只有玄冠一种。

后夫人服制　皇后之服有十二种，即翟衣、褕衣、鸗衣、鸠衣、鹎衣、袆衣、苍衣、青衣、朱衣、黄衣、素衣、玄衣。诸公夫人九种（无翟衣、苍衣、青衣）。以下按级递减，至下大夫之孺人只有四种。

鲜卑贵妇出行图

第二节 玄学弥漫的魏晋风度

魏晋时期正值两汉经学盛极而衰之际，门阀氏族为了求安自保，他们援引老庄思想来阐述儒家经义，形成了以清谈《庄子》、《老子》、《周易》这三玄为主的玄学，清谈人物往往手执麈尾以助谈锋。魏晋名士表现出不为旧的礼教所束缚的精神状态，他们不但衣著宽大、无拘无束，而且还置礼俗于不顾，形成袒胸露脯的习俗。在不拘一格、追求超

袒胸俑

北齐

河北河间邢氏墓出土

袒胸，著裲裆，腰系带，可见魏晋风度影响之盛。

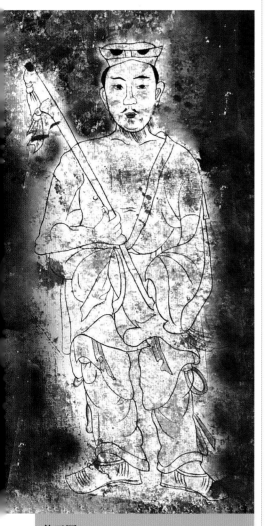

侍卫图

东魏

河北磁县东魏茹茹公主墓壁画□现藏河北省文物研究所

著宽松衣裳，只有一边衣襟，袒露右臂及胸脯，反映了无视礼教、放任自然的审美趋向。

脱思想的影响下，服药和饮酒蔚然成风。在药和酒的作用下，身体发热，出现"裸身之饮"。"竹林七贤"就是这方面的代表人物。据《世说新语·任诞》记载，有一次客来见刘伶，他不穿衣服，有人责问

他，他回答说："我以天地为栋宇，屋室为裈衣，诸君何为入我裈中？"

在玄学弥漫的魏晋风度影响下，汉族服式虽仍承秦汉遗制，但传统的深衣制已废弃，袍服亦先后消失，男子汉服以长衫为尚。由于衫袖不受衣袪口的限制，服装日趋宽博。据《宋书·周郎传》记载："凡一袖之大，足断为两，一裾之长，可分为二。"上自王公名士，下至黎民百姓，都是宽衫大袖、褒衣博带的打扮。只有从事体力劳动者才穿短衣长裤，下缠裹腿。

除衫子外，男子汉族常服也可上穿袍襦，下穿裤裙。裙式较宽广，下长曳地。穿时可著于内，也可著于衫襦外，腰间用丝绸宽带系扎。这些虽为南朝服饰，但北朝也有人喜欢穿着。

《高逸图》中的阮籍

唐

现藏上海博物馆

此图虽出自唐代画家孙位之手，但具魏晋风韵。经考证，这幅画是描写竹林七贤的残卷，现仅存山涛、王戎、刘伶、阮籍四人。图中为阮籍，戴巾子，穿宽衫，袒胸露脯，坐于织花方毯之上，凭靠隐囊憩息。

鲜卑族男子常服
西魏
敦煌莫高窟285窟北壁壁画
父子各穿红、黑袴褶，褶下摆装饰有缘边，是西魏男子常服。父亲头裹红色幅巾，巾角垂后，儿童梳双丸髻，由此可见鲜卑族成年男子和少年的发式不同。

魏晋南北朝时期的妇女服饰大抵也继承了秦汉遗俗，有衫、袄、裙、襦等。服装样式也以宽博为主。衣衫多用对襟，领、袖俱施边缘，衣裙之间往往还著一条围裳。妇女穿着帔子，也是这个时期服饰的特点。庾信《美人春日》诗："步摇钗梁动，红轮帔角斜"，咏的正是这种服饰。帔子一直流传到隋唐，成为女服的主要装饰之一。

自从汉末出现妓女以后，对妇女服饰的影响极大。妓女最初以"营妓"的形式出现，犒劳获胜的将士。此后由军中转至民间，姬妾声伎日益繁盛，到魏晋南北朝时已达高峰。妓女专事修饰，衣著日趋奢华，影响到当时妇女服饰也从质朴趋于炫丽。曹植《洛神赋》中描写当时妇女的服饰说："奇服旷世，肌像应图。披罗衣之璀粲兮，珥瑶碧之华琚。戴金翠之首饰，缀明珠以耀躯。践远游之文履，曳雾绡之轻裾。"当时妇女对服饰精美富丽的追求，由此可见一斑。

在妇女华美的服式中，当首推"襳髾"，又称"杂裾垂髾服"。传统的深衣之制男子已不采用，但妇女仍在使用，只是形式有了变化，"襳髾"就是其中的一种。这种服饰的特点，主要集中在衣服的下摆部位。"髾"指下垂的三角形下摆，上宽下尖，层层相叠。"襳"指从围裳中伸出来的飘带，又长又轻。走起路来牵动着下摆的尖角，长带飘举，真有飘飘欲仙的感觉，故有"华带飞髾"的形容。

东晋顾恺之《烈女仁智图》（局部）
现藏故宫博物院
图中贵妇梳髻，上饰步摇，身著宽大的裙服，裙摆覆地，衣带飘曳，是当时普遍流行的衣着。男子头扎髻，裹包巾，身著宽大袍服，露出翘头履。

【名词点滴·帔】
古代妇女披在肩上的衣饰。《释名·释衣服》："帔，披也，披之肩背，不及下也。"《周书·异域传·波斯国》："妇女服大衫，披大帔。"宋代高承《事物纪原·衣裘带服·帔》："今代帔有二等，霞帔非恩赐不得服，为妇人之命服，而直帔通用于民间也。"

《洛神赋图》中的女子服饰
现藏故宫博物院
发髻作双鬟，束以粉红色的总。着粉红色上衣，蓝绿领与袖，垂带为红色，下裳淡米黄色，系双裙，杂裾垂髾。手持羽扇，裙带飞飘，凌波微步。《晋东宫旧事》中记载："皇太子纳妃有丹碧纱纹双裙，紫碧纱文绣缨双裙。"正与此吻合。

北魏贵妇服饰
北魏
敦煌莫高窟288窟东壁壁画
贵妇梳颉子髻，把头发挽成髻后，用缯帛带缠束。上着白色广袖对襟襦衫，下着黑绿间色长裙，腰间缀绿色髾饰，中垂襳褕，是典型的汉族贵妇装束。身后有三女侍，均梳丫髻，穿上襦下间色裙，有围腰，但是没有飞襳垂髾的装饰，由此显示贵妇与奴婢的差别。

魏晋南北朝时期的鞋履与前代大体相同，只是质料更讲究，如珠宝装饰的珠履，薄如蝉翼的金薄履，填充香料的尘香履，尖头高耸的重台履等，名目繁多。履的颜色有一定制度：士卒百工无过绿、青、白，奴婢侍从无过红、青。

中国很早就有木屐。据《太平御览》引《论语隐义注》中记载，孔子游说至蔡国，因他穿的屐与众不同，引人注目，睡觉时被人偷走。到魏晋南北朝时盛行穿木屐，又称"木屐"。木屐底上有齿，前后各一。有的齿做成活动的，可以随时装卸，便于登山。由于木屐简便结实，灵活多用，上自天子，下至文人士庶，都喜欢穿用。虽然男女通用，但屐式有别。女用的是圆头，男用的是方头。直到太康初年，妇女才和男子一样穿方头屐。同时，著

屐与著履，在礼仪上也有所区别。著履表示尊敬，著屐只图轻便。在正式场合，如宴会等，均须著履，不得著屐，著屐被认为仪容轻慢，是不礼貌的举动。但妇女出嫁却有著木屐的，新娘的木屐施以彩绘，并以五彩丝带系扎，美观漂亮。

锦履
东晋□长23厘米，宽8.5厘米，高5厘米
1964年新疆吐鲁番晋墓出土□现藏新疆维吾尔自治区博物馆
履面由织文锦制作，浅口，圆头。底用麻线编织。履尖部有对称夔纹。缘、帮等部分用褐、红、白、黄、土黄、金黄、绿等彩丝，按履的形状以"通经断纬"的方法编织夔龙、忍冬等花纹。履面正中履山形纹，两边以海蓝、绛红、褪红色织出对称的"富且昌，宜侯王，天延命长"汉字三行。编织工艺极精。配色比较鲜艳，是魏晋时期百姓普遍穿着之履，男女通用。

漆木屐
三国□残长23厘米
安徽马鞍山朱然墓出土□现藏安徽马鞍山市博物馆
这是三国将军朱然墓出土的木屐（已残），当是三国时期男女日常穿鞋的样式之一，与今天日本仍流行的木屐相像。此前史学界一直认为木屐是隋唐从中国传入日本，此物的出土证实木屐早在三国可能已传入日本。

第三节　流行时装——胡服

魏晋南北朝服饰的民族大融合，在服饰上表现为汉族服饰与胡服的并行和相互影响。胡服指五胡之地的民族服装，袭北方习俗。春秋战国时，赵武灵王引进的就是这种短衣形式。到魏晋南北朝时盛行，上自帝王官宦，下至庶民百姓，不分男女，均可作为常服。晋人小说《搜神记》讲述魏大臣钟繇斩鬼的故事中，描写女鬼"形体如生人，著白练衫，丹绣裲裆。"故事虽荒诞，但服饰的描写较合乎实际，反映了当时妇女穿着裲裆的具体情况：裲裆穿于练衫之外，用彩绣，内纳线棉，类似后世的棉背心。除裲裆外，妇女也可穿袴褶，腰中著金环参镂带，皆著五彩织成靴。裲裆和袴褶是魏晋南北朝时期两种主要的胡服。

裲裆是一种类似背心的服式。由前后两片组成，肩部用皮制褡襻联缀，腰间用皮带系扎，长至臀以下。穿裲裆时，一般内里必穿袴褶，少有例外。南北朝时，

文武官员多著红色裲裆，白大口裤，做便服穿用。高级的用丝锦，一般士庶用布葛做成。

袴褶是一种上衣下裤的服式，由褶衣和缚裤两部分组成一套服饰。褶衣的样式很多，单是衣袖就有宽、窄、长、短等不同形制。衣襟除大襟之外，更多采用对襟。有时还将衣襟的下摆裁成两道

横吹画像砖
南朝□长38厘米，宽18.3厘米，厚6.2厘米
1957年河南邓县墓出土□现藏中国国家博物馆
画像砖中是一支军队的军乐队伍，前面二人举麾吹号，后面二人击鼓。士兵们均头戴大沿军帽，身穿袴褶。为了便于行动，下身缚袴。以锦锻丝带裁为三尺一段，紧系裤管膝部，以免松散。腰束皮带。这种袴褶最初为军旅之服，不论官兵，都可穿着。魏晋南北朝之后，袴褶服开始广泛流行于官宦庶民之中，连妇女也喜穿。

斜线，两襟相掩，在中间部位形成一个小小的燕尾。缚裤之制，是用锦段丝带，截为三尺一段，在裤管的膝盖处紧紧系扎。因为裤管宽松，下长至足，不便于行动，就要缚裤，成为既符合汉族广袖朱衣大口裤的特点，同时又便于行动的一种急装形式。袴褶的束腰，一般多用皮带，贵者镂饰金银。

此外还有一种套衣风帽。风帽为圆顶，下有垂裙。套衣是一种对襟、窄袖或无袖的披风，穿时披在肩上，颏下打结系扎，两袖为虚设。内里著袴褶。多在秋冬穿着以御风寒，男女通用。

穿着这些胡服时，足上配穿靴。靴是北方少数民族常著的鞋类之一，魏晋南北朝时，随着北方少数民族入主中原，靴也在中原流行起来。靴以兽皮为原料，有高式和低式之分，男女通用。但当时不做正式礼服，穿靴入殿被视为失礼，直到隋唐时代才改变了这个规矩。

采桑图
甘肃嘉峪关魏晋墓壁画
图中两人均赤足，应是少数民族提篮少女身著袍服，及膝，系带，拿弓者身穿裲裆甲。

匈奴供养人
敦煌莫高窟壁画
均头戴小冠，身穿袴褶。

第四节 佛教风靡对服饰的影响

起源于印度的佛教，两汉时期传入中国，魏晋南北朝时期得到广泛传播，对当时社会的各个方面都产生了深远的影响。

在佛教传播的过程当中，许多帝王成为佛教信徒。南北朝各君主均有崇佛之举。同时佛教信仰深入民间，求福积德的宗教实践风行中国大地，佛教成为

释迦牟尼服饰

　　北周

　　敦煌莫高窟428窟东壁壁画

释迦牟尼身著僧祗支，外披袈裟，宽衣博带，正是魏晋风度的反映。

菩萨服饰
西魏
敦煌莫高窟285窟东壁壁画

供养菩萨头戴三珠宝冠，两鬓作燕尾状，长披巾兼作袿衣之饰，垂襳髾，衣裳下部缀髾饰。一菩萨宽袖，穿笏头履；一菩萨直袖，穿高墙履。其服饰色彩艳丽，应来源于当时北朝贵族妇女的装束，与南朝妇女的飞襳垂髾式华服相比，其风格显得更加简约明快。

一种世俗信仰。

　　佛教传入中国后，就开始中国化。在魏晋南北朝时代，已经深入到社会生活的方方面面，至今还可以清楚地看到佛像衣着对当时服饰的影响。佛教传入中国时，佛像的衣着明显受到印度曼陀罗艺术的影响，通常是袒胸露臂，而这种特点，正好反映在魏晋风度之中。佛像造型仿效当时皇帝的形象时，身体健壮高大、面庞丰满、衣着厚重。既表现出原有外来文化的特征，又带上一些汉族传统特点，显示出中西艺术的融合。后期佛像的塑造，受当时著名画家顾恺之、戴逵、陆探微等倡导的"秀骨清像"画风的影响，佛像面相清癯、眉目开朗、神采飘逸。服饰则直接取用南北朝士大夫的式样，褒衣博带，宽衫大袖。北齐时期，南朝画风的嬗变，对佛像的塑造产生了直接的影响。佛像的体态又由清秀变为壮硕，服饰变为薄衣贴身，更显出身躯的浑圆。

北魏贴金彩绘菩萨
山东青州龙兴寺出土

菩萨项戴璎珞，玉佩，上下皆系丝绦，其服饰反映了魏晋南北朝时期的服饰风格。

第五节 衣料纹样的异族风采

魏晋南北朝的民族大融合和印度佛教的传入，不仅影响了服装的样式，而且反映到丝纺绣染等方面，比较典型的是衣料纹样的变化。枝蔓缠绕，行云流水式的汉朝纹样已逐渐过时，大量具有塞外风格和西域特色的装饰纹样传入。如莲花纹、忍冬纹，显示了佛教的影响；而鸟兽纹、串花纹等，直接吸取波斯萨珊王朝及其他国家与民族的装饰风格。魏晋南北朝流行的衣料纹样，大体可以归纳为以下几种类型：

一、圣树纹

这种纹样的特点，是将树形简化成接近一张叶子正视的形状，具有古代阿拉伯国家装饰纹样的特征。到公元7世纪初，伊斯兰教创立后，圣树成为真主神圣品格的象征。

方格兽纹锦

北朝□长18厘米，宽15.5厘米
1968年新疆吐鲁番阿斯塔那高昌墓葬出土□现藏新疆维吾尔自治区博物馆
此锦五色锦经，蓝、白色幅边。以方格为骨骼，方格内填饰牛、狮、象，象背上有伞盖和人物。色彩鲜明，形象逼真，具有外来图样风格。

二、忍冬纹

忍冬是金银花的别名，由于花呈二色，又称二宝花或鸳鸯藤。一般忍冬纹的造型保持自然生长的外形特征，在组织上采取优美的卷草形式，线条流畅，具有富丽堂皇的装饰效果。

三、鸟兽纹

一般利用圆形、方形、菱形、波浪形组成几何骨骼，在几何骨骼内填充鸟兽纹。此类纹样在汉代已有，但不是主要纹饰。汉代一般是行云流水式的，气势生动；而魏晋南北朝则多为对称式排列，动势不大。而且动物纹样有狮子、大象等，很明显受外来影响。

树纹锦

北朝□残长22.4厘米，宽14.3厘米
1959年新疆吐鲁番阿斯塔那北区303号北朝墓出土□现藏新疆维吾尔自治区博物馆
此锦在白与绿、白与蓝顺序排列的彩条上，织出红色的树纹图案。树与树之间，上方以菱形点装饰，下方以圆形、三角形装饰，给人以平衡感。树纹内均有菱形点装饰，使纹样不致呆板。整体显示出一种简约的风格。为高昌时期织锦的典型作品之一。

第六节　清幽超然的发式与化妆

四、天王化生纹

这类纹样由莲花、半身佛像及"天王"字样组成，明显受到佛教的影响。按佛教说法，欲界分六天，其最下天有四天王。凡人如能苦心修炼，死后就能化生成佛，因此这是一种吉祥纹样。

五、几何纹样

二方连续和四方连续的纹样得到广泛的运用，西域地区的套环纹样也占有一定的比例。另外，圆圈与点子组合的中、小型几何纹样，是秦汉时期未见过的，它的流行当和西域胡服的影响有关。此类纹样极适用于日常服饰，对后世服饰纹样影响很深。

魏晋南北朝时期的妇女发式较汉代已大大增高，并且发髻的结构也趋向自由灵透，不像汉代妇女发式那么古朴敦厚。《晋书·五行志》载：太元中公主妇女，必缓鬓倾髻以为盛饰，用发既多，不可恒戴，乃先于木及笼上装之，名曰假髻，或曰假头。至于贫家，不能自办，自号无头，就人借头。可见，为了梳高髻，此时的妇女就在真发中加入假发，并且用量很大，可看出当时崇尚高髻。后来高髻又出现了不同的式样，有的像飞鸟般飘逸，有的伏在一边，可谓变化多端。比较有特色的发式有：倭堕髻、灵蛇髻、双鬟髻、飞天髻、不聊生髻、蝉髻等等。

灰陶女俑
南朝□高37.5厘米
1960年江苏南京墓葬出土□现藏南京博物院
女俑头梳高髻，两鬟长发向上梳结。著右衽宽袖长袍、无领内衣。双手相拱于腹前，靴尖露出，面露微笑，状极恭顺。似为东晋晚期贵族妇女形象。

贵妇出游画像砖
南朝□宽38厘米，高19厘米，厚6厘米
1958年河南邓县墓葬出土□现藏河南博物院
画像为两贵妇及两侍女。两贵妇所梳环髻，据《宋书·五行志》记南朝风俗："民间妇人结发者，三分发，抽其鬟直向上，谓之'飞天纱'。"这种发式当受佛教影响，据传这种风俗始自南朝宋元嘉六年（公元429年），先在宫中流行，后普及民间。两侍女头梳双丫髻。她们均上著裲裆，下穿长裙，足蹬翘头履。

彩虹条绣花靴（汉晋）

魏晋南北朝时期，男子的发式以戴冠为主，包裹头发的巾本为庶民所用，这时反倒成了文雅的象征，成了士族名士的头饰。东晋谢万就曾著白纶巾去拜见司马昱。《晋书》中称："汉末，王公名士多以幅巾为雅。"《晋书·五行志》称："魏武帝以天下凶荒，资财乏匮，始拟古皮弁，裁缣帛为白哈，以易旧服。"这"哈"即巾，又称"韬"，可见汉晋之时，以著巾为雅，又由于经济贫乏人多简朴，著巾渐成风俗。这巾在后世的发展中逐渐形成了许多种戴法，"折角巾"、"菱角巾"、"纶巾"、"葛巾"等等，成为男子发式中十分重要的一部分。

颉子髻
把头发挽成髻后，用缯帛来缠束。

双丸髻

我们从顾恺之留下的《烈女仁智图》和《女史箴图》中，可以十分清晰形象地看到晋代发式。《烈女仁智图》和《女史箴图》中都出现了同一种发式，即将头发分为两部分，前部分占发量的三分之二，在头顶梳成微向后倾的高髻，且从中分出一绺飘然于脑后，后半部分结一小发髻于颈部。此种发式与西汉的持长信宫灯之女的发式有渊源，并在高髻上有发钗装点，如曹植《美女篇》中所说："头上金爵钗，腰佩翠琅玕。"这金爵钗即金雀钗，这发钗实为"步摇"。

双丫髻

戴冠文吏俑
北齐
河北河间邢氏墓出土□现藏河北省文物研究所
头戴冠，身穿袴褶。

第七节　汇聚各族精华的首饰与佩饰

鲜卑男子幅巾与儿童发式
西魏
敦煌莫高窟285窟北壁壁画
该鲜卑男子头戴红色幅巾，巾角垂后。儿童梳双丸髻。

魏晋南北朝时代不到四百年，但它是继春秋战国之后第二次社会剧烈变动的时代。汉族王朝衰败，少数民族政权逐鹿中原，南北分裂，战争不断，引起了民族大迁徙，同时也促进了民族文化的大融合。民族文化的大融合和印度佛教的传入，不仅影响了服装，同时也反映在首饰和佩饰上。

一、发饰

北周对妇女装饰曾有严格法令加以限制，如《周书·宣帝纪》："禁天下妇人皆不得施粉黛之饰，唯宫人得乘有幅车，加粉黛焉。"南北朝时期佛教大为兴盛，人人礼佛崇佛，妇女为了表达对佛的崇敬，就将额头染成像金灿灿的佛像一样，逐渐形成了一种装饰额头的化妆方法——涂"鹅黄"。"鹅黄"是一种黄色的染料，由于涂于额头，所以"鹅黄"又叫"额黄"。画法有三种：一种画法是整个额头都涂满黄色，另一种是自眉头向上从黄自白晕染，产生过渡的感觉。第三种方法不是靠画，而是将剪成各种形状的黄色花状薄片粘在额头，又称为"花黄"。乐府民歌《木兰辞》中有："当窗理云鬓，对镜贴花黄"之句。

魏晋南北朝时期不仅女子化妆，世族男子化妆也很常见。开此风气最出名的是三国时期的何宴，他"动静粉白不离手"。后来世家大族子弟"无不薰衣剃面，傅粉施朱，驾长檐车，跟高齿屐"，形成扭曲的社会风气，而在当时却被视为世族风度。

魏晋南北朝时期，妇女流行高大的发髻，除用一般的簪钗之外，还出现了一种专供支承假发的钗。这种钗是作固发专用的，承重为主，因此质朴无华。与高大的发髻相称的步摇，成为时尚的头饰。这个时期的发饰，用黄金制作的明显增多，甚至连梳篦也用黄金来打造。

金簪头
南朝□高1.5厘米，重2.1克
江苏南京出土□现藏南京博物院
为发饰。呈球状，上嵌宝石。小巧精致。

牛首、马首金步摇冠
北魏
内蒙古达茂旗西河子出土□现藏内蒙古博物院
为鲜卑族妇女戴的步摇冠。底座分别具有牛头和马头特征，于座上铸树形装饰。树叶和树干均由黄金打造。叶子用圆环悬挂于树干梢上，当人的头部摇动时，树叶随之颤动。树干和底座之上均嵌宝石。此饰件造型构思奇特，做工精美。

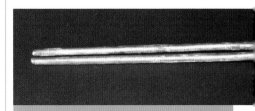

银钗
北魏
河北河间邢氏墓出土□现藏河北省文物研究所
魏晋南北朝时期妇女流行高大的发髻，这种以固定发髻为主的钗子应运而生。造型简单，以实用为主，不重装饰，质朴无华。

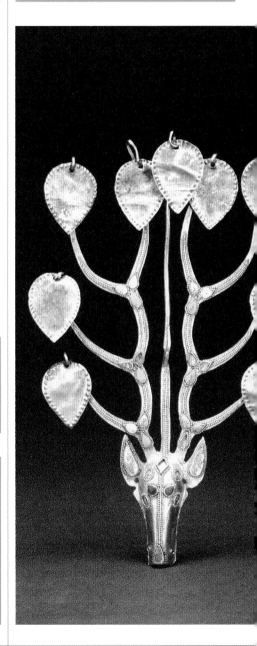

金梳背

北周□长5厘米，宽1.5厘米

1988年陕西咸阳机场出土□现藏陕西
省考古研究院

为纯金打造，边缘由各色宝石镶嵌，有些已经脱落，梳身部分为象牙制作，中心为金线控制而成。梳背一面为双鹊戏荷图，一面为荷花双梅图，尽显华丽。

二、指环

指环在魏晋南北朝时期已经普遍流行，而且工艺精美，宝石镶嵌比较流行。有一种镶嵌金刚石的指环，据《宋书·夷蛮传》记载，元嘉五年(公元428年)和元嘉七年，天竺迦毗黎国和阿罗单国治阇婆州都曾派使臣进献金刚指环。当时金刚石因削玉如铁刀削木，被称为"削玉刀"，所以这种金刚指环异常珍贵。

三、耳饰

在有些民族中，不仅女子戴耳环，男子也戴耳环，因此，耳环是男女都佩戴的耳饰。但女子除耳环外，这时还佩戴耳坠。耳坠的制作非常精美，已达到很高的工艺水平。

四、项饰和臂饰

魏晋南北朝时期项饰的特点是在项链下坠以鸡心、奔马等，显现出游牧民族的喜好。这时期的臂饰主要是手镯，贵族妇女常佩带金

立羊形嵌宝石金戒指

北魏□高3.2厘米

内蒙古包头市土默特右旗美岱村出土
□现藏内蒙古博物院

边缘处由黄金小圆点围圈，用来凸现造型。工艺愈见精美，宝石的镶嵌技术高超。

手镯，特征是工艺精细，线条简洁，造型规整。

五、带具

东汉以来束革带，为了佩挂随身实用小器物的方便，在带鞓上装上铐和环，铐环上挂附有小带钩的小带子，这种小带子叫做"蹀躞"，这种腰带就称做"蹀躞带"。"蹀躞带"本是西北少数民族所用的腰带，魏晋南北朝时期，随着少数民族入主中原，民族大迁徙，这种腰鞓流行开来，在人们生活中产生了很大影响。到了唐代，不分贵贱，不分男女，皆通用之，而且流传到东方邻国。

六、金饰件

魏晋南北朝时期仍保留了厚葬之风。尽管魏、晋及南朝诸帝都下过诏，禁葬金银珠玉之物，不准用宝器，要求薄

葬。但从出土文物来看，所谓禁令，不过是一纸空文，随葬的金银珠玉之类十分丰富，其中尤以各种金饰件为多。它们有的是头饰，有的是腰饰，还有一些其他饰物，品种繁多，工艺精湛。虽然经过了一千多年，仍金光闪闪，光艳如新。

掐丝镶嵌银铃

西晋□通高4厘米，径3.5厘米，重36克
1965年北京西郊八宝山西晋幽州刺史
王浚妻华芳墓出土□现藏首都博物馆

这件银铃上有辟邪座环钮，中以掐丝工艺制成乐人形象，下部缀有6个小银铃，每个铃上嵌有红、蓝宝石，部分已失。造型小巧玲珑，工艺精细。应是贵族随身佩戴的饰物。走路时银铃发出清脆的声音，警示人们提前避让。

累丝金龙佩饰

北朝□总长128厘米，重214克
1981年内蒙古达茂旗出土□现藏内蒙古博物院

整体为一身双龙首项链。两龙首造型相像，系用金片卷成筒状，上面焊接有角、眼、耳和须，均用金丝盘卷而成。下颌及附加饰物均有圆圈纹和鱼子纹，圆圈内镶嵌蓝、绿料石，现多数已脱落。龙身以金丝编缀，呈绞索状。其中一龙嘴上下颌间用串钉贯连一圆环；另一龙嘴有脱落的串钉孔痕，推测原龙嘴亦衔有钩环之物，以便与另一圆环相扣。造型生动别致，制作工艺精湛，是北方骑马民族与内地汉族文化融合的象征。

双龙心形玉佩

西晋□高9厘米
1991年湖南安乡黄山头林场南禅湾西晋刘弘墓出土□现藏安乡县文物局

上部为一长方孔，下为心形，中部作大圆孔，孔下一面细刻兽面纹饰。孔两边各透雕成一龙形。龙昂首引颈，两唇外卷，长舌外伸。正反两面均刻细卷云纹。

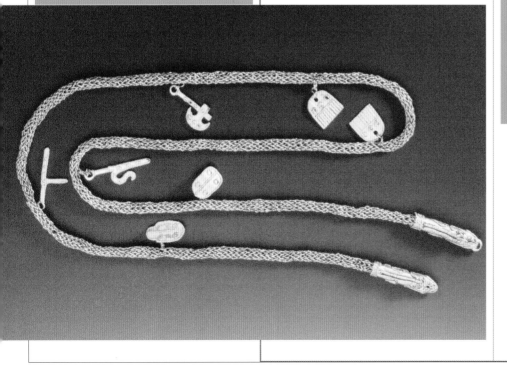

第八节 铁骑飞踏下的军装

古代的军装主要有甲和胄。甲又称为"介"或"函"，形状类似衣，用于防护人的身体；胄又称为"盔"、"首铠"、"头鍪"、"兜鍪"，形状类似帽，用于防护人的头部。早期的甲胄多用藤木或皮革制成，上施彩绘。商周时出现练甲，是用布缠制的甲。至战国时，出现了铁甲。魏晋南北朝时，甲胄在原有的基础上进一步发展。典型的有筒袖铠、裲裆铠和明光铠。

筒袖铠主要流行于两晋时期。这种铠甲一

般用鱼鳞纹甲片或鱼背纹甲片，前后连属，肩装筒袖。头上戴兜鍪，两侧有护耳，在前额正中部位下突，与眉心相交，顶上大多饰有长缨。

裲裆铠

是南北朝时军队中的主要装备。它的形制与裲裆衫比较接近，采用坚硬的金属或皮革制成。甲片有长条形和鱼鳞形两种。常见的是在胸背部分采用小型的鱼鳞纹甲片，以便俯仰活动。凡穿裲裆铠者，除头戴兜鍪外，身上必穿袴褶，少有例外。

裲裆武将俑

北齐
河北河间邢氏墓出土□现藏河北省文物研究所
该武将头戴兜鍪，身穿裲裆、袴褶。

步兵戎装

西魏
敦煌莫高窟285窟南壁壁画
步兵头上为巾子束发的覆髻，著袴褶，腿套胫衣，有缚口，装备不及骑兵。

【名词点滴·兜鍪(móu)】

古代战士戴的头盔。秦汉以前称胄，后叫兜鍪。《东观汉记·马武传》：武身被兜鍪铠甲，持戟奔击。宋代洪迈《夷坚丙志·牛疫鬼》：牧童见壮夫数百辈，皆被五花甲，着红兜鍪，突而入。

明光铠俑

东魏

1974年河北磁县东陈村出土□现藏河北省文物研究所

该俑头戴兜鍪，身披明光铠，左手按盾。

甲马袴褶画像砖

南朝□高19厘米，宽39厘米，厚6.3厘米
1958年河南邓县南朝墓出土□现藏中国国家博物馆

画像砖中，马夫头戴小冠，身穿袴褶，缚裤；前马身披铠甲，已具备全身遮蔽的马具装形制。有保护马首的"面廉"，保护马颈的"鸡项"，保护马身的"甲身"，保护胸前的"荡胸"，保护臀部的"搭后"。

天王戎装

西魏

敦煌莫高窟285窟西壁

天王头戴佛冠，上身皮革制半臂铠甲，有护髀和腿裙，袖口作箭袖状，配置铁裲裆。用色彩和几何图案表现铠甲的皮质，铁制，还用金色显示铠甲的华丽。这种装束应是模仿北朝的骑兵。

明光铠是一种胸背皆装有圆形或椭圆形护镜的铠甲。这种护镜大多用铜、铁等金属制成，并打磨得很亮，很像镜子，在阳光的照射下，会发出耀眼的光芒，故名。这类铠甲样式很多，有的只是在裲裆铠的基础上，在前胸和后背装上左右两块护镜；有的还装有护肩、护膝，复杂的还装有数重护肩。身甲大多长至臀部，腰间用皮带系束，下穿大口缚裤。由于明光铠的防护性能较好，北朝以后开始盛行。到隋代，它已取代裲裆铠，成为骑兵装备铁铠的主要类型。

魏晋南北朝时期战争频繁，除人身的防御之外，为了保护战马，马身上也披上了铠甲，称为"马具装"。保护马首的称"面廉"，保护马颈的称"鸡项"，保护马身的称"甲身"，保护胸及颈的称"荡胸"，保护臀部的称"搭后"，已具备了全身遮蔽的形制。从当时的骑兵马披具装，人著裲裆的情况，反映出骑兵在军队中的重要地位。

第六章
帝国盛世的华丽风尚
隋唐五代
（公元581年—公元979年）

【历史背景】

公元581年，杨坚结束了南北朝长期分裂的局面，建立起一个多民族的中央集权制国家——隋。隋朝虽然只有短短的37年，但为盛唐的到来奠定了社会基础。隋朝所创设的许多体制，包括服制在内，都开历史的先河，并为后世所仿效。公元618年，李渊父子灭隋，建立了大唐帝国。唐朝是中国封建社会的鼎盛时期，是当时世界上最发达和文明的国家，精神和物质生活都极为丰富。汉族与周边少数民族、中国与欧亚各国往来密切，交流频繁，在服饰上广收博采异国特色，使其呈现出百美竞呈的特色。唐王朝于公元907年覆亡后，出现了中国历史上长达半个多世纪的又一次分裂局面——五代十国。这一时期诸国纷争，战乱不息，政权更迭，但服饰仍多沿袭晚唐遗俗。

隋初服制只在原有的基础上，对个别衣冠等作些调整，服用皆崇尚节俭。公元604年，隋炀帝下诏恢复了秦汉古制，创造衣冠。上自帝王，下逮胥皂，服饰制度各有等差。史称炀帝时期服饰日趋华丽，影响了社会风气。

唐朝是中国历史上最繁荣的时代，唐代前中期整个社会呈现出一派欣欣向荣的景象。据史书记载，当时的京师长安是世界著名的都会和东西方文化交流的中心，与唐朝有过往来的国家和民族有200多个，频繁者如回纥、龟兹、吐蕃、南诏、日本、新罗、波斯、阿拉伯等。灿烂的中国文化传播到世界各地，直到今天，我国东邻的一些国家，如日本、朝鲜等，仍把隋唐时期的服饰作为正式的礼服。同时，外国使者大量来朝，也带来了他们的文化。唐朝对于外来文化采取开放政策，兼收并蓄，这使得唐代服饰百美竞呈、大放异彩。这个时期的服饰，上承历代的冠服制度，下启后世服制之经道，是一个极为重要的历史时期。所以要研究中国的服饰历史，须先了解隋唐服饰，然后才能上溯其源，下察其流。

唐王朝于公元907年覆亡后，出现了中国历史上长达半个多世纪的又一次分裂局面——五代十国。这一时期诸国纷争，战乱不息，但除北方的契丹族政权、东北的靺鞨族政权、西南的南诏和吐蕃政权等之外，中原及南、西南诸国，服饰仍多沿袭晚唐遗俗。

第一节 走向奢华的隋代服饰

一、恢复秦汉章服制度的礼服制度

隋代建国之初，隋文帝厉行节俭，衣着简朴，不注重服装的等级尊卑。隋炀帝即位后，崇尚侈华铺张，为了宣扬帝王的威严，恢复了秦汉章服制度，诏令：宪章古制，创造衣冠，自天子逮于胥皂，服章皆有等差。从此制定了严格的服饰等级制度。

皇帝服制　冕服有大裘冕、衮冕两种。大裘冕与汉冕相同，前圆后方，青表朱里，不施旒纩。大裘之服以正黑色羊羔皮制成，下裳为纁色，无章饰。足穿绛袜赤舄。衮冕玄衣纁裳，十二章纹，八章在衣，四章在裳。南北朝时将冕服十二章纹饰中的日、月、星三章放到旗帜上，改成九章。隋代又将它们放回到冕服上，将日、月分列两肩，从此"肩挑日月，背负星辰"就成为历代帝王冕服的既定款式。衮冕内穿白纱中单，腰系革带，白玉双佩，大小绶。足穿朱袜赤舄，舄上饰金。一般朝服为通天冠服，冠高九寸，下衬黑介帻。着绛纱袍，白纱内单，方心曲领，绛纱蔽膝。另有远游冠服，冠金缘五梁，金博山上嵌珠翠，下衬黑介帻。身穿裙襦，内穿白纱单衣，足穿乌皮履。皇帝所穿弁服有两种，一种是武弁，即军装。头戴弁，衣裳如通天冠服。另一种弁服，弁上有十二琪，穿裤褶或白色裙襦。乌皮履。丧服为白色裙襦，白纱内单，足穿乌皮履。

诸王百官服制　冕服只有王公至五品官服用，皆为玄衣纁裳，以旒和章的多少区别等级。王、国公、开国公服衮冕，青珠九旒，服九章。毳冕侯八旒，伯七旒，服七章。子六旒，五品五旒，从六

侍吏俑

隋□高72厘米

1959年河南安阳开皇十四年（公元594年）张盛墓出土□现藏河南博物院

束发戴冠，身著圆领广袖衣，内服蓝衫，外著两裆，腰束带，足蹬云头翘靴，双手拱于袖内。

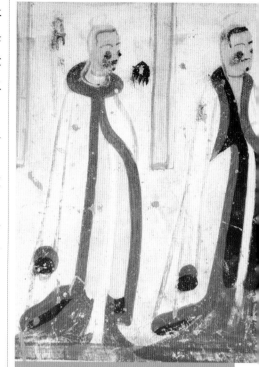

隋官员服饰

隋

敦煌莫高窟303窟北壁壁画

二位官员头戴小冠，分别著翻领和圆领的夹披袍，双袖空垂，内著大袖袍服，前垂长带，应是官员或贵族的常服。

品以上助祭服只能穿爵弁服，玄衣纁裳，无章纹。弁服是百官的公服（又称从省服），乌漆纱为弁，象牙簪，身穿朱衣朱裳，腰系素革带，足穿乌皮履。五品以上的官员，弁上加玉琪来区别等级，一品九琪，二品八琪，三品七琪，四品六琪，五品五琪，六品以下无琪。诸武官及侍臣朝服戴武弁，下衬平巾帻。武官穿绛色朝服；侍从穿紫衫，大口袴褶，用玳瑁装饰裲裆甲。法官穿獬豸冠服。谒者穿高山冠服。

皇后命妇服制　皇后有四等礼服。一等是袆衣，深青色，以五彩重行翚翟为纹饰，共十对。领、袖缘边用织锦。首饰花十二钿，两博鬓，穿蔽膝，戴白玉佩，腰系大带，足穿青袜青舄，舄以金饰。二为鞠衣，用黄罗制成，穿蔽膝，腰系革带，舄随衣色。首饰为小花十二树。三为青服，无花。腰系大带，佩绶。以金色饰履。四为朱

隋朝贵妇服饰

敦煌莫高窟305窟中心柱壁画

贵妇头梳云髻，上襦领口、袖口皆缘饰，裙摆曳地，外披袍。应为隋朝贵妇常服。

服，制如青服，只色彩不同。

命妇服制均为深衣制，侯伯夫人、三品命妇，穿阙翟，绣七章纹饰，首饰花七钿。子夫人、四品命妇穿阙翟，绘红色翟六章纹饰，首饰花六钿。男夫人、五品命妇，阙翟为五章纹饰，首饰花五钿。

二、女子仿效宫装之风盛行

隋初女子服饰比较朴素。自隋炀帝即位开始，社会风气发生了变化，女子服饰走向奢华。隋炀帝"盛冠服以饰其奸，除谏官以掩其过"，大开选女之例，在民间大选宫女。这些宫女争奇斗艳，专事妆饰，上而珠光映鬓，下而彩锦绕身，服饰日趋富丽，民间妇女纷纷效尤。唐代王涯《宫词》中曾描写过这种盛况："一丛高鬓绿云光，宫样轻轻淡淡黄。为看九天公主贵，外边争学内家装。"这种民间极力模仿宫装的风气，一直延续到唐代。

【名词点滴·翚翟（huī dí）】

翚：指一种有五彩羽毛的野鸡。翟：指长尾的野鸡。古代后妃的礼服。南朝宋谢庄《宋孝武宣贵妃诔》："衡总灭容，翚翟毁衽。"唐代骆宾王《代李敬业讨武氏檄》："践元后于翚翟，陷吾君于聚麀。"按《旧唐书·舆服志》载，皇后服有袆衣，"其衣以深青织成为之，文为翚翟之形"，故以"翚翟"指后妃之服。

吹笛俑

隋□高18.5厘米

1959年河南安阳开皇十四年（公元594年）张盛墓出土□现藏河南博物院

此俑头梳平髻，后脑插梳，红色紧条长裙铺地，外著罩衣，双带下垂，衣裙上的色彩剥蚀较甚。

嵌宝金项链

隋

1957年陕西西安玉祥门外隋李静训墓
出土□现藏陕西历史博物馆

项链由28颗镶有珠宝的金珠串成，上端装有扣钮，扣上镶有刻鹿纹的蓝色宝石。项链的下部是分两层的华美坠饰，上层以金镶宝石作成花朵，下层系一个镶金边的滴露状宝石。整条项链用多股金丝链相连。据墓志记载，它的主人是一个名叫李静训的贵族女孩，自幼为外祖母周皇太后所养育，夭亡于隋大业四年（公元608年）。

　　短襦长裙是隋代女服的基本样式，最突出的特点是裙腰系得很高，一般都将裙子系到胸部以上，给人以一种俏丽修长的感觉。妇女披帛已经成为风气。发式上平而较阔，如戴帽子，或作三饼平云重叠。额部鬓发剃齐，承北周以来"开额"旧制。侍从婢女及乐伎常穿小袖衣衫，高腰长裙带，肩披帔帛，头梳双丫髻。

　　隋代贵族妇女流行窄衣大袖，长裙高履，外加小袖披风，所披小袖外衣多为翻领式。这种衣式最早见于敦煌北魏佛传故事中男子壁画衣着，但衣袖大小与隋代贵妇着装相反。

　　此外还有一种窄衣大袖，下着裥裙，足穿软履的服装样式，流行于江浙

及两淮地区。

三、幞头袍衫成为男子常服

　　隋代男子，除官宦礼服的冠冕外，帝王百官常服均戴乌纱幞头，庶民百姓则通戴软角幞头。幞头是从幅巾演变而来的，东汉以来流行幅巾束首，据传北朝周武帝裁出软帛垂脚，向后幞发，所以俗称幞头。它两条带子系于脑后而垂下，两条带子折带反系于头顶，所以又称折上巾。幞头原本多为军旅束裹，隋唐五代时成为男子的主要首服。隋末唐初时另加巾子覆于髻上，以便裹出一定的样式，出现了各式各样的幞头，后来逐渐演变为乌纱帽。

　　隋初男子常服仍以北朝时流行的袴褶为主要样式，一般为折领、窄衣、大袖，下着大口裤，多缚裤于膝下，有的还外著裲裆。后来男子常服大多为衣袖窄小的圆领袍服，腰束革带，足穿软靴。仕宦之家的伎乐、役仆等也多穿这种窄袖圆领袍衫。这种服式一直沿袭至唐朝，成为男子主要的常服。只有南方一些地区仍以魏晋的宽衣大袖、长裙高履为男子常服。至于劳动人民，地位卑下，便于操作，则经常穿着短衣短裤。

隋代幞头

士人服饰

隋

敦煌莫高窟62窟北壁壁画

士人身份的男子头裹巾帻，后有两巾脚。著绛红色圆领大褶衣，束腰，膝下有襕，属于襕衫，下著白裤。

《仪仗图》中的男侍服饰

1976年山东嘉祥徐敏行墓壁画□现藏山东博物馆

图中四人，分别持伞、扇、高柄行灯。唯头梳髻，未戴巾帽，均著紧袖圆领或折领襕衫及膝，腰系革带，足著软靴。为当时男子常服。

第二节　盛世唐朝的宫廷服饰

冠服制度是封建社会权力和等级的象征，作为封建社会统治阶级精神支柱的儒学，强调衣冠制度必须遵循古法，不能背弃先王遗制，故称法服，具有很大的保守性。宫廷日常衣着则称常服，具有时代的特征。唐代男子服制有具服、从省服和常服之分。具服即朝服，是五品以上陪祭朝参拜表等大事所穿之服。从省服即公服，是五品以上公事朔望朝谒及见东宫所穿之服。常服即宴服，是生活常服。朔望常朝，天子及百官穿用常服，只有在重要场合才穿用礼服。

唐初车服制度皆因隋旧，皇帝常服只用袍衫。至高祖武德四年（公元621年）正式颁布车舆衣服之令，冠服制度始定。以后虽有损益，但没有什么大的变动。"武德令"是自汉明帝恢复礼制以来所拟定的最系统、最完备的舆服制度，在我国服饰史上具有重要意义，影响直逮宋明各朝。

一、礼服服制

皇帝服制　唐代皇帝有十四种礼服，计有大裘冕、衮冕、鷩冕、毳冕、絺冕、元冕六种冕服；通天冠、翼善冠两种冠服；武弁、皮弁两种弁服；黑介帻、平巾帻、白纱帽三种冠巾之服等。

百官服制　群臣之服有二十一种，计有衮冕、鷩冕、毳冕、絺冕、玄冕五种冕服；爵弁、武弁两种弁服；高山冠、远游冠、进贤冠、獬豸冠、却非冠五种冠服；介帻、平巾帻、平巾绿帻三种巾帻之服等。

皇后命妇服制　皇后之服有三种，计有祎衣、鞠衣、钿钗襢衣。命妇之服有六种，计有翟衣、钿钗礼衣、礼衣、公服、

唐朝皇帝冕服

王侯服饰
唐
敦煌莫高窟148窟西壁壁画
戴通天冠，著宽袖袍服。

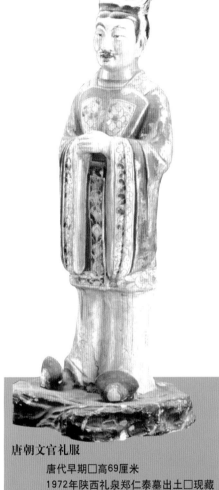

唐朝文官礼服
唐代早期□高69厘米
1972年陕西礼泉郑仁泰墓出土□现藏礼泉县昭陵博物馆
官俑戴高冠，五官端正，目视前方，唇涂朱，墨色髭须。曲臂，双手拱于胸前，身穿宽袖外衣，领、袖及下襟饰花边，外套裲裆，白色宽腿裤，足穿如意履，站于圆形座上。施黄、绿釉，釉上绘彩，并贴金。面容斯文，神态雍容，显示了唐初文官的风度。

花钗礼衣、大袖连裳。

二、常服服制

自天子至百姓，均头戴软角幞头，身穿圆领袍衫，腰束革带，足着乌皮靴。等级的区别，一是品色衣，二是环带，三是章服。

品色衣　品色衣是以服装的色彩

和花纹来区别官品尊卑。唐代以前，黄色可以上下通服，隋朝士卒就服黄。唐代认为赤黄近似日光，"天无二日，国无二君"，日是皇帝尊位的象征，故近似日光的赭黄色被规定为皇帝常服专用色，臣民不得僭越。从此"黄袍加身"成为皇帝登极的象征，一直延续到清朝灭亡，长达一千余年。这种以黄色作为御用色的习尚，对中国人的审美意识起到相当强烈的遏制作用。唐高祖时规定百官常服，亲王至三品用紫色大科（大团花）绫罗制作；五品以上用朱色小科绫罗制作；六品以上用黄色（浅黄）丝布交梭双紃（几何纹）菱制作；七品用绿色龟甲、双巨、十花（均为几何纹）绫制作；八、九品用青色丝布杂绫制作。唐太宗时对百官常服的色彩又作了更细致的规定，据《新唐书·车服志》记载，三品以上服紫，四品服绯，五品浅绯，六品深绿，七品浅绿，八品深青，九品浅青，流外官及庶民服黄（浅黄）。唐代武官的服制花色，规定武三品以上，左右武威卫饰对虎，左右豹韬卫饰豹，左右鹰扬卫饰鹰，左右玉钤卫饰对鹘，左右金吾卫饰对豸。诸王饰盘龙及鹿，宰相饰凤池，尚书饰对雁。后又规定千牛卫饰瑞牛，左右卫饰瑞马，骁卫饰虎，武卫饰鹰，威卫饰豹，领军卫饰白泽，金吾卫饰辟邪，监门卫饰狮子。纹饰均以刺绣，一般绣于胸背或肩袖部位。

环带　环带是一种革带，特点是带上饰有方形饰片，称为"銙"。根据品阶不同，分别用不同的材料镶嵌在带上。每銙下附一环，用来佩物，故称"环带"。这种环带隋朝已采用，只是等级区别不严格。据史籍记载，隋代帝王贵臣均为

九环带，只天子朝服为十三环玉带，以示差异。而唐朝环带制度则逐渐严格。"武德令"规定天子金玉带，十三銙；三品以上玉带，十二銙；五品以上金带，四品十一銙，五品十銙；七品以上银带，九銙；八品、九品鍮石带，八銙；流外官及庶民铜铁带，七銙。环带的末端称为"铊尾"，又称"挞尾"、"獭尾"、"鱼尾"。据《新唐书·车服志》载："腰带者，搢垂头于下，名曰铊尾，取顺下之义。"唐代的铊尾有单铊尾与双铊尾之分，不论哪一种，铊尾都应向下顺插，以示对皇帝的忠顺。环带的环下可佩带鱼袋和"钻镰七事"。"钻镰"又写作"钻鞢"。"钻镰七事"指刀子、砺石、契苾真、算袋、哕厥、针筒、火石袋七件物品。蹀躞带本是北方游牧民族的腰带，魏晋时期传入中原。唐代曾一度定为文武官员的必佩之

物，唐玄宗即位后免去，一般官员不再佩挂。但在民间，特别是在妇女中，却更加流行。只是省去七事，只留有皮条，仅存装饰意义，而无实用价值了。

章服　章服指佩带鱼符的制度。唐代五品以上高官，出入宫门必须佩带鱼

阎立本《步辇图》中的唐代常服

唐□长38.5厘米，宽129.5厘米
现藏故宫博物院

此图画的是唐贞观十五年（公元641年），吐蕃使者禄东赞前往长安，迎文成公主入藏，受到唐太宗接见的故事。坐在步辇上的唐太宗，身著幞头袍衫，为唐代男子常服。打扇、抬辇的宫女，头梳平云髻，身穿襦裙，内著小口裤。吐蕃使者所服当为"蕃客锦袍"。据《唐六典》记载，当时成都每年要织造200件"蕃客锦袍"进献，以备朝廷赏赐远来使臣。他腰系蹀躞带，带下挂一鱼袋及一荷包。外使赐鱼袋，是礼仪上的赠予，表示最高的信誉。持笏的唐朝官吏，均头戴软角幞头，身著圆领窄补贴袍服，下加襕，足著乌皮六合靴，以不同服色表示不同身份。

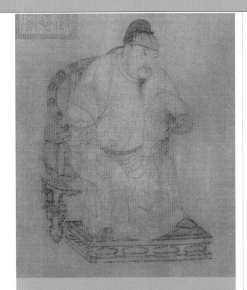

任仁发《张果见明皇图》中的皇帝常服
元
现藏故宫博物院
图中为唐明皇，头戴幞头，身穿黄袍，腰系革带。为唐代皇帝常服。

符，一是用它作为朝君应见的凭证，防止事故发生；二是用来明贵贱，辨尊卑，严内外。鱼符是用铜制成的鲤鱼形状，上刻官职。唐朝皇帝姓李，鱼符以"鲤"喻"李"，是寓意家天下的一种标志。鱼符分左、右两半，为了防止召命时的伪诈，出入宫门时必须合符。平常则放在袋中，带在环带上。鱼袋是在木胎上包皮革制成，袋上有金、银薄片所制鱼形小饰件。三品以上衣紫者袋饰以金，称"金鱼袋"。元稹《自责》诗中说："犀带金鱼束紫袍，不能将命报分毫。"韩愈《示儿》诗中说："不知官高卑，玉带悬金鱼。"所说"金鱼"都是金鱼袋的简称。五品以上衣绯者袋饰以银，则称"银鱼

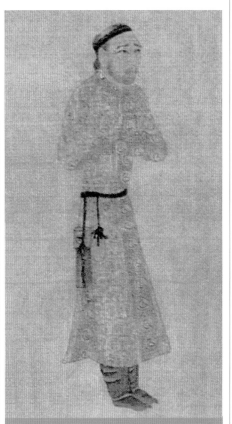

阎立本《步辇图》中的服饰佩鱼
唐
现藏故宫博物院
唐朝官吏每人带下垂一饰物，与唐张鷟《朝野佥载》中所记"结帛为鱼形"之帛鱼制度相符，是为"帛鱼"。

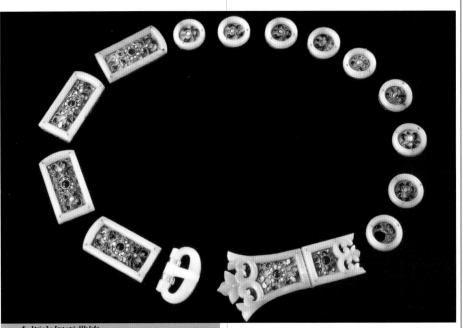

金框宝钿玉带銙
唐
现藏陕西省考古研院
此带用料考究，銙、环、铊尾以玉为缘，下衬金板。金板以鱼子纹为底，分别饰折枝忍冬纹和花纹。纹饰均用金框边，嵌以珍珠及红、绿、蓝三色宝石。鞓为麻经丝纬，捆以丝调，但已残破。整件玉带手工精细，充分展示了唐朝贵族服饰的富丽豪华。

袋"。唐代习用"佩鱼"来称呼佩鱼袋。这种佩鱼制度就叫做"章服"。武则天革唐建周后，改佩鱼为佩龟。唐中宗复位后，又改佩龟为佩鱼。此后一直沿袭至宋明各朝，稍有变化。

【名词点滴·算袋】
旧时百官贮放笔砚等的袋子。《资治通鉴·唐则天后神功元年》："赐以绯算袋。"胡三省注："唐初职事官，三品以上赐金装刀、砺石，一品以下则有手中、算袋。开元以后，百官朔望朝参，外官衙日，则佩算袋，各随其所服之色，余日则否。"

【名词点滴·嘞(huī)刷】
解绳结的工具。

第三节 帝国新秩序下的男子常服

一、以袍衫为主的庶民男子常服

唐代庶民男子常服以袍衫为主，在款式上与秦汉、魏晋各时期有很大的变化。过去衣冠所固有的褒衣大袖、长裙丝履的形式，到隋唐时期彻底发生变革。唐代男子的袍衫样式，主要是圆领窄袖袍衫，领、袖、襟没有缘边，衫长及足或膝下。不分官宦士庶、尊卑贵贱、男女老少，咸同一式。官宦一般只用作常服，而且以服色别尊卑。除圆领袍衫之外，常见的袍衫还有襕袍衫、缺胯袍衫、铭袍衫等。襕袍衫在袍衫下摆处加一横襕，结合胡服圆领窄袖的特点，汲取深衣上衣下裳连属的形式。始于北周、隋、唐、宋均为士人服装及官宦常服，故襕袍衫也以服色区别等级。官宦三品以上服紫，五品以上服绯，六七品服绿，八九

品服青，庶民服白，妇从夫色。李白诗中就有"晚入东城谁识我，短靴低帽白蕉衫"之句；韩愈诗中也有"白布长衫紫领巾，差科未动是闲人"的描写。缺胯袍衫是在胯下开衩儿的袍衫。由于这种袍衫便于行动，成为士人、庶民及奴役等劳动者的日常服装之一。又由于这种袍衫便于行军骑射，又成为戎服之一。这种袍衫初为黄色，后改为白色。铭袍衫即回文铭袍衫，是武则天统治时期的官服。形制为右衽、圆领、大袖，前有鸟兽纹饰，背有回文铭。这种在官服上用绣饰鸟兽纹来别文武、辨尊卑的制度，发展到明清两朝，形成了独特的官服——补服。

胡服对汉族服饰影响极深，自战国赵武灵王胡服骑射开始，迨至隋唐已达最盛，甚至时人已不视为胡服。正如宋

唐武德、贞观时犹尔；开元之后，虽仍旧俗，而稍褒博矣。

唐代最流行的胡服有两种：一种是翻领对襟窄袖衣。上衣短及膝，下穿小口裤，腰系革带，足著长靴，头戴各式胡帽

彩绘陶骑马狩猎俑

1960年陕西乾县永泰公主墓出土□现藏陕西历史博物馆

胡人俑深目高鼻，浓眉大眼，络腮胡，两撇胡子高高翘起。头戴幞头，身穿翻领窄袖胡服，内穿半臂，足著毡靴。马背后蹲一猎犬，正去狩猎。

头戴幞头的骑马贵族

代沈括《梦溪笔谈》中所说：中国衣冠自北齐以来，乃全用胡服。窄袖、绯绿、短衣、长靿靴，有蹀躞带，皆胡服也。……

或乌纱软巾。这种胡服便于骑马，当时骑马出游的风气盛行，所以它作为常服比较便利舒适，不但男子爱穿，女子也爱穿。另一种是袴褶。隋炀帝时就曾令百官穿袴褶，按规定武官为红色，文官依品级高低有紫、绯、绿等色。唐代则定为百

狩猎出行图

　　章怀太子墓墓道东壁壁画□现藏陕西历史博物馆

其上人物或著圆领袍服，或著翻领胡服，均系腰带，蹬乌靴。

唐代幞头演变

官朝参之服，按规定三品以上服紫，五品以上服绯，七品以上服绿，九品以上服碧。质料五品以上用细绫及罗，六品以下用小绫制作。魏晋时以袴褶为官庶通用的服装，隋唐以降袴褶已不复为庶民所用，而成为一种特定的官服了。

　　半臂也是唐代男子流行服式。半臂是一种短袖或无袖的上衣，著于内者衣短，著于外者衣长。其形制为合领、对襟，胸前结带，外穿时加于衫子之上，为春秋之服。这种服装在隋朝为"内官之服"，至唐朝却不分官庶尊卑，男女老少，都可以服用，只在质料与色彩上有所不同而已。唐代李贺在《唐儿歌》中有"竹马梢梢摇绿尾，银鸾闪光踏半臂"的描写，可知当时富贵人家子弟所著半臂纹饰华丽，光彩眩目，工艺是十分精美的。

二、唐代冠帽制度

　　幞头　幞头是隋唐五代男子的主要首服，不论贵贱和男女，皆可通用。幞头由最初的民间用包头布，演变成衬有固定帽身骨架和展角的帽子，前后经历了上千年的历史。

　　幞头本是一种包头的帻。在关西秦晋一带称为"络头"，南楚江湘一带称为"帕头"，河北赵魏之间称为"幧头"或"陌头"。秦汉时期，青年男子裹帻是一种美的打扮，所以乐府诗《日出东南隅行》中有"少年见罗敷，脱帽著帩头"之句。北周武帝时，对这种幅巾加工修改，使四角皆成带状，以二带系脑后垂似飘带，另二带反折结于头顶，故又称为"折上巾"。隋大业十年（公元614年），吏部尚书牛弘上疏，请在幞头里面加一个固定的饰物"巾子"。唐初武德年间，这种巾子开始广泛使用。初唐时巾子较低，称"平头小样巾子"；以后逐渐加高，分成两瓣呈"M"型，称"武家诸王样巾子"；中唐以后更加增高，左右分瓣几乎成为两个圆球，并明显前倾，称"英王踣样巾子"；后来还流行一种宫样巾子，顶部略呈尖型，称"开元内样巾子"。实际生活中的幞头，可不随俗样而自行制作，更是花样百出。

幞头的两脚，变化很大。初唐似两根带子，从脑后自然垂下，或至颈，或至肩，中唐时两脚逐渐缩短，有的还将两脚反曲朝上。由于幞头的双脚均用轻软质料制成，故统称"软角幞头"。中唐以后，幞头的双脚中间有丝弦为骨，富有一定弹性，犹如硬翅，形状也有变化，所以统称"硬角幞头"。唐末为了使用方便，宫娥宦官等均用木胎，以铜铁为骨，就其上而制成幞头，变成了固定的帽子。宋明的乌纱帽，就由此发展而来。

通天冠 除冕服外，通天冠是级位最高的冠帽。通天冠的前壁比帽梁顶端更高出一截，给人以巍峨突出之感，向前倾斜，上面饰有蝉纹。这块前壁就是"金博山"。《隋书·礼仪志》说它"前有高山"，故又称"高山冠。"通天冠的帽身一般有梁。《旧唐书·舆服志》说通天冠有

通天冠

"十二首"，也就是有十二根梁。《新唐书·车服志》则说通天冠有"二十四梁"，大概是晚唐的制度。

进贤冠 进贤冠也是中华服饰史上极为重要的冠式之一，早在汉代就开始流行，其形制也在不断变化之中。杜甫《丹青引·赠曹将军霸》诗中有"良相头上进贤冠，猛将腰间大羽箭"之句，说明进贤冠为文官所戴的冠。以梁的多少

三彩陶文吏俑
唐□通高112厘米
1981年河南洛阳安菩墓出土□现藏河南洛阳市文物工作队
三彩俑所戴梁冠即进贤冠。进贤冠在汉代已经流行，为文吏所戴之冠。以冠梁区分等级，故又称"梁冠。"唐代的进贤冠，冠耳逐渐扩大，由尖角形变成圆弧形，展筒融成一体，形成一种由颜题、帽屋及帽耳组合而成的新形冠帽。

区分等级，故又称"梁冠"。据《旧唐书》所说，流内九品以上服之，三品以上三梁，五品以上两梁，九品以上一梁。

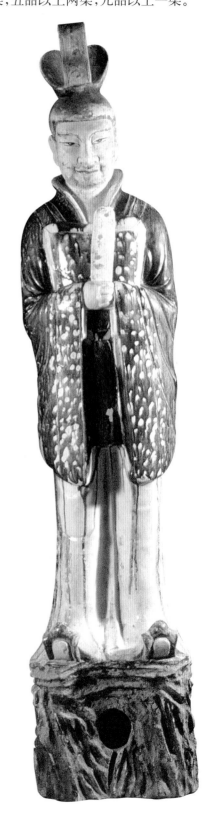

笼冠　唐代的笼冠，由前代的武弁大冠发展而来。用漆纱制作，呈圆筒形，两边带耳，在颔下系结固定。戴时先在冠内裹平巾帻。天子加金附蝉及金博山；侍中、中书令则加貂蝉，侍左右珥。诸武官府卫领军九品以上在重大场合服用。天子则在讲武、出征、搜狩、大射等服之。笼冠上的貂尾，宋代改用雉尾代替，元明时期则改插鹖羽。

鹖冠　鹖冠早在春秋战国时期就已经作为武官的冠帽。鹖是一种鹰，性好斗，至死不却，武士戴鹖冠以示勇武。在古代戴饰有猛禽的冠，大抵带有勇武之意。如《史记·仲尼弟子列传》中记载："子路性鄙，好勇力，志伉直，冠雄鸡，佩瑕豚。"雄鸡也是好斗的，所以雄鸡冠也是勇士之冠。

鹖冠

弁　弁为天子及文官九品公事服用的冠帽。以鹿皮制作，通用乌纱。天子玉簪导，十二琪。文官牙簪导者，一品用九琪，二品用八琪，三品用七琪，四品用六琪；犀簪导者为五品，用五琪。至唐玄宗时，弁服废而不用。

文官的黑介帻

敦煌莫高窟148窟壁画

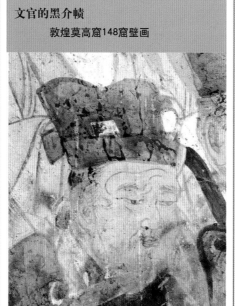

帻　帻本是古代男子裹在额头上的布，后来发展成冠帽。唐代的帻大体上仍袭前代，分为平巾帻（平上帻）与介帻两种。天子戴平巾帻，金饰玉簪导，冠支以玉，乘马时服之；群臣平巾帻有金饰，五品以上兼用玉，为武官、卫官公事所戴。天子介帻，色黑无饰，拜陵时服之；群臣介帻，色黑有簪导。府佐谒府，国子、太学、四门生、俊士参见戴之。另有平巾绿帻，在汉代为宰人所服，唐代也如此，是低级者所戴的帻。

纱帽　隋唐男子流行的首服，还有纱帽。天子服制中就有"白纱帽"一种，为视事及宴见宾客所戴之冠帽。白纱帽本为南朝帝王所戴，至唐仍沿用此名，但实际上皆以乌纱为之。在一般儒生隐士之间也广泛流行，样式全由个人所好而定，惟以新奇为尚。正如张籍《答元八遗纱帽》诗所说："黑纱方帽君边得，称对山前坐竹床，唯恐被人偷剪样，不曾闲戴出书堂。"

戴羽冠人物

【名词点滴·簪导】

古代冠饰名。用以束发。《释名·释首饰》："簪，建也，所以建冠于发也……导，所以导拢鬓发，使入巾帻之里也。"《文献通考》："自王公已下服章，皆绣为之。祭服冕，皆簪导，青纩充耳。"《新唐书·车服志》："毳冕者，三品之服也。七旒，宝饰角簪导。"

第四节 东西文明互动中的女装潮流

唐代长安是东西文化交流的中心。眼界的开阔，带来了思想的开放。妇女的服饰，不仅广收博采异国特色，同时对外也产生了深远的影响。构思开放的款式，浪漫华丽的风格，无不展现着鲜明的时代特色。它不仅超越了前代，而且也是后世不可企及的，成为中国传统文化中一朵大放异彩的奇葩。

唐代妇女追求时尚、流行时装。时装的源头在宫掖，往往由宫廷传至民间。这些新款样式的服饰，当时被称为"时世妆"。唐代诗人白居易诗中所说的"时世妆，时世妆，出自城中传四方"，正是这种盛况的真实写照。唐代女装百花竞放，千种风姿，推陈出新，大致可以归纳为三种不同的风格。这三种风格的服装构成了唐代时世妆的主流。

一、襦裙披帛

这种款式是唐代妇女常服的基本样式，特点是上襦很短，长仅及腰；裙腰很高，束至腋下；裙子以红色最为流行，名为"石榴裙"。这种石榴裙一直流行到明清，明代蒋一葵在《长安客话》中录有一首《燕京五月歌》："石榴花发街欲焚，蟠枝屈朵皆崩云。千门万户买不尽，剩将儿女染红裙。"可见当时盛况之一斑。

俗话说："燕瘦环肥。"汉代女子以像赵飞燕那样瘦为美，唐代女子以像杨玉环那样的胖为美。唐初仍袭前代，衣

唐代贵妇礼服
陕西西安李重俊墓壁画
贵妇头梳峨髻，头上饰花钗、角梳、衡笄。身穿锦襦长裙，肩披帔巾。长裙曳地，露出花头履。

裙紧窄。后来以吴道子等人笔势圆转、衣服飘举的绘画风格变化为起点，风姿以健美丰硕为尚，反映到妇女服饰上，流行大髻宽衣，形成"吴带当风"的特殊风格。据白居易诗中的描写，天宝时世妆为"平头鞋履窄衣裳，青黛点眉眉细长"，而元和时世妆则已经"风流薄梳洗，时世宽妆束"了。这种宽大的长裙，

襦裙披帛
陕西西安李重俊墓壁画
该仕女头梳高髻，著交领上襦，红色长裙拖地，极为艳丽。肩上披帛，长至膝间。是唐朝妇女典型的装束。

一般用五幅丝帛缝制，多的甚至用十二幅。按唐制，帛宽一尺八寸，约合0.29米，十二幅裙的宽度就达3.48米。穿如此宽大的裙子走路极不方便，因此要穿上高头丝履，让翘起的履头勾住长裙的下摆，才能迈步走路。据《旧唐书·文宗纪》记载，唐文宗曾传旨诸公主"不得广插钗梳，不须著短衣服"，服式很快向丰腴宽大发展。开成四年（公元839年）正月，在咸泰殿观灯，延安公主穿着宽大的衣裙走来，唐文宗大怒，立即将她斥

【名词点滴·宫掖】
指皇宫。掖，掖庭，宫中的旁舍，嫔妃居住的地方。唐代柳宗元《龟背戏》诗："长安新技出宫掖，喧喧初遍王侯宅。"明代汤显祖《紫钗记·节镇宣恩》："那黄衫豪士虽系隐姓埋名，他力量又能暗通宫掖。"

石榴裙
敦煌石窟莫高窟彩塑

中唐贵妇襦裙
　　唐代中期
　　敦煌莫高窟144窟东壁壁画（段文杰摹）
吐蕃时期汉族妇女仍然以汉装为主，头梳百花髻，发髻上有花钗、步摇、牡丹花、角梳。著襦裙，上著广袖红襦，下著长裙曳地绿裙，丛头履。从发式到襦裙，都很讲究服饰整体色彩的搭配。

簪花仕女
唐女子的裙子大多腰头高至胸，半袒露胸部，裙长拖地，色彩艳丽，流行红、紫、黄、绿等色，而红色最受欢迎。

透明轻纱蔽体，"绮罗纤缕见肌肤"就是对这种创举的形象概括。这种酥胸半露的穿着本来多为宫廷嫔妃和歌舞伎者所服，但一经出现，连仕宦贵妇也垂青。周昉《簪花仕女图》就是当时的真实写

三彩陶女坐俑
　　唐□高47.5厘米
　　陕西西安墓葬出土□现藏陕西历史博物馆
三彩女立俑，头梳高髻，粉面朱唇，额贴花钿。上穿白地绿色贴花露胸半臂衣，内著褐色窄袖衫衫，下著翠绿色百褶裙，裙上贴淡褐色柿蒂形花。裙腰高至胸部，褐色裙带在胸前扎一花结，两端飘然下垂。足穿云头履。这是当时妇女流行的时世妆。

退，并对驸马窦瀚罚俸两月。但即使如此，仍未遏止宽衣大裙的流行，妇女仍以胖为美。

　　盛唐时还流行一种袒胸露臂的款式，以纱罗作衣料，穿时不著内衣，仅以

照。唐人诗句中有"胸前瑞雪灯斜照"，"粉胸半掩凝晴雪"，"二八花钿，胸前如雪脸如花"等，都反映了这种穿着的流行情景。《逢邻女》诗中还写道："日高邻女笑相逢，慢束裙腰半露胸。莫向秋池照绿水，参差羞杀白芙蓉"。说明这种大胆开放的款式，不仅流行于上层社会贵妇之间，而且也流行在广大平民妇女之中，成为一种普及的新潮时装。

二、胡服

唐代所谓的胡服，实际上包括西域地区契丹、回鹘和印度、波斯等外国服饰。元稹的诗中写道："自从胡骑起烟尘，毛毳腥膻满咸洛，女为胡妇学胡妆，伎进胡音务胡乐。"说明胡服的流行，与外来文化的影响分不开。据史籍记载，唐玄宗酷爱胡舞胡乐，杨贵妃、安禄山等人都是善胡舞的能手。当时流行的"浑脱舞"、"柘枝舞"、"胡旋舞"、"霓裳羽衣舞"等，都是胡舞。这些胡舞在民间流行以后，民间妇女竞以胡服、胡妆为美。常见的胡服为头戴锦绣浑脱帽，身穿窄袖翻领紧身袍，下著小口裤，足蹬高勒靴，腰系蹀躞带。

从中唐到五代，贵族和士庶妇女

中还流行一种回鹘装。回鹘又称回纥，即现在维吾尔族的前身。唐初曾建立政权，至开元中渐强盛，成为西北地区主要民族之一。回鹘族与汉族有着亲密的友好关系，回鹘装也随之流入中原。回鹘装的特点：略似男子的长袍，翻领，袖子和腰身均窄小，下长曳地。颜色以暖调为主，尤喜用红色。领、袖均镶有宽阔的织金锦花边。头梳回鹘髻，戴桃形金冠，足穿翘头软锦鞋。

唐代妇女首服也受到极大的外来文化的影响。初盛行幂䍠，本是西域少数民族的一种装束，从面衣发展而来。面衣又称"面帘"。西北地区风沙大，少数民族习惯骑马，风起飞尘，口鼻眼耳易进沙粒，于是用面衣遮蔽。后来发展为一种大幅方巾，用轻薄透明的纱

罗制成，披体而下，障蔽全身。本来男女均用，到唐代男子已不用它，妇女也只是将它作为出门远行时的服饰。到永徽年间，帷帽逐渐代替幂䍠而盛行。帷帽又称"席帽"，是一种高顶宽檐的笠帽，在帽檐周围或两侧，前后缀有一层网状面纱，下垂至颈。后来妇女们又对帷帽进行改革，干脆只用一块皂帛包住头的两侧，整个面庞全部祖露，称为"盖头"。到宋代发展为"透额罗"和鱼婆勒子，盛行至明清。还有一些唐代妇女则戴浑脱帽等胡帽，干脆靓妆露面，无复障蔽。在封建社会中，妇女一直深受礼教束缚，笑不露齿，站不依门，行不露脚，衣不露肤等等，被奉为妇女必须恪守的信条。唐代妇女从全身障蔽的幂䍠，发展到男装胡帽，是摆脱这些精神羁绊所做的大胆尝试，是中国古代妇女服饰史上的一大进步。

三、女著男装

幞头袍靴本是唐代男子的主要服饰，但到天宝年间，妇女也模仿穿着。最早流行于宫掖。《新唐书·五行志》中记载了这样一件事：太平公主一次穿着紫衫，戴着皂罗折上巾，腰带上挂着蹀躞七事，歌舞于高宗前。帝与武后笑她，女子不能做武官，为何这般装束？但是这种装束后来传到民间，成为普通妇女的服饰。有时女著男装时也不须戴幞头，而是头挽各式发髻，单穿圆领袍衫。女装男性化，是唐代社会思想开放的一种反映。

戴孔雀帽骑马女俑
　　唐□通高34.8厘米
　　1997年陕西西安金乡县主墓出土□现
　　藏陕西历史博物馆
女俑是乐舞骑队中的一员，她头戴孔雀帽，十分
罕见。身穿圆领袍，足著长勒靴，为女著男装。

唐张萱《虢国夫人游春图》中心宫女
　　长51.8厘米，宽148厘米
　　现藏辽宁省博物馆
图中二位宫女，一裹幞头，穿白袍乌靴，系红革
带；一梳发髻著白袍乌靴红革带。为男著女装。

彩绘著男装女陶俑
　　唐□通高37厘米
　　1972年陕西礼泉县郑仁泰墓出土□现
　　藏陕西历史博物馆
女俑身穿圆领袍衫，外著半臂，腰系革带，为女
著男装。

第五节　唐代服饰的异族风采

唐代是中国统一的多民族国家发展的重要历史阶段。唐太宗至唐高宗时期，中国的疆域北越大漠（达贝加尔湖一带），南至海南，东至朝鲜半岛，西抵中亚咸海，超过了西汉王朝极盛时代。唐王朝成为当时世界上疆域最大的统一的多民族国家，对世界文化的各个方面都产生了巨大的影响。中外交流的日益频繁，各国使臣和异族同胞的往来密切，也必然促进了服饰的交融与更新。唐代的服饰，从头到脚，各个组成部分几乎都呈现出一种"异化"，冠服之丰美华丽，妆饰之异彩纷呈，令人叹为观止，是中国服饰史中最为精彩的华章。

一、汉族与周边民族服饰的交融

唐代，各民族间的联系和交往进一步加强。唐王朝与周边民族之间发生过一系列战争，先后击败了东西突厥、吐谷浑、高昌、薛延陀、龟兹、吐蕃等。但对于归附的各个民族，一般保存其部落体制，尊重其风俗习惯，任其首领进行管理。不仅不征收其赋税，而且不时赐与珍玩，并让他们担任唐廷高官。据史籍记载，贞观时仅突厥贵族就有万余家在长安居住。唐太宗对少数民族的政策非常开明，他说："自古皆贵中华，贱夷狄，吾独爱之如一，故其种落皆依朕为父母。"因此，唐太宗被"四夷君长"尊为"华夷父母"，称之为"天可汗"。唐王朝还对周边少数民族实行了"和亲"政策，多次将公主许嫁给吐蕃赞普、回鹘可汗、奚族和契丹首领等，以维护国家的安定和团结。在这种情况下，南方的南诏（今云南）等归唐；北方的黑水靺鞨、

粟末靺鞨（渤海国前身）、室韦等先后遣使入朝；奚族、契丹则贡扰无常。

各民族的频繁交往，自然也带来了他们的文化，其中最突出的是胡乐与胡舞。据史籍记载，唐玄宗酷爱胡乐胡舞，杨贵妃、安禄山等人都是善胡舞的能手，而跳胡舞是有特定服饰的。胡舞主要指唐代西北地区少数民族的舞蹈，所以胡舞的服饰带有强烈的异族风貌，像"柘枝舞"、"胡旋舞"、"胡腾舞"等当时流行的舞蹈都是这样。白居易《柘枝词》："绣帽珠稠缀，香衫袖窄裁。"又《柘枝妓》："紫罗衫动柘枝来，带垂钿铰花腰重。"张祜《观杨青柘枝》："卷檐虚帽带文垂，紫罗衫宛蹲地处，红锦靴柔踏节时。"又《观杭州柘枝》："红罨画衫缠腕出，碧排方胯背腰来，旁收拍拍金铃摆，却踏声声锦袎摧。"这些诗句都是柘枝舞服饰的真实写照。而白居易《新乐府·胡旋女》："弦鼓一声双袖举，回雪飘飘转蓬舞。左旋右旋不知疲，千匝万周无已时。"则写出了胡旋舞服饰及动作的主要特点。刘言史《咏胡腾舞》："织成番帽虚顶尖，细氎胡衫双袖小。……跳身转毂宝带鸣，弄脚缤纷锦靴软。"也反映出胡腾舞的服饰与动作特点。喜爱胡舞的唐人，自然也就喜爱穿胡装。据《唐书·五行志》记载："天宝初，贵族及士民好为胡服胡帽，妇人则簪步摇钗，衫袖窄小。杨贵妃常以假髻为首饰，而好服黄裙。"

唐代服饰对周边少数民族服饰的影响很大，据《唐六典》称，蜀中锦工每年必织造"蕃客锦袍二百领"，以应西北诸部族君长之需。在与各民族的频繁交往中，唐代服饰也受到异族服饰的影

内侍图

陕西乾县章怀太子墓墓道东壁壁画□
现藏陕西历史博物馆

这是一名仪卫，他头裹幞头，身穿青色翻领窄袖胡服，双手拄仪刀。

响。受异族服饰影响最大的唐代常服，主要有以下几种：

胡服

袍靴是唐代男子主要的常服，而袍靴皆为胡服。宋代沈括《梦溪笔谈》中记述："中国衣冠自北齐以来，乃全用胡服，窄袖、绯绿短衣，长靿靴，有蹀躞带，皆胡服也。"不仅男子穿袍靴，女子也可以穿袍靴。贞观至开元年间，戴金锦浑脱帽，著翻领小袖齐膝长袄或男式圆领袍衫，穿条纹间道锦小口裤，腰系金花

钿缕带，足蹬软底透空紧靿靴，是流行一时的女子胡服新装。这些胡服融合了西北少数民族和天竺、波斯等外来服饰，一直影响到后代。

回鹘装

从中唐到五代，妇女中流行一种回鹘装。回鹘原称"回纥"，唐贞元四年（788），回纥可汗请唐改称回鹘。即现在维吾尔族的前身，当时属于游牧部落。唐初建立政权，开元中成为西北地区主要的少数民族之一。史载盛唐以后，唐皇室先后几次远嫁公主于回鹘可汗，而回鹘可汗也多次遣使进入长安。安史之

突厥石人像
唐□高285厘米
新疆温泉阿尔卡特出土□现藏新疆维吾尔自治区博物馆
这种圆雕石人，是突厥人于墓前为死者树立的纪念物。石人面部宽圆，浓眉大眼，蓄八字须，长发后梳，垂于背部。身著胡式窄袖翻领长袍，腰间束带，垂挂小囊、砺石等物，脚蹬皮靴。左手握剑置于腹前，右手持杯置于胸前，可能寓意着对死者的悼念。

彩绘胡人俑
唐□高24厘米
1972年陕西礼泉张士贵墓出土□现藏陕西历史博物馆
西域胡人俑深目高鼻，留八字胡。头戴翻沿胡帽，身穿翻领窄袖黄色大衣，胸前露出红色内衣，两臂为红色窄袖，腰束黑色方格带，下着黄裤黑靴，姿态生动传神。

回鹘公主服饰
五代
甘肃榆林窟16窟甬道壁画
身着回鹘装，头戴桃形宝冠，饰步摇，上嵌瑟瑟珠，背后有垂带。面部化妆有花靥，颈戴多重珠宝串饰。身着翻领、窄袖、通裾大襦，翻领和袖口有精美的凤鸟花草纹锦绣纹样。在敦煌壁画中如此精细写实的纺织品纹样十分难得。

乱中，回鹘还派兵援助讨逆，有功于唐。因此，唐与回鹘一直和睦相处，回鹘装也随之流入中原。花蕊夫人《宫词》中说：“明朝腊日官家出，随驾先须点内人。回鹘衣装回鹘马，就中偏称小腰身。”从中可知回鹘装的特点是：翻领长袍，腰袖窄小，下长曳地，领袖缘边。这种服装是回鹘民族综合希腊、波斯文化，与中国文化相融合的产物。

裤褶

据说裤褶是战国时期赵武灵王改革服装、实行“胡服骑射”时引进的胡服之一。南北朝时盛行，沿袭至唐代。唐贞观二十二年（648），令百僚朔望日服裤褶，并定为准式，

彩绘鹰冠武士俑
唐
1997年陕西西安金乡县主墓出土口现藏陕西历史博物馆
武士头戴鹰冠，身穿裲裆。

从此裤褶一度曾用于朝会。此服历151年，至贞元十五年（799）罢裤褶之制。

裲裆

裲裆唐代又称裲裆。据《旧唐书·车服志》载：“裲裆之制，一当胸，一当背，短袖覆膊。”类似背心，本为男子之服式。在大袖衫外加著裲裆，是唐代官吏服饰的一个特点。但穿着这种服饰的官吏，一般身份不会太高。唐代传奇《霍小玉传》中描写霍小玉“著石榴裙，紫裲裆，红绿帔子”。可知民间女子也有穿裲裆的，它是一种男女普遍穿着的服装样式。裲裆也是赵武灵王“胡服骑射”时引进的短衣样式，原为北方少数民族服式。南北朝时开始盛行，一直到隋唐，仍为普遍穿着的服式。

二、唐代与外国服饰的交融

唐代国力强盛，经济文化处于世界领先地位，对外贸易十分发达。据史籍记载，与唐王朝来往的国家达200多个，至今唐乾陵阙门内还排列着61座王宾石像。京师长安是当时著名的世界性大都会，成为东西文化交流的中心。当时进入中国的通道主要有两条：一条是陆上的“丝绸之路”，即经波斯、阿富汗、西域，从西北地区进入长安；另一条是海上的“香料之路”，即经波斯湾、阿拉伯海、孟加拉湾、马六甲海峡，到达南部沿海城市广州、泉州等地。与中国交往的国家遍及东南亚，远至非洲。来华最多的是大食（今阿拉伯）和波斯（今伊朗）人，传说唐末仅在广州的就高达10万多人，其中许多人定居并娶妻生子，出现了“五世蕃客”和“土生蕃客”。日本曾先

礼宾图壁画

陕西乾县李贤墓出土壁画□现藏陕西历史博物馆

壁画反映了唐廷接待外国使臣的正规场合。前面为鸿胪寺官员引导外蕃宾客使臣，后面为外蕃使臣，他们的服饰体现了不同民族的特点。头戴羽冠者可能是倭国（今日本）使者，着翻领袍者当为西域胡人，后边戴皮帽者为北方民族。

后19次派出遣唐使来华，日人吉备真备到中国留学19年，归日后创片假名。唐代与西方诸国关系也相当密切，辗转来华的非洲黑人很多。豪富之家有蓄黑奴者，并制作黑人俑陪葬。近邻各国，如林邑（今越南）、真腊（今柬埔寨）、骠国（今缅甸）、高丽（今朝鲜）等，更与唐王朝建立了密切的外交关系。

中外文化的交流，既对唐代服饰产生了深远的影响，也使唐代服饰走向了世界，从而形成中国服饰史上最光辉灿烂的一页。就世界范围来看，受唐代服饰影响最大的外国服饰，主要有日本和朝鲜的服饰。

和服

日本传统的民族服装和服，是受唐代服饰影响最深的服装。据日本学者研究，和服经历了漫长而复杂的演变过程，大体上分为三个阶段：原始时代（公元3世纪以前），据《三国志·魏志·东夷传》记载，日本男子穿横幅衣，女子穿贯头衣。古坟时代至奈良时代（公元3世纪至8世纪）是和服模仿唐服的阶段，中国文化逐渐传入日本。公元701年《大宝律令》中"衣服令"的制定，标志着唐式服装已经取得稳定的地位。奈良时代盛唐文化潮水般涌入日本，日本上层人士的服装"唐风一色"。平安时代（公元8世纪至12世纪）是和服民族化阶段的开始。到19世纪中叶，和服基本定型。可见和服是在日本固有服装和唐代服装的基础上，经过长期融合演化，才形成自身的特点。

朝鲜服

唐初，朝鲜半岛上三国鼎立，北部高丽、西南百济、东南新罗，它们都是中国的近邻，接受中国文化的影响，并汲取中国东北地区等北方系统的文化因素，创造出自己独特的文化。从他们的服装样式来看，十分明显地受到唐代服装的影响。至今朝鲜妇女服装的配色仍为高彩度配色，艳丽夺目，而这种配色方式正是唐代的特点。初唐妇女喜欢戴幂罗，唐代由大唐使节传到了朝鲜。至今，在正月十五妇女参加的游艺安东踏"铜桥"中，仍有戴幂罗的习俗。

第六节　五代服饰的华丽余风

五代十国，是由唐至宋的过渡时期。五代自后梁开平元年（公元907年）至南唐交泰元年（公元958年）止，其间约54年，先后在黄河流域建立五个朝代，即后梁、后唐、后晋、后汉、后周。十国是指在长江流域及其以南地区所建立的十个国家，即吴、南唐、吴越、楚、南汉、闽、前蜀、后蜀、南平、北汉。这一时期在服饰上大体还是沿袭唐制，但也体现了过渡时期的特点。

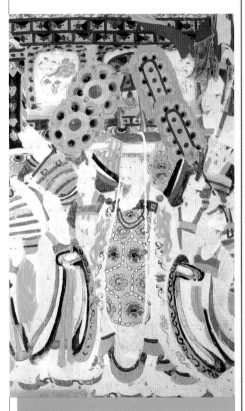

王侯冕服
五代
敦煌莫高窟6窟东壁南壁画
王侯头戴三游冕，身著宽袖袍服，上有日月、云纹升龙及宗彝章纹，前有龟背纹团花蔽膝。

一、官服服制

官服服制在沿袭唐制的基础上有

节度使曹议金官服
五代
甘肃敦煌榆林窟16窟甬道壁画
头戴展脚幞头，圆领大袖红袍衫，内著花边白纱罗中单，红鞓束腰。五代著大袖者多为高官，其他款式并无官职的区别。由于五代以后服饰礼制对于颜色的规定有所松弛，因此红色成为备受高官青睐的颜色。敦煌壁画中五代时期统治阶层的供养人多穿着红袍。

个别的变化。如后唐将应服冕服酌变为采用常服，皇后仍用袆衣。皇子准用一品婚礼之服，其妃亦用一品命妇礼服。后梁赴南郊戴通天冠，著

绛纱袍，御史大夫等服朝服，中书令以下用公服，内诸司使用常服等。公服、常服亦沿用唐制，以紫、绯、绿为别。赐金紫、银绯鱼袋之制，亦沿袭唐制。

二、男子常服

男子常服仍为幞头袍靴，但幞头的变化较为显著。头脚都用硬脚，形式却出现不少变化，如团扇形、蕉叶形、平展伸直形、翘上形、反折形等，并用珠络为饰或金线盘绕。后梁郢王别制幞头，如唐巾而用仙藤为脚，名为"顺裹"。南汉刘氏作平顶帽自戴，称为"安丰顶"。西蜀王建喜戴大帽，百姓也流行大帽；王衍戴形如尖锥的夹巾，晚年又喜戴小帽，称为"危脑帽"。

除幞头之外，男子还流行巾裹纱帽。后唐李存勖时有圣逍遥、安乐巾、珠龙便巾、清凉巾、宝山巾、交龙巾、太守巾、六合巾、舍人巾、二仪巾等凡二十种。南唐韩熙载制作一种轻纱帽，比宋

五代周文矩《重屏会棋图》
南唐□长40.3厘米，宽70.5厘米
现藏故宫博物院
图中南唐后主李璟头戴纱帽，称为"方山巾"，多为隐士所戴。其他会棋之人，皆头戴硬角幞头，身穿圆领袍衫，为五代时男子常服。

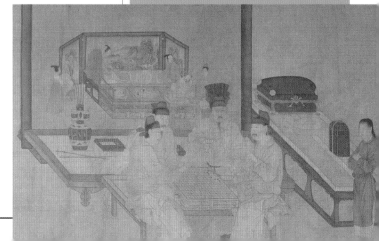

五代顾闳中绘《韩熙载夜宴图》中的韩熙载纱帽

帝见晚霞云彩可爱,命染坊作"霞样纱",用它制成千折裙,分赐宫嫔。后来民间也爱好,竞作彩裙,称为"拂拂娇"。五代时妇女又有一种披于颈间领下的帔,名为"诃梨子"。

伎乐石雕
　　五代□长136厘米,宽82厘米
河北王处直墓出土□现藏河北省文物研究所
图中女乐人均梳高髻,饰花朵等。服装为上襦下裙,外罩半臂,肩披帛,垂于胸前背后。其服饰发型与唐代极为相似,留其遗风。

代的东坡巾还要高,称为"韩君轻格"。

三、俏丽的妇女服饰

　　五代十国中,以西蜀和江南等地较为富庶,妇女服饰也向俏丽方面发展。妇女不再以丰腴为美,裙腰也不再高束至胸。当时蜀锦驰名中外,有十样锦,称长安竹、天下乐、雕团、宜男、宝界地、方胜、狮团、象眼、八搭韵、铁梗襄荷。蜀锦的流行,给妇女服饰带来了新的美。当时蜀中嫔妃、姬妓皆盛行衣道服,梳髽髻,戴莲花冠。后唐同光年间,

五代贵妇的花钗礼衣
　　　敦煌莫高窟壁画
头戴高大的凤冠,发饰花钗与角梳。项饰璎珞,肩披画帔,身著宽袖襦翟,衣服纹饰华丽。长裙拖地,足蹬花头履。

少女服饰
　　　敦煌莫高窟146窟窟顶西南角壁画
头戴很少见的平冠,额头有花钿,身著彩条纹襦裙,双肩有云纹垂襁褓,是少女的装束。

第七节　引领世界潮流的衣料与纹样

隋唐五代时期的纺织业，无论在织造技术或染织技术、图案纹样等方面，都有新的、重大的变化。品种之丰富，技艺之精湛，都达到前所未有的程度。

在我国纺织工艺领域中，织锦是一个重要组成部分。由于它的花纹绚丽，组织复杂，技术要求高，成为古代丝绸纺织技术最高水平的反映。唐代以前，织锦为经丝显花，称为经锦。唐代由经丝显花一变而为纬丝显花，故唐锦又称纬锦。经锦受经线固定的限制，花型不大，而且在织时不易改变花样；而纬锦花纹布局紧凑协调，图案突出，色彩鲜艳，花样多变。因此纬锦逐渐成为主流，打破了先秦以来经锦占主导地位的局

菱格柿蒂纹双面锦

唐□长15厘米，宽9.5厘米
1973年新疆吐鲁番阿斯塔那墓出土□
现藏新疆维吾尔自治区博物馆

此件原为女舞俑半臂衣料。图案为以联珠纹组成方四方连续菱形格子，格内交错排列白地圆形内填褐色四叶柿蒂纹与褐地菱形内填四叶柿蒂纹。用表底两种经纬在花纹边缘接结换层，正反花纹一致，只是纹地色彩互易，形成双层平纹织锦，为唐锦中所少见。

花鸟纹织锦

唐□长24.5厘米，宽36.5厘米
1968年新疆吐鲁番阿斯塔那墓出土□
现藏新疆维吾尔自治区文管会

此锦以真红、粉绿、海蓝、棕褐、白色五彩经显花。中心纹样为一簇盛开的牡丹，周围向心排列八簇全株盛开的牡丹，间以飞翔的衔花绶带鸟、鹦鹉、蜂蝶。图案采用退晕技法，完美地表现了牡丹花内外深浅不同的层次。一端有由像生花组成的花边，系夹经纬两重经面斜纹显花织锦。蓝地花边陪衬红地的主题鸟，富丽堂皇，反映了盛唐斜纹纬经显花技艺达到较高水平。

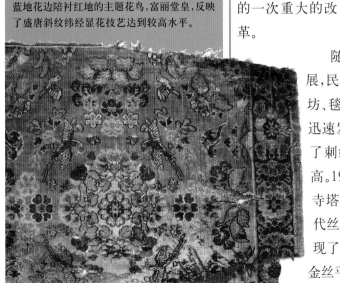

螺旋弹簧状，每米多达三千转。同时还出土了多种多样的刺绣品，有蹙金绣、贴金绣、平绣、贴金绣加绘等，均反映出唐代高超的工艺水平。印证了杜甫《丽人行》诗中"绣罗衣裳照暮春，蹙金孔雀银麒麟"的描写。

隋唐五代时期的衣料纹样，已从原始的抽象走向规范的图案。隋唐时期纹样造型丰腴，主纹突出，地部疏朗，色彩鲜丽明快。初唐纹样明显受波斯萨珊织锦的影响，多用联珠纹，有时萨珊锦的原形清晰可寻，异国情调浓厚。盛唐以后，外国风格影响减少，民族风格增强，联珠纹也减少。衣料纹样常见的有以下几种。

面，这是纺织技术的一次重大的改革。

随着纺织工艺的发展，民间纺织作坊，如织锦坊、毯坊、毡坊、染坊等也迅速发展，又进一步推动了刺绣等工艺水平的提高。1987年陕西扶风法门寺塔地宫出土了大量唐代丝绸衣物，其中首次发现了唐代织金锦。它的捻金丝平均约0.1毫米，且为

绛红罗地蹙锦绣半臂

唐
陕西扶风法门寺地宫出土□现藏法门寺博物馆

武则天供奉的仿唐朝仕女短袖上衣，形制为捧真身菩萨。特制的微型衣物，至今保存完好，是唐朝丝金织物的绝代佳品。出土时，花心钉有珍珠。

一、联珠团窠纹

纹样中心圆内饰鸟兽人纹，圆周饰

联珠。圆外的空间饰四向放射的宝相纹。这种纹样受波斯萨珊锦的影响，盛行于北朝至唐代中期。

二、宝相花纹

由盛开的花朵、叶子等，按对称的规律重新组合，形成装饰性很强的花纹。纹样由多种花朵的自然形态与金属珠宝镶嵌的工艺变象而成。

三、瑞锦纹

由雪花的自然形态加工成多面放射对称的装饰形态，寓"瑞雪兆丰年"的含义。

四、散点式小花纹

用花叶的自然形态，组成对称形小簇花或小朵花，散点排列，形成碎花纹样。流行于盛唐。

五、穿枝花纹

又称"唐草纹"。以波状线结构为基础，将花、苞、枝、叶、藤蔓组合成连接缠绕的装饰纹样。流行于唐，直至明清。

六、鸟衔花草纹

多为鸾凤、孔雀、大雁、鹦鹉等禽鸟，嘴衔瑞草、缨络、花枝、同心百结等物。有的飞翔，有的栖立。

七、几何纹

有菱形、龟背、棋局、双胜、双矩、盘绦、如意等多种形式。有的中间还用散点组成花朵，常用于妇女的襦裙。

联珠猪头纹锦
唐
新疆吐鲁番阿斯塔那墓出土□现藏新疆维吾尔自治区博物馆
由大圆点围圈为椭圆形，中间为一大猪头。以此作为一个大圆，各大圆中间同样以联珠图案相连。构图具有节奏感，明快简练。

小散花纹纱裙
唐代早期
敦煌莫高窟321窟东壁壁画
菩萨身披帔巾，下著纱裙，纱质轻透，衣纹轻柔飘洒，是唐代贵重的纱织物。帔巾、围腰、纱裙均是小散花纹，色彩各异，清新典雅，是唐代流行的丝织品纹样，尊卑通行。

宝相花纹
敦煌莫高窟159窟壁画

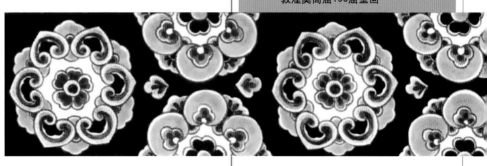

葡萄穿枝纹

敦煌莫高窟334窟壁画

葡萄穿枝纹在唐朝装饰纹样中占据主导地位，服饰纹样等都以葡萄为主题。以波状线结构为基础，将葡萄的枝叶、藤蔓及果实组合成优美缠绵的装饰纹样，是现实生活的高度艺术化。

八、狩猎纹

以人物狩猎为中心，作自由散列式或联珠团窠式。

到五代时，衣料纹样又有较明显的变化，渐趋于写实和细腻。如蜀锦的纹样有宜男、雕团、方胜、狮团、象眼、长安竹、天下乐、宝界地、八搭韵、铁梗襄荷等。这些花式名称，宋代继续流行，并对明清产生深刻影响。

隋唐纺织技术的提高，带动了纺织品印染工艺的发展。印染技术非常发达，运用了色谱齐全的植物性染料和多种印染工艺，在中国印染史上占有重要的地位。唐代官府织染署下设六个练染作，分别名为青、绛、黄、白、皂、紫，其中白作指精练漂练工艺，其余各作为印染工艺，计用植物性染料达24种色彩。以

烟色底狩猎纹印花绢

唐

1973年新疆吐鲁番出土□现藏新疆维吾尔自治区博物馆

猎人骑于马上，正回身射箭，迎面是一头张牙舞爪的狮子正扑向猎人。人和动物的神情都生动逼真。以此图为中心，周围饰以兔、鸟、花等。为唐代流行纹饰。

高纯度配色为主要特点，色彩鲜明、艳丽。印染技术主要有颜料印花、防染印花、碱剂印花等几种。

颜料印花是用凸花型版或镂空型版，将颜料印浆直接印在织物上，来显示花纹。隋唐时期，传统颜料印花已向创新型版的多彩色套印和色地印花方面发展。

防染印花又称"染缬"，有蜡缬、夹缬、绞缬三种。蜡缬即蜡染，在织物上先用蜡画出图样，入染后煮热脱蜡，显出原色图样，上有冰裂纹效果。夹缬即夹

染，是一种直接印花的方法。用两块相同的雕花木版，夹布入染，被夹部分防染，与染色部分形成对比，显出花纹。相传唐玄宗时，柳婕妤的妹妹赵柳氏创造了夹缬法，用此法制成文锦一匹，献给王皇后，被玄宗看到，大加赞赏，便下诏广为推行其法，盛唐夹缬流行。绞缬即扎染，用绳先将布扎成花纹，入染时扎结部分防染，形成白色花纹，并有晕染效果，具有朦胧之美。

碱剂印花是利用碱作拔染剂，在生丝罗上印花，着碱处溶去丝胶，形成白色纹样。这种印染方法既未见于文献记载，也未见于其他时代的传统工艺和实物资料，是唐代独有的印染方法。

唐彩绘麻布经袱

唐□长117厘米，宽112.5厘米

敦煌莫高窟藏经洞出土□现藏山东博物馆

袱心由两幅麻布拼接，四周镶以褐色麻布宽边。下边中心绘一莲瓣三足熏炉，两旁各置一宝瓶，左右角各绘一朱雀，下端以缠枝花卉点缀其间。中部双兔相对。上部中心绘折枝花卉，两旁各绘双鸟。所绘事物皆先用墨笔钩勒轮廓，再以红、绿、黄、赭等色敷彩，反映了唐代佛教绘画的装饰风格。

第八节 花样翻新的靴与履

隋唐五代履制，因女子男装及外来影响，男女混杂，花样翻新。

唐代男子以穿靴为主，当时靴与鞋同时流行，而且不论男女，都可以穿用。大体是男子多穿靴，女子多穿鞋；官场中男子多穿靴，平日则多穿鞋。靴原为胡服，最早引入中原时只用于常服或戎服。至唐代，可以穿靴入朝，文武官员及庶民百姓皆可穿着。《唐书·李白传》记载："帝爱其才，数宴见，白尝侍帝，醉使高力士脱靴，力士素贵，耻之。"正是著靴进宫的

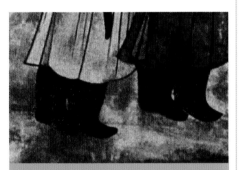

唐李重润墓壁画《阙楼仪仗图》中侍卫所穿的乌皮靴

宝相花纹锦鞋
　　唐□长27.9厘米，宽8.8厘米，高8.3厘米
　　1968年新疆吐鲁番阿斯塔那唐墓出土
　　□现藏新疆维吾尔族自治区博物馆
浅棕色经面斜纹地，棕、朱红、宝蓝色经起花，为右向三枚斜纹经锦。面纹为变形宝相花，花鸟锦为里，黄色菱纹绮作衬填，浅纳软布底。款式为翘头方口。前缘钉有三个小鼻，穿有1厘米宽的束口系带，用双色合股粗丝分别镶于前后口缘。翘头用真红穿花凤锦包缦，其左右与顶端有六枚锦包花瓣并列向上卷翘。款式富丽华美，是唐代装饰纹样中很有代表性的样式之一。

写照。男子所穿的靴一般以黑色为主，而女子所穿的靴，除黑色外，多为锦靴。唐代中宗时令宫人侍左右者皆著红锦靿靴。歌舞者也都著靴，舒元舆《赠李翱》诗有"湘江舞罢忽成悲，便脱蛮靴出绛帷"句。乘骑妇女亦著锦靴，李白《对酒》诗有"吴姬十五细马驮，青黛画眉红锦靴"句。

履也是唐代主要的鞋式，男女均著，只是男子多穿靴，女子多穿履。乌皮履是男子所穿的，南朝帝王视朝听诏及宴见宾客时，唐代天子武弁服丧服及拜陵时，群臣朝服、公服、常服都穿乌皮履，女著男装时也常穿乌皮履。锦履则主要为妇女所穿用。由于妇女的服装十分宽大，又长裙曳地，走路很不方便，所

三彩陶女立俑
　　唐□高44.5厘米
　　1959年陕西西安墓葬出土□现藏陕西历史博物馆
女俑鬟发垂髻，面颊丰腴。上身穿蓝色黄花衣，内著半臂，下著褐色长裙，露翘头履。

以唐履的特点是翘头，让履头勾住长裙的下摆，迈步走路就方便了。而锦履的花样翻新，主要就体现在翘头的装饰上：有的形似展翅欲飞的凤鸟，温飞卿《锦鞋赋》中所吟咏的"碧沚湘钩，鸾尾凤头"即是；有的尖头上翘，白居易《上阳白发人歌》中所吟咏的"小头鞋履窄衣裳，天宝末年时世妆"即是；而民间妇女，《新唐书·车服志》记载：衣青碧缬，平头小花草履，彩帛缦成履，及吴越高头草履。此外，常见的履还有"重台履"、"高墙履"、"勾履"、"笏头履"等名目。

唐代一般百姓常穿的鞋有麻布鞋和线鞋。线鞋比较轻便，还可以在鞋上绣织各种花样，因此受到妇女的喜爱。此外，屐也是男女通用的。李白《浣纱石上女》诗中说："一双金齿屐，两足白如霜。"说明当时不仅用木料做屐，而且用贵重金属装饰，穿屐时可以赤足而著。

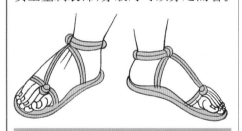

麻草鞋

线鞋

第九节　从朴素到华丽的发式与化妆

隋唐五代时期，男女发式、化妆，各自有着不同的特点：隋代朴素，唐朝华丽，五代矫饰。

一、发式

隋初时，文帝在生活方面以简朴为重，所以隋代妇女的发式变化不是很多，贵贱差别不大。再加之隋朝历时很短，记载发式名目有限，主要有盘亘髻、平髻、翻荷髻、九真髻、迎唐八鬟髻等，发式比较简单，也很少有装饰，平而阔是其特色，延续北周"开额"旧制

平髻

唐阎立本《步辇图》中梳云髻宫女
现藏故宫博物院
《步辇图》中描绘的初唐宫女梳着同样的发式，像团团云朵停于头顶，十分俏丽，故称"云髻"。

将额部的发式剃齐。至隋炀帝时虽曾有一度在发式上极尽装饰之能事，但仅限于一时的宫廷特殊生活中，没有影响到社会各层面。

唐朝是中国传统发式化妆发展的重要时期，无论是在此之前还是在此之后，中国封建社会的妇女都没有过如此繁多的发式，如此精致的妆容。唐朝妇女的发式，初唐时期还延续隋朝时的平而阔的样式，也鲜有装饰。

此后，身份较高的贵族妇女，一改隋代妇女平云式单纯简洁的发式，而向上高耸，并且越来越高，有的竟高达一尺，如元微之在《李娃行》中写道："髻鬟峨峨高一尺，门前立地看春风。"面对此种形势，唐太宗虽加以斥责，但后来又询问近臣令狐德棻，妇女发髻

加高是何原由。令狐德棻认为，头在上部，地位重要，发髻高大一些则更加强调。由此，高髻毫无任何限制，并发展出了很多样式。诗云："美人红妆色正鲜，侧垂高髻插金钿。"《柳弧》卷三曾记载"贵妃以假髻为首饰，曰义

唐周昉《簪花仕女图》中梳峨髻妇女
现藏辽宁省博物馆
《簪花仕女图》描绘的峨髻是唐贞元年间宫廷贵族妇女发式。发髻高耸，有巍峨之势，有的高达一尺。在峨髻之上，贵妇们又簪有盛开的牡丹花，雍容华贵。这是整个中晚唐贵族妇女最流行的装束，从而也成为后人心中唐朝妇女的典型形象。以鲜花衬托浓云似的黑发，一直是古代妇女发式的主要装饰方法。同时还有罗绢制成的假花。

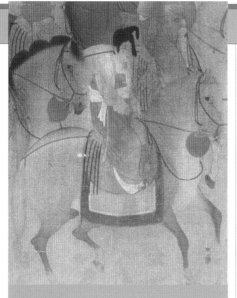

唐张萱《虢国夫人游春图》中梳抛家髻贵妇
现藏辽宁省博物馆

贵妇的发式十分慵懒，称"抛家髻"，薄如蝉翼的两鬓抱于面部，头顶左侧一髻抛出。这主要是受吐蕃影响，再配以啼妆，这是流行于中晚唐的妇女装束。

发髻上插梳
敦煌莫高窟148窟壁画

唐代贵妇都在发髻上插梳装饰，梳和篦的质地有金、银、玉、犀牛角、白角等。插梳篦的方法有：在高髻前横插一把梳篦，梳篦的横梁露在外面，还有在高髻上插多把梳篦的，所以唐诗有"斜插犀梳云半吐"，五代也有"归来别赐一头梳"的诗句。早期梳与汉代相近，多作半圆式；唐代作月牙式，至北宋有方折式大及一尺。壁画中贵妇高髻上对插两把大梳，这是中唐以后梳篦的流行插法，已接近宋代的"冠梳"样式。

凉国夫人凤冠
五代至宋初
敦煌莫高窟427窟甬道壁画

凤冠正中一展翅飞翔的凤立在莲花座上，两侧有步摇和花钗，下面插有三对角梳，额前戴一翠玉佩饰。整个凤冠和花钗似用金银制作，上面满饰翠绿玉珠，华丽之至。

髻"。至开元天宝年间，假发义髻流行，发髻就更加高耸且蓬蓬松松，出现了峨髻等发式。珠翠的装饰也逐渐增加，从而呈现出十分华丽的景象。

与高髻相反还有一种低髻，就是发髻低垂于脑后的发式，这一般是地位较低妇女的发式。如温庭筠在《郭处士击瓯歌》中写道："宫中近臣抱扇立，仕女低鬟落翠花。"

唐朝还有一种十分有特色的发式"侧髻"，就是发髻既不是向上高耸，也

不是向下低垂，而是低低的偏在一边，偏侧、低垂是它的特点。如倭堕髻、堕马髻、抛家髻等。

从唐朝开始，妇女以各种方式来装饰发髻，有梳、篦、簪、钗、钿、步摇、花等等，其质地有金、银、珠、翠、玉、骨等，十分繁多，时常是簪钗步摇插满发髻，金银珠翠耀眼动人，发髻被装饰得雍容华贵。

五代历时只有50年，所以在发式方面基本上是沿袭唐朝的样式，也尚高髻，并以各种饰物装饰。后蜀、南唐都以高髻为尚。《十国宫词》中有"纤裳高髻淡蛾眉"的形容，时称"朝天髻"。妇女头上插梳，也越来越多，越来越大，多时可达八把以上，大的可达一尺以上。有的用金，有的用银，有的用玉，有的用象牙，有的用玳瑁，插戴起来十分沉重。这种妇女服饰呈现出一种病态，所以流行时间不长。

二、化妆

隋朝妇女的化妆基本比较简单，还是沿袭前朝的旧制，唯宫人得施粉黛。在眉形的修饰上，据说隋炀帝的殿脚女吴绛仙善于用青黛画长眉，并且一直影响到初唐时期。

戴笠帽骑马女陶俑

唐□通高37厘米

1972年陕西礼泉县郑仁泰墓出土□现
藏陕西历史博物馆

女俑头戴笠帽，额头上贴有花钿。眉细而长，应
是开元年间流行的眉式。面颊以胭脂晕染呈红
色，应是红妆。唇点为鲜红色，呈樱桃状。

唐代后期妇女面部化妆

此女眉形为长蛾眉，额上所贴为花钿，两颊为
斜红，腮边两点为点丹。此妆为唐后期女子流
行妆式。

唐朝妇女的妆容可谓多姿多彩，出现了三个阶段的时世妆。第一阶段是唐玄宗末年，白居易在《上阳白发人》中描写到天宝年间时世妆："小头鞋履窄衣裳，青黛点眉眉细长。"第二阶段为唐德宗贞元末年，元稹诗《有听教》中写道："莫画长眉画短眉，斜红伤竖莫伤垂。"啼妆为时世妆的第三阶段。时世妆也就是今天所谓的流行妆。同时，化妆的程序也比以前繁琐得多。较有代表性的妆式有：

啼妆　《新唐书·五行志》称："元和末，妇人为圆鬟椎髻，不设鬓饰，不施朱粉，惟以乌膏注唇，状似悲啼者。"白居易《元和时世妆》将这典型装束形容得十分具体："时世妆，时世妆，出自城中传四方。时世流行无远近，腮不施朱面无粉。乌膏注唇唇似泥，双眉画作八字低。妍蚩黑白失本态，妆成尽似含悲啼。圆鬟垂鬓椎髻样，斜红不晕赭面状。昔闻被发伊川中，辛有见之知有戎。元和妆梳君记取，髻椎面赭非华风。"又《江南西风萧九撤因话长安旧游》诗中有："时世高梳髻，风流澹作妆，戴花红石竹，帔晕紫槟榔。鬓动悬蝉翼，钗垂小凤

【名词点滴·殿脚女】

相传隋炀帝巡游江都时，牵挽龙舟的女子。唐代颜师古《隋遗录》卷上："至汴，上御龙舟……每舟择妍丽长白女子千人，执雕板镂金楫，号为殿脚女。"清代赵翼《斋前宝珠山茶艳发》诗："又如三千殿脚女，锦衣炫服明江干。"

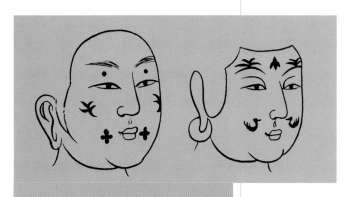

唐、五代面饰式样

行。指胸轻粉絮，暖手小香囊。"可见啼妆是十分素淡的，与啼妆相配的发式为歪向一边的抛家髻，整体感觉是眼噙愁泪，心伤欲碎的样子。

红妆　红妆产生于汉代，面颊以胭脂、红粉晕染呈红色，故称红妆。根据不同的晕染方法又有不同的名称，如桃花妆、飞霞妆、酒晕妆等。唐朝妇女不分贵贱都十分喜爱红妆，五代王仁裕《开元天宝遗事》中记载："（杨）贵妃每至夏日……每有汗出，红腻而多香，或拭之于巾帕之上，其色如桃红也。"

白妆　以白粉扑面，不施胭脂，再配以黛眉，十分素淡，主要为宫中妇女所饰，在民间则是妇女守孝时的装扮。

此外还有慵懒妆、芙蓉妆、血晕妆等，但只是风行一时就被遗忘了，留下来的形象资料很少。

在眉形方面，唐朝妇女可谓是极尽创造才能，由唐初崇尚阔而浓的长眉，到开元天宝年间的细而淡的长眉，再到晚唐短而粗的阔眉，期间变化眉形有几十种。

唐朝还出现了独特的装饰面颊的化妆方法——贴脸的"茶油花子"：有花钿、斜红、面靥，一开始是靠笔描画，后来发展为现成品，存于钿镂银盒内，用

时取出哈气加热就可贴上，十分方便。这种装饰方法在五代发展到极致，贴得满脸都是，十分娇饰。

妇女对嘴唇描画，古代称"点唇"，就是将红的唇脂涂抹于嘴上。这一化妆术自先秦就产生了，并且一直流传至今。所谓唇脂，就是用朱砂加入适量的动物脂膏，使嘴唇增加光泽，十分受欢迎。所以，自古代就经常将点唇的妇女描写为"口含朱丹"。古代妇女都喜欢娇小浓艳、状如樱桃的唇形，唐朝妇女的点唇样式则稍强调圆润饱满。有趣的是，在唐代，不仅妇女点唇，连男子也"点唇"，不同的是，男子使用的是不含颜色的口脂，是用来防止嘴唇干裂的。

唐代妇女贴花子、插钗梳的习俗，到五代时大为发展，弄得满脸大小花鸟、满头大小钗梳。这种打扮主要流行于西北地区，但江南也时兴贴花子的面妆。建阳进"茶油花子"，大小形制各异，宫嫔们镂金于面。脸作淡妆，并以这种花子施于额上，号称"北苑妆"。花蕊夫人《宫词》中"翠钿贴靥轻如笑"句，就是描述这种贴花子的习俗。

五代仕女图
五代
河北丰润王处直墓东耳室北壁壁画
该侍女额部贴花子，面部施淡妆，应是当时流行的"北苑妆"。

于阗公主头饰与面妆
五代
敦煌莫高窟61窟东壁壁画
于阗公主身着高贵的唐制礼服，头戴高耸的大型莲花凤冠，上有花钗步摇，身穿翟衣和帔巾。凤冠和项饰上镶满翠玉宝石。脸部也效仿汉装，精心化妆和贴花钿，既大且密。其装束高贵艳丽，表现出显赫的身份和地位。

第十节　空前彰显奢华的首饰与佩饰

隋唐五代时期，由于细金工等技术的发展进步，金银首饰及佩饰的制作空前精致，异常华贵精美。常见的有发饰、颈饰、臂饰、指环及腰带、玉佩、香囊等。

一、发饰

假髻与巾子

隋唐五代妇女盛行高髻，不仅以假发补充，而且还有假髻，称为"义髻"。据说杨贵妃就常以假髻为首饰，而且好服黄裙，时人语之曰："义髻抛河里，黄裙逐水流。"此外，当时流行的回鹘髻，也是一种假髻。这类假髻，在五代时更与银钗牙梳相配，据《入蜀记》记载，蜀中未嫁少女，梳同心髻，高二尺，插银钗至六只，后插大象牙梳如手大。

巾子俗称"山子"，是幞头下的衬垫

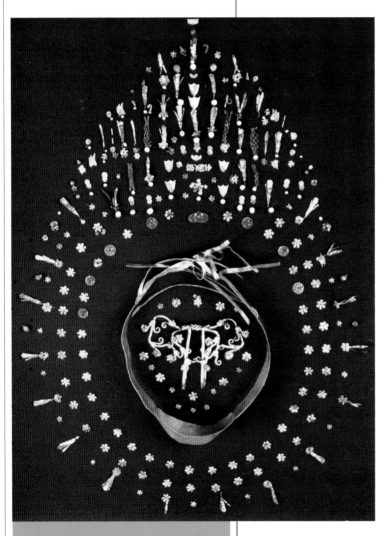

金银宝玉头饰
唐
陕西西安南部出土
这个头饰由各种玉饰、金饰和宝石共109件连接组成，是目前发现的唐朝金头饰中最完整的。

物。《朱子语类·杂仪》中记载："唐人幞头，初止以纱为之，后以其软，遂斫木作一山子，在前衬起，名曰军容头。"幞头外形的变化，取决于巾子的形状，有"平头小样"、"英王踣样"、"武家诸王样"等样式。相传隋末时所创，但并未实施，唐初开始兴起，贵贱通用。五代以后，因幞头形制已多为硬胎，故不再另施巾子。

簪与钗

隋唐五代妇女除用一般的发簪外，有一定身份的妇女还喜簪步摇。"云鬓花颜金步摇"，是唐代诗人对杨贵妃的描写。发钗在隋代常作成双股形，有的一股长一股短，以方便插戴。中晚唐以后，安插发髻的发钗钗首花饰简单，另有专供装饰用的发钗，钗首花饰近于鬓

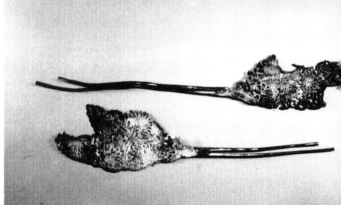

唐鎏金银钗
唐□高37厘米
1956年陕西西安南郊惠家村唐墓出土
□现藏陕西历史博物馆
隋唐五代时发钗的安插方法，常见的有横插法，即两鬓对插，正如唐代阎选《虞美人》词中"小鱼衔玉鬓钗横"之句。所以同一种花钗，都是配对的。这对鎏金银钗，钗头像两扇蝶翅，上镂空成飞蝶、鱼兽及菊花形图案。为了便于使用，其中一根钗股较短，这是唐代发钗的独特之处。纹饰精美，做工精巧，显示出当时皇家作坊金银工艺的高超水平。

花。晚唐五代适应高髻的实用，出现长达30至40厘米的长钗。有的出土花钗，每种都是两件，花纹相同而方向相反，可见是左右分插的。

梳篦

魏晋妇女开头上插梳之风，至唐更

金栉
　　唐□宽14.5厘米，高12.5厘米，重65克
　　1983年江苏扬州唐墓出土□现藏扬州博物馆
　　栉是梳、篦的总称，既可梳理头发，又可作为装饰。妇女在髻上插栉的习俗，早在四千多年前就已经出现，隋唐五代更盛行。不仅插栉，也喜插篦，制作材料有金、银、玉、角等，如诗词中有："翠钿金篦尽舍"、"斜插银篦慢裹头"、"玉梳钿朵香胶解"、"白似琼瑶滑似苔"等句。此栉用薄金片锤镍錾刻而成，蔓草纹为地，衬托两个伎乐飞天。周边用莲瓣纹、联珠纹、鱼鳞纹、蝴蝶纹、缠枝梅花纹等五重纹带。下部剪制成梳齿状。整个纹饰细密繁复，雍容富贵，具有唐朝金银器纹样的典型风格。

盛，到五代时，头上插的梳篦越来越多，有的多到十来把。王建《宫词》中"归来别施一头梳"之句，正是这种风尚的真实写照。汉代的梳多为马蹄形，唐代拉长成月牙形。五代以后梳背变成梯形。隋唐五代时，作为头饰的梳篦常用金、银、铜、玉、犀等高贵材料制作，上饰精细的花纹，极为华丽。

二、项饰与耳饰

项饰
　　隋代的金银首饰制作已非常发达，出土的金项链工艺精湛，华美异常，令人叹为观止。唐代的颈饰，多由项圈与璎珞组合而成。多条项链与高大的义髻、金步摇等相配，更显得豪华富丽，雍容华贵。

耳饰
　　隋唐五代妇女不尚穿耳，也无耳环。虽然在个别唐墓发现了耳环，也多为外民族遗物。宋代以后才开始盛行穿耳，戴耳环。但极个别唐墓出土过耳坠，可以看作由戴耳珰到戴耳环的过渡时期。

嵌宝金耳坠
　　唐□通高8.2厘米，大金珠直径1.6厘米，重21.5克
　　1983年江苏扬州唐墓出土□现藏扬州博物馆
　　隋时妇女不尚穿耳，也无耳环。即使个别唐墓出土，也多为外民族之物。此件耳坠是非常罕见之物，用金丝编制焊接而成。上部挂环中横饰金丝簧，下穿两颗大珍珠。中部为镂空花纹大金珠，中嵌红宝石和琉璃珠。下部为七根相同的坠饰，系花丝金圈、珍珠、琉璃珠、红宝珠各一粒。造型优美，显赫奢华。

三、臂饰与指环

手镯
　　隋唐五代时一般手镯镯面多为中间宽、两头狭，宽面压有花纹，两头收细如丝，朝外缠绕数道，留出开口，戴时可根据手腕粗细进行调节，脱戴方便。有的还能屈能伸，可开可合，构造合理。这类手镯有金银制作的，也有以金银丝镶嵌宝石的，异常华美珍贵。唐宋时期还有在手镯内藏经咒护身的风俗。后代认为戴手镯能辟邪、长寿，正是这种宗教思想遗留下来的传统观念。

条脱
　　条脱即臂钏，又名跳脱。是由捶扁的金银条盘绕旋转而成的弹簧状套镯，少则三圈，多则五圈，八圈，以至十几圈。根据手臂至手腕的粗细，环圈由大到小相连，两端以金银丝缠绕固定，并调节松紧。唐代条脱有两种戴法：一种戴在肘以上的上臂，一种戴在肘以下的小臂。

镶金玉镯
　　唐□外径8.1厘米，内径7厘米
　　1970年陕西西安何家村窖藏出土□现藏陕西历史博物馆
　　由三节等长的白玉组成，每节玉的两头镶金虎头，用金钉铆上，节与节之间由穿扣合，可自由活动。整件物品造型别致，工艺精细，可能是宫廷用品。

指环

戴指环是原始社会流传下来的风俗，汉魏以降，又成为男女青年定情的信物。《全唐诗·与李章武赠答诗》题解中说，中山李章武到华州旅游，与一美貌女郎相爱，同居月余，临别时女郎以玉指环相赠，并写词道："捻指环，相思见环重相忆，愿君永持玩，循环无终极。"可见自古以来，指环就不仅是一种形式美的装饰品，而且也是爱情的象征。

金戒指
唐
现藏扬州博物馆
周围嵌十颗灰色宝石，显得高贵典雅。中间应是一颗大宝珠，已脱落。做工精美，富丽堂皇。

四、腰带与佩饰

蹀躞带

蹀躞带是唐代男女通用的一种腰带，它以皮革为鞓，端首缀镶，带身钉有若干枚带銙，銙上备有小环，环上套挂若干小带，以便悬挂各种杂物。通常悬挂的是刀子、砺石、契苾真、算袋、哕厥、针筒、火石袋七样，称为"蹀躞七事"。蹀

蹀躞带
五代榆林窟39窟甬道壁画

蹀躞带原为西北少数民族用的腰带，游牧民族居无定所，需要随身携带生活杂物，以方便使用。这种腰带约在两晋南北朝时期传入中原，至隋唐盛行。唐代还形成制度，不论文官武将，都要系这种腰带，还规定武将五品以上必须佩挂蹀躞七事。女子男装也可腰系蹀躞带，甚至只留有蹀躞而不佩挂东西，只作为一种时髦的装饰。但是汉族过着定居的生活，腰间东西挂得太多，反而成为累赘，所以在整个唐代二百多年间，蹀躞带的流行时间并不太长，盛唐以后逐渐减少，至晚唐几乎不再在革带上系蹀躞，只保留带銙作为装饰。

革带

革带古称"鞶革"或"鞶带"，指用皮革制成的腰带。唐代的革带男女通用，以绸绢的色彩及带銙的质料区别等级，一般由带头、带銙、带鞓、带尾几个部分组成。带鞓就是皮带，是腰带基础。形制分为两段，前面一段只在一端装一个带尾，在带身钻几个小孔；后面一段饰有带銙，两端各装一个

【名词点滴·镶（jué）】
有舌的环。古用以佩璲。犹今皮带上之套环，带收紧后，以舌纳带孔而固束之。《后汉书·舆服志下》："紫绶以上，缲绲之闲得施玉环镶云。"刘昭注引《通俗文》："缺环曰镶。"

盘龙纹玉带

　　五代□铊尾长19.6厘米，宽8.2厘米，厚1.1厘米；銙长7.8厘米，宽8厘米，厚1厘米

　　1943年四川成都蜀惠帝王建墓出土□现藏四川博物院

白玉带有方形銙7块，圭形铊尾1块。正面均以浅浮雕刻成盘龙纹，背面皆有象鼻小孔，可与鞓连接。革鞓分两节；有銙饰的一节，两端有银扣各一；有铊尾的一节无扣，只在两端打小孔，以便扣结。铊尾背面有阴刻楷书铭文，记载永平五年（公元915年），前蜀王建命工制作玉带，称之大带。此物是了解五代玉带形制及帝王服制的重要实物。

带头，使用时在两侧扣合。鞓的外表多用彩色绸绢包裹，有红鞓、青鞓、黑鞓之分。带头多用两个，左右各一，个别也有只用一个的。通常用金属造成，雕刻花纹，工艺精湛。带尾又称"铊尾"、"獭尾"、"挞尾"、"鱼尾"，原来是钉在鞓头以保护革带的一种装置，后来发展成一种装饰。按规定带尾必须朝下系束，以示对朝廷的忠顺。带銙是从蹀躞带上的饰牌演变而来的一种装饰，成为昭明等级的一种标志。《中华古今注》称："自三代以来，降至秦汉，皆庶人服之，而贵贱通以铜为銙，以韦为鞓。六品以上，用银为銙；九品以上及庶人，以铁为銙。沿至贞观二年，高祖三品以上，以金为銙，服绿；庶人以铁为銙，服白。"

金銙带

　　唐□带扣长2.5厘米，带銙3厘米，铊尾长4.8厘米

　　1971年吉林和龙县八家子渤海2号墓出土□现藏吉林省博物院

由15块方形金带板和两块长方椭圆形金带板、一个挂钩组成。由纯黄金打造，上面原本应饰有蓝色宝石，现在大部分已经脱落，只剩两块遗存。透过这两块带板，可以想象出整条金带的华丽高贵。

佩饰

　　古人对佩饰十分重视，在一条腰带上往往系挂许多饰物。这些饰物，有的具有实用价值，俗称"事佩"；有的没有实用价值，俗称"德佩"或"玉佩"。古人以玉比德，故有佩玉的习俗。男女均可佩带，多用作装饰，也可取下赠人，以表达爱慕之情。

　　唐代除佩玉外，还有一些比较特殊的佩饰。一是由前代眼明囊演变而来的"承露囊"，据唐代封演《封氏闻见记》记载，唐开元十七年（729年），玄宗诞辰，百官献"承露囊"，隐喻沐浴皇恩。民间仿制为节日礼品相馈赠，并用作佩饰。另一是由前代熏炉演变而来的香球。此物初见于汉魏，本为小型的焚香熏炉，唐代则成为佩饰。球体为镂空花纹，可开可合。下半个球体内有两个同心圆机环及一个焚香盂，各部件以相对称的活轴关连于球壁上。不论香球如何转动，焚香盂都不会倾斜。唐元稹《香球》诗中写道："顺俗唯团转，居中莫动摇，爱君心不恻，犹讶火长烧。"反映了这种精巧的结构。

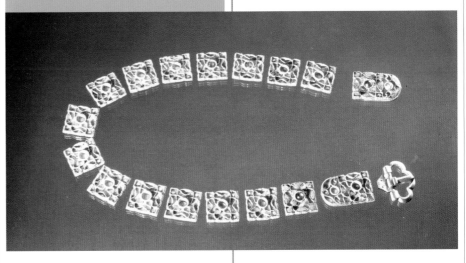

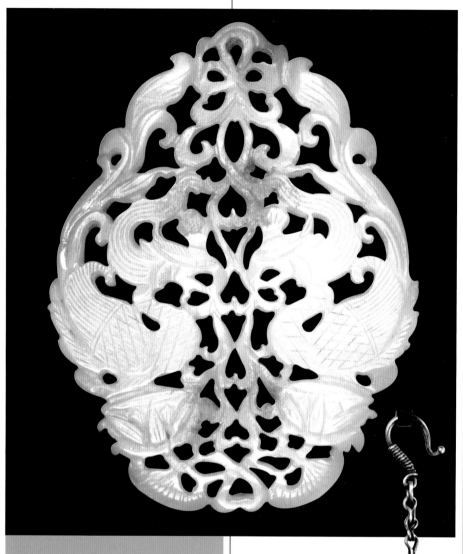

镂雕双凤踩莲玉佩

　　唐□宽4.8厘米，高6.3厘米，厚0.4厘米
现藏故宫博物院
两面镂雕相同纹饰，都是首相向的双凤立于莲
花之上，外有缠枝莲环绕点缀。凤高冠，曲颈，长
尾上卷，并饰纤细的羽毛纹。

镂空花鸟纹挂链银香球

　　唐□通高4.5厘米
1970年陕西西安何家村窖藏出土□现
藏陕西历史博物馆
这种小巧玲珑的香球既可佩挂在腰带上，又可
系于衣袖之中，又称"袖珍香球"。球冠与球底均
以八出团花为中心，外边绕以葡萄忍冬组成的
石榴花。上半球有瑞鸟飞翔于石榴花间。下半球
体内有一焚香金盂，由内外两环支承，可任意转
动，香火不会外漏。这种制作工艺，说明唐代匠
师在掌握同心圆的原理和机械力学方面，已达
到很高的水平。

第十一节 显示帝国强盛气魄的军装

隋唐五代的军戎服饰，在前代基础上，又有很大的进步。军服有战袍与战袄，胄甲也更加精致多样，铠甲有全身披挂的，也有保护胸背的裲裆甲。袍袄与铠甲，或单著，或连服，即外备袍里著铠，称为"衷甲"。

一、隋代胄甲

隋代胄甲基本承继南北朝时的形制，以明光铠为主，也使用裲裆铠。

明光铠初与北魏晚期相似，铠甲通作盆领，胸背左右各佩一圆形护镜，肩上装有披膊。后来在颔下居中部位束一两条甲绊，并在胸腰之间系结，然后左右横束，一直绕到背后。《隋书·礼仪志》记载大业七年（611年）征辽东，"每军大将、亚将各一人，骑兵四十队，队百人，十人为团，团有偏将一人。第一团皆青丝连明光甲，铁具装；第二团绛丝连朱犀甲，兽文具装；第三团白丝连明光甲，铁具装；第四团乌丝连元犀甲，兽文具装"。可见在实战中，主要用铁甲与皮甲，以明光甲为主。

二、唐代军装形制

初唐时形制与隋代差别不大，只在腰下左右各增加了一块"膝裙"，并在小腿部位各加一只"吊腿"。至唐高宗时，前身分为左右两片，每片胸口装一圆形护镜，背部则连成一片。前后两甲在肩部扣联，两肩披膊作两重，上层作虎头状，虎口吐露出下层披膊。唐中宗时，兜鍪的护耳上翻，顶部竖有长缨。肩覆龙首披膊。腰下有膝裙、鹘尾、吊腿。中晚

天王明光铠

隋

敦煌莫高窟380窟东壁壁画

天王身著明光铠，为隋朝军将的铠甲风格。

唐以后，兜鍪护耳翻转上翘，甲身连为一体，背胸两甲用皮带相连，胸腰各束一带，腰带上半露护脐圆镜，已趋向五代形制。这种铠甲里衬战袍，外叠甲片，光泽耀人，配上金属兜鍪和长靿革靴，真是威风凛凛，确实可以振军威，鼓士气。

唐代胄甲以明光铠为主。《唐六典》亦载："甲之制十有三：一曰明光甲，二曰光要甲，三曰细鳞甲，四曰山文甲，五曰乌锤甲，六曰白布甲，七曰皂绢甲，八曰布背甲，九曰步兵甲，十曰皮甲，十有一曰木甲，十有二曰锁子甲，十有三曰马甲。"这些铠甲的具体特征，史书中未加说明。不过借助于出土文物及绘画等形象资料，可以了解到唐代军事将领的胄甲也以明光铠为主。

唐代"将帅用袍，军士用袄"，与前代有所不同。《唐六典》载："袍之制有五：一曰青袍，二曰绯袍，三曰黄袍，四曰白袍，五曰皂袍。"又在将帅袍上绣以狮虎纹章，以示勇猛威武。

唐代制作胄甲的材料有多种，实战

则以金属甲与皮甲为主。金属甲有铁，有铜，有铜铁合用，或涂金银，也可加以五彩髹漆。皮甲用牛、犀、兕三兽之皮制作，犀与兕之皮难得，所谓犀兕者多以水牛皮为之。绢布甲即《唐六典》中所说的白布、皂绢、布背等甲，一般只用于仪卫。《新唐书·徐商传》中记载："徐商劈纸为铠，劲矢不能洞。"这种奇特的纸甲当是应急时制作之物，由于质量轻，容易携带，所以便于推广，据说宋、明尚传其法。

三、五代时的胄甲

五代时的胄甲形制与晚唐一脉相承，是由唐向宋过渡的形制。一般常用于实战的有明光铠与裲裆铠，多为铁铠与皮甲。

王子戎装
敦煌莫高窟217窟南壁壁画
四王子头戴宝珠头盔，身披铠甲，上有护领、护肩及护膊，甲身后有鹊尾，下有吊腿。应是用皮甲和绢布制作的铠甲，显得富丽而高雅。这类铠甲一般只作为武将平时的朝服，或作为礼服以体现统治者的威仪，不具备实战铠甲的防御功能。

三彩陶武士俑
唐□高88厘米
河南洛阳出土□现藏河南博物院
此俑头戴盔，有护耳。上身穿明光铠，有圆形护胸及护心，两肩有护膊。腰束绳索形粗带，下著条纹小口裤，足穿尖头靴。服装色彩十分鲜艳。

第七章
走向内敛雅致的服饰

宋
（公元960年—1279年）

【历史背景】

公元960年，赵匡胤发动了"陈桥兵变"，夺取了后周的政权，建立了宋朝，恢复了全国统一的局面，史称"北宋"。北宋时，契丹后裔辽王朝统治了中国北方，长期与宋朝对垒。1127年，北方女真族政权金灭北宋，宋王室南迁，史称"南宋"。南宋王朝于1279年被元灭亡。宋代程朱理学泛滥，号称继孔孟儒学道统，强调封建伦理纲常，提倡"存天理"，"去人欲"。在这种思想支配下，人们的美学观念也相应变化。反映在服饰上，服式趋于保守、内敛，但不失精致典雅，色彩也流行比较淡雅的中间色。

宋初，官制、军制等几乎全部承袭唐代，衣冠服饰也是如此。至宋太祖建隆二年（公元961年），博士聂崇礼奏请重新制定服制，得到批准。第一次颁布服制实行了七十年，至宋仁宗景祐、康定年间（1034—1041），又作了一次修改，主要是对百官朝服制度作了调整。隋唐冠服皆据品级而定，而宋朝却有"官卑品高"或"官高品卑"的现象，官职与品级不相符合。第三次修订服制是在宋徽宗大观、政和年间（1107—1118）。由仪礼局参照古制，作详细规划，然后绘成图稿，付有司依画图制造。这次更定服制涉及面很广，包括皇帝冕服、诸臣祭服、群臣朝服、命妇服饰等，十分重视恢复旧有的传统。此后虽有变动，只是略有增减损益而已。尽管朝廷规定了服饰的等级制度，但在现实生活中上自皇帝，下至平民，并没有严格的差别，史称"衣服无章，上下混淆"。

宋代各皇帝三令五申，要求服饰"务从简朴"。宋宁宗嘉泰初年，还将宫廷中妇女用的金翠首饰放到街衢点火焚烧，来警示贵宦之家。尽管这些禁例不施于帝王后妃，而就整个社会风尚来看，确实比前代质朴，给人以拘谨、雅致、自然之感。

恢复旧制的宋朝礼服
永乐宫宋朝壁画

136

第一节　理学盛行中的帝后百官服制

一、皇帝服制

皇帝服制最高等级为大裘，立冬祀黑帝、立冬后祭神州大地、冬至祀昊天上帝服之。

其次为衮冕，祭天地宗庙、朝太清宫、受册尊号、元日受朝等服之。

第三为通天冠，正旦、冬至、五日朔大朝会、大册命等重大典礼时服用。

衫袍、履袍和窄袍则均为常服，大宴或便坐视事时服用。

御阅服以金装甲，是皇帝的专用军服。

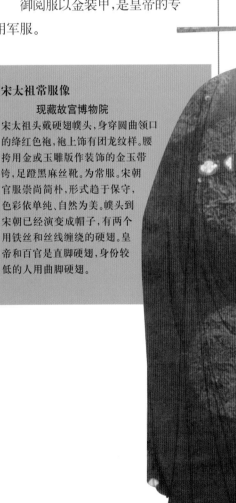

宋太祖常服像

现藏故宫博物院

宋太祖头戴硬翅幞头，身穿圆曲领口的绛红色袍，袍上饰有团龙纹样。腰拷用金或玉雕版作装饰的金玉带铐，足蹬黑麻丝靴。为常服。宋朝官服崇尚简朴，形式趋于保守，色彩依цвет单纯、自然为美。幞头到宋朝已经演变成帽子，有两个用铁丝和丝线缠绕的硬翅。皇帝和百官是直脚硬翅，身份较低的人用曲脚硬翅。

二、诸臣百官服制

诸臣百官的祭服有四种：亲王、中书门下奉祀时服九旒冕；九卿奉祀时服七旒冕；六品以下服紫檀衣，朱裳；太祝奉礼服平冕。另有各种佩绶制度，各据品级服用。

诸臣百官的朝服又名"具服"。朝服或祭服只有在祭祀典礼及隆重朝会时才穿。宋代朝服之冠有三种：貂蝉冠、进贤冠、獬豸冠。元丰三年（1080）定百官服制，以官职决定服饰。宋代官职共分七级，冠绶也分七等。

金丝笼式便帽

由金丝编成，简单而高贵，为官员便帽。

貂蝉冠

貂蝉冠为三公亲王所戴，官居一品也有戴用者，其形正方，左右用细藤织成二片，形如蝉翼，并涂有金银为饰，冠上缀金。

宋
（公元960年—1279年）

137

貂蝉冠　即貂蝉笼巾，方形，两侧有蝉翼般的两片。是宋代朝服一等的冠饰，天下乐晕锦绶。戴时加于七梁进贤冠上，并在左侧插一貂尾，左右各三小附蝉，额前有一大附蝉。

进贤冠　二等，七梁冠，杂花晕锦绶；三等，六梁冠，方胜宜男锦绶；四等，五梁冠，翠毛锦绶；五等，四梁冠，簇四雕锦绶；六等，三梁冠，黄狮子锦绶；七等，二梁冠，方胜练鹊锦绶。

獬豸冠　形如进贤冠，只在梁上加一角。传说獬豸是一种神羊，如麟而一角，善分曲直，所以历来把这种冠给执法者戴之，又名"法冠"。

幞头　宋代男子以硬脚幞头为主要首服，上自天子，下至百姓，均可戴幞头。幞头以漆纱做成帽胎，故又称"漆纱幞头"。宋代百官常服一律戴幞头，只在隆重的祭祀典礼及朝会时才戴冠冕。一般官宦用直角（展角）幞头，仆从、公差等身份低下的人多用交角或局（曲）脚幞头。

诸臣百官公服又名"从省服"，宋代也称"常服"。

百官常朝视事皆穿公服，公服为曲领（圆领）大袖襕袍衫，其首服一律为乌纱展角幞头，两脚长至三尺，据说是为了防止互相交头接耳。但一般场合穿便服时戴软角幞头。到南宋时，冠帽之制渐衰，改为戴幅巾。公服从服色、革带、靴履、章服四个方面区分等级：

服色　宋初三品以上服紫，五品以上服朱，七品以上服绿，九品以上服青。元丰二年（1079），改为四品以上服紫，六品以上服绯，九品以上服绿。

革带　由鞓、铐、扣、铊尾四个部分

文吏木俑
南宋□高36厘米
1953年浙江杭州市老和山宋墓出土□
现藏浙江省博物馆
这件木俑为随葬品。头戴冠帻，身著圆领广袖襕袍衫，双手似持笏供于胸前。为南宋时文吏的一般穿着样式。

组成。鞓是皮带本身，一般分前、后两条。一条钻有圆孔，用来穿插扣针。两端

用金银等装饰，称为铊尾，又名"挞尾"。初较短，后加长，垂至膝间。束时两端必须朝下，以表示对朝廷的顺从臣服。另

加彩男俑
高30厘米
山东曲阜出土□现藏山东博物馆
头戴幞头，身著宽袖长袍，腰系革带，似为官员形象。

【名词点滴·勒帛】
丝织腰带。宋代彭乘《墨客挥犀》卷八："主人著头巾，系勒帛，不具衣冠。"宋代陆游《老学庵笔记》卷二："背子率以紫勒帛系之，散腰则谓之不敬。"

【名词点滴·博鬓】
花钗冠冠旁有两片叶状宝钿饰物，称博鬓。

五代南唐顾闳中《韩熙载夜宴图》

一条缀有并列的饰片，称为铦。铦的服用制度是：方形玉铦只有帝王才能使用，一般用圆形的。三品以上玉带，四品以上金带，五品、六品银铦镀金，七品以上服银，八品、九品以上黑银，余官犀角，庶人铁。恩赐者不在此例。百官朝会礼见，多两手交叉放在胸前，腰带的前边往往被宽大的衣袖遮住，无法看清铦的不同。

公服履制 宋初与唐代同，在朝会上文武百官均穿靴。至政和年间改用履；南宋乾道七年（1171）又改为靴。与前代不同的是，乌皮靴上依服色装饰滚

北宋赵佶《听琴图》中的士人常服
现藏故宫博物院
图中弹琴者头戴束发冠，身穿襦裙，外罩紫衫，作士人装束。据《西清札记》记载，这是宋徽宗赵佶本人的自画像。听琴的两个人，头戴黑漆幞头，身穿圆领襕袍衫，当为官宦常服。

边。服绿者用绿色滚边，服绯者用绯色滚边，服紫者用紫色滚边。

章服制度 鱼袋用金银装饰，挂于腰间以明贵贱，鱼袋中无鱼符。凡服紫或服绯者均加佩鱼袋。如果官职低而又必须佩挂鱼袋时，必须先借用紫服或绯服，称为"借紫"或"借绯"。宋代还有赐金紫或银绯制度，被赐者引以为荣。文学家苏轼就曾得到赐服银绯的荣宠。

宋代因袭五代旧制，遇端午等节日，颁给诸臣时服。所赐时服皆以各种织锦制成，有公服、锦袍、汗衫、铦、勒帛等，各按其职赐给。所赐锦袍有宽窄两式，另加护腰的抱肚。

三、皇后贵妇服制

宋代贵族妇女礼服大抵沿袭初唐服制，宽衣大袖，头梳高髻，衣饰豪华，与晚唐五代大体相似。后妃礼服有四种：祎衣是皇后最贵重的服式，只在受册、祀典、朝谒等重大场合穿用。鞠衣为亲蚕之服。朱衣是乘辇和朝谒圣容时所服。礼衣是宴见宾客时所服。后妃在首服上区别严格。皇

后冠饰九龙四凤，花十二株，小花如大花之数，两博鬓。妃冠饰九翟四凤，花九株，小花同大花之数，两博鬓。

宋代命妇制度也沿袭唐制。皇帝的妃嫔及皇太子良娣以下为内命妇；公主、王妃以下为外命妇；各类品官的母、妻也属外命妇。命妇的品级根据夫和子而定。命妇礼服为青罗翟衣，以花钗冠区别等级：一品花钗九株，翟九等；二品花钗八株，翟八等；三品花钗七株，翟七等；四品花钗六株，翟六等；五品花钗五株，翟五等；五品以下阙制。

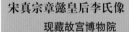

宋真宗章懿皇后李氏像
现藏故宫博物院
皇后头戴等肩冠，后饰博鬓。冠的边缘饰一圈珍珠。耳坠宝珠。身著交领龙凤花鸟纹袍。

宋花钗礼衣
敦煌莫高窟256窟东壁壁画
贵妇头戴凤冠，插角梳和步摇，佩带多重颈饰，面部化妆的花靥依稀可见。著宽袖曳地长袍。花钗礼衣上有折枝花叶纹，穿从头履，宋代的花钗礼衣基本上继承唐制。

宋代已有凤冠霞帔之制，但与后代形制不同，用法也不一样。宋代霞帔是前后二条，上有绣纹。皇后等用龙凤纹，命妇按品级而定，绣各种禽纹。前面下垂三尺多长。两条合处尖端有一个药玉坠子。后垂较短，并拢藏于兜中。

宫中女子或歌舞女子也有穿靴的。女靴头呈凤嘴状，靴靿用织锦制作。红靴流行一时，大概与当时的时装有关，著石榴红裙，穿红鞋红靴，色彩和谐统

一，更添姿色。在朝廷举行最隆重的仪式，穿礼服时，才能穿舄。

加彩女俑
高32厘米
山东城武出土□现藏城武县文物管理所
头梳髻，内著长裙，外罩衫，披披帛，有蔽膝。应为贵妇形象。

【名词点滴·凤冠霞帔】
凤冠为宋代和明代后妃命妇在册封、祭祀、朝见等大典礼时戴的礼冠；霞帔为宋代到清代后妃命妇在册封、祭祀、朝见等大典礼时穿的一种礼服，是披挂在左右两肩的绣着云霞禽鸟花纹的两条彩帛。它最早出现在南北朝，当时只是一般妇女的服饰。隋唐时，人们赞它美如彩霞，因而得名。近代它又成为富贵人家女子穿的婚服。

第二节 等级分明的男子常服

一、士大夫阶层的服饰

士大夫服饰宋初无定制，中兴以后规定：凡士大夫家祭祀、冠婚可盛服。常服以圆领或交领襕衫为主，多为白色。腰间束带，足著黑履，头戴幞头。服装也有不施横襕的，称为"直裰"或"直身"。北宋时，士大夫常穿帽衫；到南宋时，由于紫衫和凉衫的流行，帽衫渐少。

北宋张择端《清明上河图》（局部）
现藏故宫博物院
《清明上河图》是著名北宋风俗画作品，以全景式的构图，描绘了北宋京城汴梁及汴河两岸清明时节的风光，展现了12世纪我国都市各阶层人物的生活状况及社会风貌。全画由三段组成：首段为市郊风景；中段为汴河，中心是一拱桥，车水马龙，是当时全国最热闹的场所；后段为市区街景，男女老幼，士农工商，无所不备。共绘有人物五百余，按一定情节进行组合，劳逸苦乐，高低贵贱，服饰分明，从中可以看到北宋百姓服饰情况。

立，铺席遍布，集市云集。仅与服饰业有关的行业，就有衣行、帽行、鞋行、穿珠行、接绦行、领抹行、钗朵行、钮扣行、修冠子、染梳儿、洗衣服等几十种。《清明上河图》中各行各业的人物，穿着各种身份不同的服装。总的来看，骑马乘轿的人服饰较整齐，多穿长可掩足的袍

南宋马远《月下把杯图》中的士人常服
现藏天津博物馆
此图取材李白《举杯邀明月》诗意，绘二叟相会于明月当空的园林中。二叟一穿襦裙，一穿白衫，均头束幅巾。

二、宋代平民百姓的服饰

宋代百姓服饰也有定制。据《梦粱录》记载："士农工商、诸行百户衣巾装着皆有等差。香铺人顶帽披背子。质库掌事裹巾著皂衫、角带。街市买卖人，各有服色头巾，各可辨认是何名目人。"但是平民百姓的服制，史书记载不详，只有在当时的绘画中可见一斑。其中尤以张择端的《清明上河图》最为难得。当时北宋首都汴京（今河南开封），店堂林

《清明上河图》中的劳动者（线图）

孝子送终俑群
　　宋
　　现藏江西省博物馆
为宋代平民孝服。

定窑孩儿枕
　　　北宋□长30厘米，宽11.8厘米，高18.3厘米
　　　现藏故宫博物院
传世品。此枕造型为一伏于榻上的小孩儿，小孩儿的背为枕面。小孩儿头梳鹁角，身穿长衣，外著坎肩，内著长裤，足蹬浅口鞋，为定窑瓷器中少见的精品。

衫；占画面主要部分的劳动者，服饰则比较随便，有敞开衣襟的，有卷起袖子的，有头裹幅巾的，有腿裹行縢（绑腿）的等等。大都下摆处开衩，有的还将一边的一角提起，塞在腰带上，以便于行走劳动。劳动人民的衣衫比以前各个朝代更短、更窄，真正成为"短衣汉子"。

　　在宋代的绘画及传世文物中，儿童的形象较多，从中可以了解宋代儿童的服饰情况。

　　儿童服式男女区别不大，一般上身穿长衣，下身著长裤，有的腰间系带。如果天气比较寒冷，长衣之外还可加著坎肩。夏天上身也可只著背心。

　　儿童一般以穿鞋为主，有锦履、麻鞋等。劳苦人家的孩子则常赤足而行。

三、男子冠巾鞋履

　　幞头　宋代幞头不限于黑色，在喜庆等隆重场合也可用些鲜艳的色彩，还可用金色丝线在幞头上制作各种花样，称为"生色销金花样幞头"。南宋时临安（今杭州）风俗，男女成亲，在结婚前三日，女家必须向男家送"罗花幞头"，以答谢男方聘送之礼。据宋人笔记记载，当时城市街坊中都有现成的幞头出售。

　　巾　由于幞头成为文武百官的规定首服，黎民百姓渐多不用，而以裹巾为雅，幅巾又重新流行。幅巾的样式很多，有的以名人的名字命名，如东坡巾；有的以文学作品中人物所戴巾式命名，如"胡桃结巾"、"仙桃巾"、"逍遥巾"等。

　　帽　书生常戴用幞头光纱做的京纱帽或用南纱做的翠纱帽；士大夫常戴子瞻（苏轼）样高桶帽或方耸的"方山

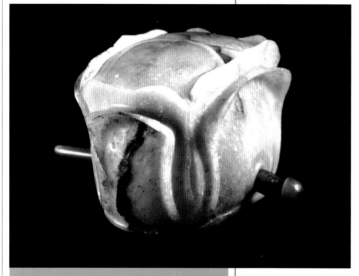

玉发冠

宋□高6.5厘米，纵长9.5厘米，横宽6厘米，簪长10.4厘米

1971年江苏苏州毕沅墓出土□现藏南京博物院

白玉制成，有褐斑。冠呈长方体，并有玉簪贯穿。是一种戴于发髻之上的贯发用具。中国古代男子二十岁行成人礼，结发戴冠。冠不仅是礼仪性的饰品，也是区别士人与庶人等级的服饰。

东坡巾

苏东坡头上的巾帽即为东坡巾，为宋朝士大夫的标准冠服之一。

子"帽；未有功名之人常戴席帽，即大裁帽；教坊、诸杂剧人则戴浑裹；仪卫、教官等常戴抹额；渔翁雨雪时可戴笠帽；挡风避寒时则戴风帽，花样繁多，根据不同身份和需要来穿戴。平民百姓中，常戴冠者为道士，常见的有道冠、黄冠、五岳灵冠和雷巾等。

鞋　鞋穿着方便，做工都简单，因此宋代不论贵贱、男女，平常都穿鞋。鞋有草鞋、布鞋、棕鞋、蒲鞋等，以其材质命名。男子鞋头，有圆头的、方头的、尖头

男子冠帽插花

四川大足石刻

这种是宋代的一种男子装饰习俗。

的；鞋帮中有一条梗的、两条梗的。

木屐　到宋代，士大夫和一般百姓也常穿木屐。以南方为多，张安国的诗中就有"我家江南山水窟，日日行山劳屐齿"之句。木屐的形状，最早见于南宋马远的《雪屐观梅图》。

织锦皮帽

1957年新疆若羌阿拉尔出土□现藏新疆维吾尔自治区博物馆

此帽极富游牧民族特色，应为北宋时北方少数民族所戴。由帽顶和帽身组成，顶呈覆斗形，口为喇叭状。以织锦为面，图案为横式带状两组，一组为联珠纹，一组为云燕纹。里料为细毡，缘镶兽皮毛。

第三节 以修长为美的女服

一、妇女常服

宋代贵妇礼服仍沿袭隋唐服制，宽衣大袖，头梳高髻，衣饰豪华。而一般妇女的常服，却时兴窄、瘦、长、奇，以修长为美，与隋唐五代大不相同。妇女最普通的装束，是上身穿袄、襦、衫、背子、半臂等，下身束裙或裤。衣料质地有罗、纱、锦、绫、縠、绢等，毛织物不多见，棉布还不普遍。刺绣技术有新发展，往往应用在服饰上。服装的色彩也打破唐代以红、青、紫为主的习俗，多用粉紫、葱

镶花边罗女背子
宋
对襟处镶花边，为整件衣服增色不少。

佚名盥手观花图页（局部）
宋
现藏天津博物馆
图中女主人头梳环髻，戴勒帛。颈饰璎珞。身著窄袖曳地长裙，肩披披帛，形象优美，情态端庄典雅。两侍女系腰裙，垂绥带。为当时流行装束。

宋代贵妇服饰
敦煌莫高窟192窟东壁壁画
贵妇头戴花钗冠，插角梳，眉间有花靥，面颊红粉妆。著襦裙和披巾，穿丛头履。

烹茶画像砖
北宋□宽16.2厘米，高35.2厘米，厚2.2厘米
传河南偃师出土□现藏中国国家博物馆
画像砖上梳妆女头戴高髻，为宋时流行式样。身穿宽领对襟背子，下系长裙，腰穿围裳，胸前露斜格纹抹胸。右侧下垂佩玉环绶。足穿翘尖履。

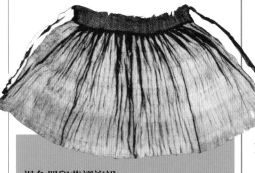

褐色罗印花褶裥裙
南宋
是南宋贵族妇女的时尚服饰。穿在长裙外围。质地透明轻薄，用每厘米经线和纬线各二十六根交织而成，并有小团印花，色彩淡雅。裙褶疏密有致。

白、银灰、沉香等中间色，淡雅文静。衣饰花纹也由唐代比较规则的图案，变为写实的折枝花卉及禽兽等，生动自然。

背子，又称"绰子"，是宋代最具特色的女服。特点为直领对襟，腰身为直线形，两边开衩。穿时衣襟敞开，露出里衣，称做"不制衿"。里衣除贴身穿的抹胸外，在襦裙外腰间束一件腹围。宣和年间，士庶竞相以鹅黄色制作，称"腰上黄"。穿背子有正式的规定：贵族妇女当常服；平民妇女既当常服，又当礼服；男子只能作衬服或非正式礼服。

裙在保持晚唐五代遗风的基础上，时兴"千褶"、"百叠"裙。裙腰下降至腰间。腰间系带并佩玉环绶。玉环绶的作用主要为压住裙幅，使它在活动时不会随风飘舞，影响雅观。

二、平民女子服饰

上衣　在宋代，地位卑下的妇女，如侍女、丫环等，一般常穿半臂、背心、裲裆等。半臂有袖而短，背心则无袖。裲裆则长仅及腰，长至膝下则为长背心。

裤　劳动妇女或杂剧中的妇女有不穿裙而穿裤的情况。本来汉族女裤是无裆的，外边要穿裙。到唐代，妇女已有穿合裆裤的。宋代妇女在劳作等场合，多有穿合裆裤而不穿裙的。

女著男装　隋唐时女著男装盛行，

养鸡婆
宋
四川大足石刻
头梳高髻，身著交领窄袖上衣，腰束带。为劳动妇女装束。

至晚唐五代稍有收敛，到宋代宫中嫔妃侍女和仕宦之家的婢仆等仍保留这一习俗。她们头上或戴幞头，或扎巾子，或露髻；上身穿圆领或翻领窄袖缺胯衫，下身穿小口裤；腰系革带；足蹬靴履。至于士庶阶层，女著男装已不多见。

三、女子鞋履

女子鞋头有凤头、云头、尖头等。女鞋流行红色和刺绣的鞋，有绣鞋、锦鞋、缎鞋、凤鞋、金缕鞋等名称。特别是宋代妇女已有裹脚缠足的，小脚的鞋头小而且尖。文学作品中所描写的"金莲"，就是指这类女鞋。宋代妇女开始流行裹足。裹足习俗源自南唐，后主李煜命宫女妃嫔缠足，后来逐渐流行至京城以外。苏轼写过一首描写教坊乐籍的舞女仿效"宫样"缠足的词："涂香莫惜莲承步，长愁罗袜凌波去；只见舞回风，都无行处踪。偷穿宫样稳，并立双趺困，纤妙说应难，须从掌上看。"

佚名《蚕织图》
南宋
现藏黑龙江省博物馆
此图画江南蚕织护养蚕、织帛的生活情景，图中妇女皆著长裙背子。

宋代纺织业比较发达，纺织品名目繁多，分为丝、麻、棉三类，以丝织业为主。尤其是织锦，进入了发展的全盛时期。宋代的织锦以产地命名，最有名的是四川的蜀锦、江浙生产的宋锦和南京生产的云锦。蜀锦历史悠久，宋代地位又突出起来，到南宋时已达40多种。图案有写实的山水、花鸟、人物、禽畜；有写意的瑞草、云鹤；还有传统的狮子戏球、天马行空、百花孔雀等。由于织造华美，绚丽多彩，蜀锦与定州缂丝、苏州苏绣成为宋代纺织品中的三大名产。宋锦是宋代才开始流行的，它继承了唐以来的纬锦织造技术，用彩纬加固结经，形成纬三重起花。在几何骨架中穿插写生花鸟、龙凤、三友、暗八仙等祥瑞图案，花纹不像唐锦那么活泼大朵，色彩也不像唐锦那么华丽，却更显秀丽典雅，具有浓厚的民族风格，对明清的织锦影响很大。

除织锦之外，宋代还有一些工艺独特的高质量丝织品，如号称天下第一的"东绢"（产于京东），定州的缂丝，单州成武县（今属山东）的薄缣，越州（今浙江绍兴）罗的新品种万寿藤、七宝火齐珠、双凤绶带，梓州的八丈阔幅绢、明州（今浙江宁波）的奉化绌、抚州的莲花纱及醒骨纱等等。其中缂丝最负盛名，它的工艺由实用转向欣赏，模仿名家书画，创作出许多精品。宋代的刺绣也十分发达，也形成实用性刺绣与欣赏性画绣两大类，针线细密，设色精

刺绣梅竹鹦鹉图
南宋□长28.3厘米，宽27.7厘米
清恭亲王所藏□现藏辽宁省博物馆
绢本，为《宋刻丝绣线合璧册》中之一。图中绣一横斜梅枝，竹叶掩映，枝上立一转头下窥的鹦鹉。鹦鹉色彩绚丽，用平针手法处理，丝理依鸟羽方向变化，宛然如生。

缂丝紫鸾鹊谱
北宋□长55.6厘米，宽131.6厘米
现藏辽宁省博物馆
紫色熟丝地，彩色纬丝织花卉鸾鹊。此件图案每组由五横排花鸟组成，花以牡丹和西番莲为主，衬以荷花、海棠等，鸟以鸾和鹊为主，纹样犹存唐风。当一组图案制成之后，改换纬梭的色线，再就原图案继续制作。这种只改换纬梭色线反复出现同一图案的方法，正与锦的图案相似。为北宋整幅缂丝的传世孤品。

妙，形象生动，光彩夺目。

我国的棉花是从巴基斯坦、印度等国传入的。最早种植于南方、西南和西北地区，三国时期，棉花的种植已遍及珠江、闽江流域。唐代时，西域少数民族在与内地汉族交往的同时，将大量棉织品输入中原，棉布已广传中原，并成为一种普通的纺织品。宋代时，著名的纺织革新家黄道婆从松江来到海南岛，学习了黎族的纺织技术，带回家乡，为我国特别是长江下游的棉花种植和纺染技术做出卓越的贡献。南宋时云南、广西、广东等地生产的"斑布"闻名全国。

宋朝官营纺织业和民间纺织业均发展到一个新高度。宋灭后蜀之后，建

【名词点滴·缂丝】

中国特有的丝织手工艺。又称刻丝。织造时，以细蚕丝为经，先架好经线，按照底稿在上面描出图画或文字的轮廓，然后对照底稿的色彩，用小梭子引各种颜色的纬线，在图案花纹需要处与经线交织，故纬丝不贯穿全幅，而经丝则纵贯织品。织成后，当空照视，其花纹图案，有如刻镂而成。早在汉代就有记载，兴盛于宋代。

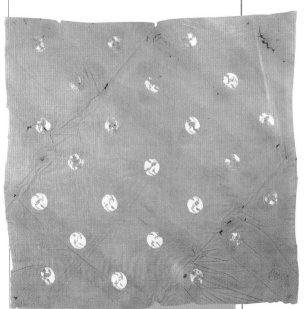

末元初人薛景石编《梓人遗制》一书的记载，宋末木机已发展为华机子（提花机）、立机子（立织机）、罗机子（专织纱罗纹织物）、小布卧机子（织一般丝麻织物）等，工艺已经十分先进。

棉毯

南宋□长251厘米，宽116厘米，重1580克

1966年浙江兰溪出土□现藏浙江省博物馆

全毯纯用古亚洲棉织成，素色。正面有用81枚开元通宝和北宋钱币排成三个相连的菱形图案的铜绿痕迹。此毯为南宋秘书丞荆湖南路转运使潘慈明妻高氏的随葬品，是迄今所见最早和较完整的棉织佳品。它反映了南宋时期江南地区棉纺织业高度发展的水平。

对飞团鸾双面绣经袱

北宋□长49.5厘米，宽48厘米

1966年浙江瑞安慧光塔出土□现藏浙江省博物馆

此件为包裹经卷用的经袱。以杏红色罗为地，用白粉剂印纹，配黄、白、古铜色丝线，绣成双面25朵对飞鸾团花。绣工精细，质地轻薄，是迄今所见双面绣品中年代最早的作品。反映了北宋在纺织科学技术上的卓越成就，在研究中国古代刺绣艺术史上也占有重要地位。

灵鹫双羊纹锦袷袍

现藏新疆维吾尔自治区博物馆

交领，窄袖。面料为灵鹫球纹锦，色彩鲜艳，华美异常。应为宋代北方少数民族所著长袍。

立绫锦院，与之相配合，又设置裁造院和染院。宋徽宗时，又设文绣院，有刺绣工300余人，规模空前。皇室又拥有后苑作坊，除东京外，成都梓州（今四川三台）、西京（今洛阳）、真定府（今河北正定）、青州（今山东益都）、江宁府（今南京）、润州（今江苏镇江）、大名府（今河北大名）、湖州（今浙江吴兴）、杭州等地均设有官营纺织机构。民间纺织业也是南、北并行发展，在最发达的地区，除了以丝织为业的机户、柜户外，还出现了"机坊"、"染肆"等，它们雇用工徒，已经开始从家庭副业向专业化手工业发展，纺织技术提高到古代的巅峰阶段。据宋

第五节 内秀的妇女发式与化妆

宋朝是中国封建社会由鼎盛转为衰落的一个转折时期，由唐朝的胸怀博大、对外开放，转为中央集权，加之程朱理学的传播，由此表现出清秀圆润，内秀而不外露的审美特质。

一、发式与头饰

宋代妇女在发式上还是继承了唐朝的高髻，但在形式上不像唐朝那么变化多端，瑰丽怪异，主要分三个阶段，徽宗时为大髻方额；然后尚急把、垂肩（冠帻成"等肩"），也就是在脑后挽一个垂肩的发髻；宣和之后则为"云尖巧额，鬓撑金凤"，顾名思义就是将额头的发丝修饰成数朵云朵状，两鬓簪金钗，以秀丽典雅见长。

宋初京都的妇女用漆纱和金银等制成发冠，再在上面饰以数把白角大梳，就制成了"冠梳"。冠梳的形制逐渐扩大，有的经达三尺之长，当时称"大梳裹"，由于尺寸太大以致于影响正常的走路、乘轿。

宋朝妇女除了冠梳之外，还喜戴花

《蚕织图》图中同心髻妇女
现藏黑龙江省博物馆
妇女的发式为当时十分流行的"同心髻"，具有鲜明的时代风格。就是将发丝集于头顶，然后挽成一个圆形的发髻，简单大方。属宋徽宗时期的"大髻方额"式。

花冠
四川大足石刻
所藏花冠类似于重楼子花冠。

冠。花冠先是用各色鲜花插在冠帽上制成的，由于鲜花不经时日，后来便用罗绢，通草或彩纸等制成假花，有的还配以金银等装饰。花冠大多仿牡丹芍药等名花制成。仿牡丹花制成花冠称为"重楼子"。以四季花制成的花冠，称为"四季花"、"一年景"。此簪花样式，在南宋男子中也使用。所谓"牡丹芍药蔷薇朵，都向千官帽上开。"

宋代妇女流行裹头。裹头习俗自唐代始，妇女流行戴五尺见方的皂罗，也称为"幞头"。宋代时，农村妇女外出都戴上皂盖头。毛翊诗中写道："田家少妇最风流，白角冠儿皂盖头。笑问旁人披得称，已遮日色又遮羞。"将盖头遮羞挡风沙的作用说得十分清楚。新娘戴盖头也源自宋代。据《梦粱录·嫁娶》记载，临安府富家男女，在结婚前三天，由男家送给新娘一些催妆礼物，其中就包括销金盖头。在举行婚礼时，新娘要戴上盖头，由男家夫

苏汉臣《秋庭戏婴图》中的孩童
南宋□长22.8厘米，宽18.2厘米
现藏台北故宫博物院
图中描绘秋天时一户富家庭院里，姐弟俩玩着小玩具的情景。姐姐头梳抓髻，身穿交领长衣，下穿长裤，腰系带。弟弟头顶梳一鹁角，上穿长衣，下穿长裤。

妇双全的女亲，用秤杆或机杼挑下新娘的盖头，新娘方露出花容月貌来。

据《宋史·五行志》记载，宋代童孩削发，必留比大钱形状大一些的头发于头顶左侧，称之为"偏顶"。或留之于头顶前侧，束以丝缯，像"博焦"的形状，称为"鹁角"。女孩稍大一点则作若干小髻的装束。

二、化妆

由于社会的变革和思想等诸方面的影响，宋朝妇女的妆面显然不及唐朝那般瑰丽多姿，相比之下要简洁秀丽得多，由于淡妆的缘故，宋朝的妇女很重视皮肤的保养。她们以石膏、滑石、腊脂、壳麝、蚌粉和益母草等调配成"玉女桃花粉"，擦拭后具有祛除斑点、滋润肌肤的功效。

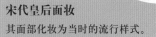

宋代皇后面妆
其面部化妆为当时的流行样式。

第六节　简洁而精致的宋代首饰与佩饰

宋代由于民族矛盾激化，财政困窘，政府多次下令提倡节俭，如限制衮冕缀饰不用珠玉，内廷自宫中以下不得用销金、贴金、织金装饰衣服，不是命妇之家不能以金为首饰，不能以真珠装缀首饰和衣服等等。因此，宋代首饰配饰等物，出土实物不如前代丰富。但是从工艺水平来看，还是做工精细，工艺水平不让前代。主要首饰及配饰有：

一、发饰

从敦煌莫高窟98窟供养人壁画的供养人装扮来看，北宋初年时，河西地区贵族妇女头上盛插花钗梳篦，佩戴珠

鎏金银簪

南宋□长19.5厘米，宽2.2厘米，重11克
1983年浙江永嘉下嵊宋代窑藏出土□
现藏永嘉县文物馆
鎏金龙纹银簪以镂空缠枝花衬地，边沿刻细珠纹，中间压印龙纹，腾而起，直逼火球。龙的颈、腹、尾又分别錾刻一朵菊花。造型玲珑剔透，反映了宋代高超的工艺水平。

宝项链的风气比五代时更盛，依然保持了唐代的风格。宋代出土的发饰实物，有梳、钗、簪、金钿等。插

在头上的银梳，主花纹有狮、虎等，主花周围还有繁缛的花饰陪衬，精工富丽。钗簪不仅用金、银、玉等做成，

鎏金嵌珠银金翅鸟

南宋□通高18.5厘米，重125克
1978年云南大理三塔主塔塔顶发现□
现藏云南省博物馆
鸟作张翅欲飞状，头顶饰羽冠，呈火焰状，上面镶嵌五颗水晶珠。周身遍刻羽毛，足踩莲花座。

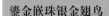

而且还出现了用玻璃做的，通体透明、晶莹剔透。

宋代上层妇女不仅沿袭唐、五代以来的高冠、花冠，而且冠形更加高大。有

【名词点滴·玳瑁】

指玳瑁的甲壳。亦指用其甲壳制成的装饰品。玳瑁为爬行动物，形似龟。甲壳黄褐色，有黑斑和光泽，可做装饰品。《汉书·东方朔传》："宫人簪玳瑁，垂珠玑。"南朝宋鲍照《拟行路难》诗之一："奉君金卮之美酒，玳瑁玉匣之雕琴。"

一种"重楼子花冠"，高有三尺。宋仁宗时，宫中用白角为冠，加白角梳。皇祐初曾规定，冠广不得过一尺，高不得过四寸，梳长不得过四寸。到宣和时，白角改为用鱼魫，梳子则以象牙、玳瑁来做。《宣和遗事》中描写宋徽宗宠幸的妓女李师师就有"亸肩高髻垂云碧"的打扮。冠后屈四角下垂至肩，时称"亸肩"。

二、耳饰

中国古代妇女，汉魏时喜用珥珰，一般不用耳环；唐代妇女不尚穿耳，也无耳环。只有到宋代以后，由于穿耳之风盛行，才有大量耳环实物传世和出土。宋代耳环繁简不一。简单的只有以一根粗细各半的铜丝弯成一个圆环；复杂的制成各种花样，枝蔓缠绕，做工繁缛。宋代妇女喜戴耳环，但很少有人佩戴耳坠。

三、颈饰

宋代颈饰多为金项链，一般带坠。在出土实物中，有一个俯地爬行的金娃娃坠，手持方环，背负荷花，寓意多子多福，造型比较奇特。宋代戴锁习俗也已出现。

除项链锁外，宋代妇女还用念珠作为颈饰。念珠本是佛教诵经时用以计数的串珠，也称佛珠或数珠，珠串少的十四颗珠子，多的一百零八颗珠子。按照佛教的说法，一个人若能将经文反复诵念若干遍，就可以避免一切灾难，念珠就是用来统计念经次数的一种工具。在佛教盛行的时代，颈部佩挂念珠就成为一种时髦的装饰。福州宋黄昇墓的墓主是一位年青的贵族妇女，从她的墓中出

剖鱼画像砖
　　北宋□宽24.1厘米，高34.1厘米，厚2.2厘米
　　河南偃师出土北宋画像砖□现藏中国国家博物馆
正在烹饪的妇女梳高髻，身着交领上衣，腰系围裙，挽袖露出臂上的套镯。

土了两百多件衣物，然而在她的颈部，只发现挂着两串木质念珠，再无其他饰物，可见念珠是当时妇女的流行颈饰。

四、手饰臂饰

男女之间以馈赠指环来定情，在宋代已成风气，指环在女子心目中，是一件很重要的定情信物。宋代的戒指，有纯用金银打造的，也有嵌宝的，样式繁多。

手镯是宋代妇女常见的臂饰。除手镯外，跳脱也是一种普遍使用的臂饰，但是跳脱的

佩戴位置，已经下移到手腕部位，成了一种腕饰。除贵妇、宫女外，普通妇女也可佩戴。

五、腰饰

自五代以后，男子革带已不流行悬挂蹀躞，带铊也演变成双铊式。带鞓束在腰部之后，前后均可加装銙牌，成为突出的装饰，带扣也变成腰间的装饰品。

此外，荷包、香囊、玉佩等，也是常用的腰饰。荷包的前身是荷囊，是用来盛放零星细物的小袋，荷包的名称出现在宋代以后。香囊是用来贮放香料的小袋，又称香袋。香熏是用来熏香味的配饰，一般用金银制成球形，故又称香球。但宋代以后，还有做成其他形状的。

觿是一种用骨角制成的锥形饰物，形似牛角。本是用来解结的一种小型日用工具，后来演变成一种配饰，不分男女，都可佩戴。汉以后，佩觿之风不再流行。宋代时，只在出于怀古之情时，才会佩戴以增雅趣。

缠枝花卉纹金带
　　宋
此金带是宋朝官员束在腰间的大带，也是区别官职的标志之一。带上缀有一排方形或圆形的饰片，以不同数量和质料区别等差。

第七节　宋代的歌舞杂剧服饰

宋朝商业繁荣，城镇兴旺，市民成为新兴的社会阶层。适应社会的这种变化，城市的文化艺术走向通俗化，出现了很多切合市民阶层口味的表演艺术。其中最能体现世俗文化的，就是戏曲和说书。

中国戏曲发展到宋代，已明确地分成歌舞和杂剧两种不同类型的表演形式，服饰也各不相同。歌舞演出从晚唐开始，即不限于单纯的舞蹈表演。到宋代，"舞队"是指包括武术、杂技、说唱等的游行表演。民间欢度节日以歌舞为主，称为"社火"。宋代歌舞，由宫廷走向民间，出现专业艺人，组成班社，开辟固定的表演场地，相互竞争。表演题材扩大，内容更加丰富，出现了鲜明的人物形象。

宋代杂剧是在传统的俳优基础上形成的演出方式，与现在的曲艺相似。剧中人物虽没有规定，但一般只有两个角色：一个"副净"，机智灵活；一个"副末"，呆板愚蠢。两人相互配合，以滑稽的动作，俏皮逗笑的语言进行表演。服饰也根据剧情内容和角色的特点更加造型化。

"说书"又叫"说话"，即讲故事。从事"说书"的人称为"说书人"或"说话人"，表演说书的剧本叫"话本"，以通俗白话文构成，间杂诗词。内容分为"小说"、"讲史"、"说经"和"说浑话"四类。说书人在表演时，也要穿上有别于生活的"舞台服装"。

伎乐俑

江西景德镇出土□现藏江西省博物馆
这两个伎乐俑反映了说唱艺人的生动形象。男女皆身著宽袖长袍，有别于当时的流行服饰。为"舞台服装"。

丁都赛砖雕

北宋

现藏中国国家博物馆

砖上刻画了北宋晚期著名的杂剧艺人丁都赛表演戏曲的情景。头戴叶状饰物，身著窄袖长袍，腰系带，足蹬短靴。

第八节　内忧外患中的宋代军装

宋朝是个重文轻武的时代，但是自立国以来，却不断受到外患困扰。北宋时有辽和西夏，南宋时有金和蒙古，与宋朝长期对峙，战争时有发生，军戎服饰也在这个过程中进一步形成定制。铠甲制作精良，达到中国古代铠甲

三彩陶武士俑
南宋□高95厘米
传邛窑产品□现藏四川大学博物馆
头戴黄色冠，面部呈黄色，双目凝视前方，蓄上翘式八字须，眼珠和胡须呈深棕色。身穿绿色袍服，肩部及下裳两侧有鳞甲纹，胸前饰黄色护胸镜。双手交于胸前，直立于踏板之上。

宋陵武将
河南巩义市（旧巩县）
头戴兜鍪，披护肩和护髆，全身披甲。

制作的高峰。

宋代铠甲有铁质、皮质、棉布三种，有金装甲、长齐头甲、短齐头甲、金脊铁甲、连锁甲、锁子甲、明光细钢甲、黑漆顺水山字铁甲等多种式样。由于火器炸药使用于实战，总体来看，铠甲普遍有增厚增重的趋向。据《宋史·兵志》所载，有的全副铠甲共有1825片甲叶，重至49斤左右。穿着这样的铠甲，行动自然大受影响。南宋时制作一种轻甲，长不过膝，披不过肘，同时将兜鍪减轻，以便行动轻捷，躲避火器的袭击。

宋代的军戎服饰，一种是用于实战的，另一种是用于仪卫方面的。铁甲、皮甲一般用于实战，布甲则用于仪卫。布甲只用黄绨（粗帛）为面，以布作里，以青绿画成甲叶的纹样，并加红锦缘边，以青绨为下裙，红皮为络带。长短至膝，前胸绘有二目，自背后至前胸缠以锦带，并有五色彩装，这就是《梦粱录》中所描写的卤簿仪仗中的"五色介胄"。

在作战或日常巡逻时，有时也不穿铠甲，而穿用比较轻捷灵便的军士装束。《宣和遗事》中就有巡兵"腿系着粗布行缠，身穿着鸦青衲袄，轻弓短箭，手持闷棍，腰挂环刀"的描写。唐宋以来，军服等级的区分，大体是"将帅用袍，军士用袄"，已成定制，影响远及后代。

在实战中，军将士卒需要人身防御的盔甲，战马也需要有所保护，因此战马也有马甲。比较完整且作全身保护的马甲，大致出现在南北朝时期，宋代仍然使用，并有所发展。在宋人与金人的战争中，金人就利用骑兵的特点，皆重铠并带索联骑，号称"拐子马"，后被名将岳飞以钩镰枪破之。可见当时不仅宋军使用马甲，马甲应是重装骑兵普遍使用的防护装备。

第八章
尽显草原风情的服饰

辽、金、元
（公元907年—1368年）

【历史背景】

五代十国以后，与两宋并存的，有北方的辽、金、蒙古(元)、西夏政权。公元907年，辽太祖掌握契丹军政大权，后来建立了辽国。1125年，金灭辽；1234年，蒙古灭金；1276年元灭南宋，蒙古族入主中原。1368年，明灭元。其间1038年大夏国建立，1227年为蒙古族所灭，历时190年。辽、金、元、西夏都是北方的游牧民族政权。从服饰上来看，这四个王朝都拥有一个共同的特点：既沿袭汉族服饰，又具有本民族的特色，同时他们与汉族服饰的相互影响又非常鲜明。

辽国从辽太宗开始，采取"一国两制"，"官司分南北，以国制治契丹，以汉制待汉人"。与此相应，反映在服制上，皇帝及南班臣僚用汉服，即国主与汉族官僚承袭晚唐五代遗制；皇后及北班臣僚用国服，即国母与蕃官服契丹族服饰。自金灭辽后，契丹族已逐渐消亡，要想对当时他们的服饰情况作真切的了解，就只有借助于当时契丹人生居死葬的地上建筑遗址与地下的墓葬。辽代墓葬及遗址的考古，是中国考古界成果卓著的领域之一。庆陵地宫、陈国公主与驸马合葬墓、耶律羽之家族墓地、宝山辽墓、弯子山辽墓等等，当这一个个契丹贵族墓葬的地宫被打开时，那异彩纷呈的幅幅壁画，鲜艳夺目的各种服饰，琳琅满目的种种随葬品，记述着契丹族昔日的辉煌，也为我们了解辽国的服饰提供了最好的实物资料。

金国章宗仿照辽、宋制度，建立起一整套中央集权的官制，这种官制也自然地反映到服制上来。所以金代服饰虽基本上保留着女真族的形制，而法定服制却承袭辽代。天辅五年(1123年)开始议定礼仪制度和服制，官制与服制均参酌宋制，从此一改过去的朴素。金章宗定都燕京后，舆服制度更进一步采用宋式，与汉族传统的礼服制度就更少区别了。但据史籍记载，金代盛行火葬制度，死后大多不用棺椁，连同生前贴身的奴婢及所乘鞍马一同"生焚"。金代建国以后，受汉族文化影响，也使用了棺椁制度，却仍保留了火葬旧习。考古学家认为金代的墓葬过程是：先将尸体焚化，然后将骨灰及随葬品一起装入木棺。入葬以后在墓穴中进行第二次焚化，整个木棺化为灰烬。在北京、辽宁、内蒙古、黑龙江等地出土金墓均可看到这种迹象。由于这个原因，金代服饰实物遗存甚少，只有金齐国王完颜晏夫妻合葬墓等提供了难得的实物资料。要明白金代的服制，主要还是借助于文献及画迹、墓葬砖雕。

蒙古族入主中原后，受汉族影响，服饰日趋华丽，有仿效汉族贵族服饰的，有随意使用龙凤图案的，制度比较混乱。至治三年（1323年），元英宗制订元律《大元通制》，推行新法，其中也制订了服制，"大抵参酌古今，随时损益，兼存国制，用备仪文"。所以元代服制既沿袭汉族制度，又拥有本民族的制度。元代法律严分民族的界限和等级，把各族人民划分为蒙古人、色目人（包括阿拉伯、波斯、欧洲人等）、汉人（包括以前金辖区汉人及其他民族）、南人（包括以前宋辖区汉人及其他民族）四个等级。蒙古人和色目人是社会上层，汉人和南人是社会下层，四等人在各个方面都是不平等的，反映在服饰上也是如此。如延祐元年（1314年），元仁宗命中书省定立服色等第，而"蒙古人不在禁限，及见当怯薛诸色人等，亦不在禁限"。当时规定庶人不得服赭黄，不许用龙凤纹样，帽笠不许饰金玉，鞋靴不得裁制花样，禁止使用明柳芳绿、红白闪色、迎霜合、鸡冠紫、桔红、胭脂红六种颜色，因此身份地位一看服饰便知。

第一节 国服与汉服并行的辽代服制

辽属契丹族。契丹族崛起于赛汗罕乌拉山、查干沐沦河之间。北魏时期，契丹八部逐渐形成，以聚族分部的形式，过着游牧和渔猎生活。公元907年，八部中实力最强的迭剌部夷离堇耶律阿保机掌握了军政大权，平定诸弟叛乱，戕杀另七部酋长，东征渤海，西讨奚族，终于在公元916年称帝，定国号为"辽"。辽太宗与圣宗时，又夺得后晋燕云十六州，迫使北宋签订"澶渊之盟"，形成"幅员万里"的北方大国，役属女真、奚、室韦、回鹘、渤海等族及部分汉族人民。契丹族本为游牧民族，服饰简朴。辽太祖

辽代朝服龙纹织锦袍

这件完整的右衽长袍是罕见的辽朝服装，面料图案主题为对凤。北方民族服饰以左衽为主，契丹建国后积极效仿中原先进文化制度，这件右衽长袍是辽吸收中原服饰文化的实物见证。

在北方称帝时，衣冠服制尚未具备，朝服只穿胄甲。辽太宗入晋以后，受汉族文化的影响，创建衣冠之制，据《辽史·仪卫志》记载："北班国制，南班汉制。"辽代皇帝及百官服制均分为国服及汉服两种。

一、南班汉服与北班国服

国服为契丹族服饰。

皇帝祭服，大祀著金文金冠，白绫袍，红带，悬鱼，足蹬络缝乌靴；小祀戴硬帽，著红缬丝龟纹袍。朝服为国服衮冕，头戴实里薜衮冠，身穿紫窄袍，玉束带，或衣红袄。公服著紫皂幅巾，紫窄袍，玉束带，或衣红袄。常服绿花窄袍。田猎服头戴幅巾，擐甲戎装，以貂鼠或鹅项、鸭头为扦腰。

百官北班国服，朝服臣僚戴毡冠，

辽代文官北班国服
内蒙古库伦旗1号辽墓出土
头戴冠高脚幞头，穿圆领袍衫及膝，下著长裤。

金花为饰，或加珠玉翠毛，额后垂金花，织成夹带，中贮发一总。或纱冠，制如乌纱帽，无檐，不压双耳。额前缀金花，上结紫带，末缀珠。服紫窄袍，系蹀躞带，谓之"盘紫"。公服幅巾，紫衣，谓之"展裹"。常服绿花窄袍，谓之"盘裹"。贵者披貂裘，以紫黑色为贵，青次之，另有银鼠等。贱者只用貂毛、羊、鼠、沙狐裘。戎装衣皆左衽，黑绿色。

汉服为汉族服饰，大体沿袭前代旧制。

皇帝祭服衮冕，金饰，白珠汉旒，玄衣纁裳，绣十二章，舄加金饰。朝服通天冠，绛纱袍，白裙襦，绛蔽膝，白方心曲领。公服戴翼善冠，穿柘黄袍，九环带，白练裙襦，足蹬六合靴。常服裹折上巾，穿柘黄袍衫，九环带，足蹬六合靴。

辽代文官南班汉服

现藏大同市博物馆

辽朝南部燕云十六州任用汉族官员，实行汉人统治的政治制度。这个辽墓壁画中的文官，头戴长翅幞头，穿圆领长袍，腰束带，为汉式官服，应为当时辽南境的汉族官员。

百官南班汉服，朝服均身穿绛纱单衣，白裙襦，穿靴。二品以上戴远游冠，三梁。三品至九品均戴进贤冠，以冠梁

陈国驸马鎏金银冠

辽

1986年内蒙古奈曼旗青龙山陈国公主墓出土□现藏内蒙古自治区文物考古研究所

陈国公主驸马萧绍矩的鎏金银冠，是用鎏金银片重叠组成。冠的正面饰有对凤，用银钉钉缀。围绕冠正面对凤的上下左右，缀以鎏金银圆形冠饰，各饰件上錾刻凤鸟、鹦鹉、鸿雁、火焰、花卉等不同纹样，内容丰富多彩。顶部缀有一鎏金银造像，为元始天尊造型，盘膝而坐，说明契丹族是崇佛信道的多信仰民族。

的多少区分等差：三品三梁，宝饰；四品、五品二梁，金饰；六品至九品一梁，无饰。公服均冠帻缨，簪导；服绛纱单衣，白裙襦。常服俱戴幞头，以服色、腰带及所执笏的质料区分等级：五品以上穿紫袍，腰束金玉带，用牙笏；六品、七品穿绯衣，腰束银带，用木笏；八品、九

品穿绿袍，腰束褕石带。

辽代妇女服制，只规定皇后小祀礼服为戴红帕，服络缝红袍，悬玉佩，穿络缝乌靴。其余均无定制，只有一些禁令，如禁止服用明金、镂金、贴金，奴贱不得服水獭裘等。

契丹文金牌

辽□长21厘米，宽6.2厘米，厚0.3厘米，重475克

1972年河北承德深水河村老阳坡峭壁中出土□现藏河北博物院

辽代官吏佩带的金牌，正面刻契丹文，译为"敕宜速"。据《辽史·仪卫志》记载："国有重事，皇帝以牌亲授使者……使回，皇帝亲受之，手封牌印郎君收掌。"可见此牌用于国家掌管并调发地方的兵、刑、钱、粮等要事，是皇权的象征，也是使者身份的凭证。

二、契丹族的服饰与发式

左衽窄袖长袍

辽代契丹族服装以左衽窄袖长袍

辽人男服

内蒙古敖汉旗白塔子出土

契丹男子，髡发，留四周短发而将长发披散于两耳旁。身穿圆领窄袖长袍，腰系革带。著长靴。为契丹男子常服。

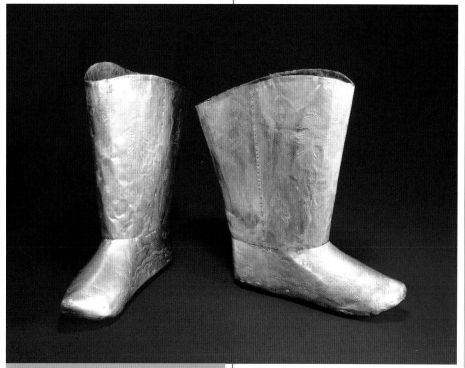

鎏金银靴

辽□高34厘米，底长32厘米，宽4.5～8.5厘米

1986年内蒙古奈曼旗青龙山陈国公主墓出土□现藏内蒙古自治区文物考古研究所

靴用薄银片打制而成，靴筒、帮、底三部分以银丝缀合。靴筒、帮表面錾有凤鸟及云纹，鎏金。

为主，男女皆然，上下同制。

男子一般著圆领，袍长过膝。袍上有疙瘩式纽袢。袍带于胸前系结，然后下垂至膝。长袍的颜色比较灰暗，纹样也比较朴素。长袍里面衬一件衫袄，露领子于外，颜色比外衣要浅一些。下穿套裤，裤腿塞在靴筒之内。脚穿长统皮靴。

女子一般著交领袍，前拂地，后长而曳地尺余，双垂红黄带，称为"团衫"。长袍之内也穿裙，作襜大式，多以黑紫上绣以全枝花。脚穿锦靴、花靴等。

契丹族的发式

契丹族男子无论长幼，均为髡发，将头顶的顶发剃掉，余发下垂。下垂的形式大致可分为二类：一种形式是只留额前左右各一绺，垂在鬓发处或耳后；另一种形式是留头四围短发，而将长发散披于耳旁。

根据史籍等记载，契丹族凡仕族之家女子，在家时皆髡首，到出嫁时才留发梳髻。但是由于形象资料多为墓葬壁画，而壁画中多加冠饰，所以髡发的样式不甚明了。直至内蒙古乌兰察布市察哈尔右翼前旗固尔班乡弯子山辽墓女

契丹男子髡发发式

辽代壁画《仕女图》中的发髻

与汉族工匠关系密切。据《辽史·食货志下》记载，耶律阿保机南掠幽蓟，"师还，次山麓，得银铁矿，命置冶"。又说他俘虏蔚县汉人，在中京道泽州"立寨居之，

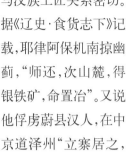

镂空金荷包
辽
1986年内蒙古奈曼旗青龙山陈国公主墓出土□现藏内蒙古自治区文物考古研究所

金荷包出土时挂于陈国公主腰左侧。包身前后用两片形状大小相同的扁桃形镂空花金片以金丝缀合而成，另缀一形状花纹相同但稍小的盖子。盖面与包面均镂刻缠枝忍冬纹。包内原以丝织品作衬。上附金链，悬挂在腰带上。

陈国公主鎏金银冠
辽□通高30厘米，口径19.5厘米
1986年内蒙古奈曼旗青龙山陈国公主墓出土□现藏内蒙古自治区文物考古研究所

陈国公主的鎏金银冠，冠顶呈圆形，两侧有立翅，上宽下窄，各向外敞。用鎏金薄银片制成，通体镂空、錾花。正面及立翅均饰相对凤凰，展翅欲飞，周围衬以缠枝花卉。据墓志记载，墓主陈国公主为辽景宗耶律贤的孙女，葬于开泰七年（1018年）。此冠为研究契丹贵族冠服制度、丧葬习俗和金银工艺的珍贵资料。

尸出土，这个问题才迎刃而解。

辽代巾帽制度与历代有所不同。据史志等记载，除皇帝臣僚等具有一定级别的官员可以戴冠外，其他人一律不许私戴。巾裹制度也是这样，非勋戚之后及夷离堇副使并承应有职事人，不得带巾。中小官员及平民百姓只能科头露顶，即使在严寒季节也是如此。妇女的巾帽制度大体也是相同的。一般梳高髻、螺髻或双髻，额间以巾带扎裹，或结一块帕巾。身份高贵的则戴罩刺帽、貂帽等。

辽代首饰佩饰与"佛妆"

辽代金银器制作业十分发达，而且

采炼陷河银冶"。辽代金银首饰与佩饰盛行，在内蒙古、辽宁、吉林、河北都有重要发现，如金银冠、耳环、项饰、臂饰、佩饰等。契丹族习俗中特别突出的一个特点是，不论男女，都戴耳环。男子耳环多为样式简单的环形耳环，女子耳环则多附有精美的装饰，绚丽多彩，美轮美奂。辽代不仅盛

玉佩
辽
1986年内蒙古奈曼旗青龙山陈国公主墓出土□现藏内蒙古自治区文物考古研究所
玉佩上有璧形玉饰，下面用鎏金银链垂挂五个玉坠。质地白皙，异常精美。

三、辽代丝织品的流行

辽建国前就开始重视蚕桑丝织业，辽建国后得到了进一步的发展。当时灵河沿岸，灵、锦、显、霸四州广植桑麻，居民无田租，只供蚕织。不但设有生产高档丝织品的"绫锦院"，还有专业的"丝蚕户"。据宋人记载，辽每年对外赠送和赐予的丝织品有绫、罗、锦、绮、绢、纱等。在宋、辽贸易中，宋朝商人大量收购辽地生产的罗，称为"蕃罗"。此外，辽代纺织品中缎享有盛名，褐色耀缎，白色泾缎，以生丝为经，羊毛为纬织成，好看但不甚耐穿。丰缎有白有褐，质量最好。

行金银佩饰，如金银荷包等，同时还盛行各种玉佩，制作也十分精致，纹饰日趋写实。

蹀躞带是契丹族男女均可使用的腰带，也是辽代国服必须佩戴的腰带。

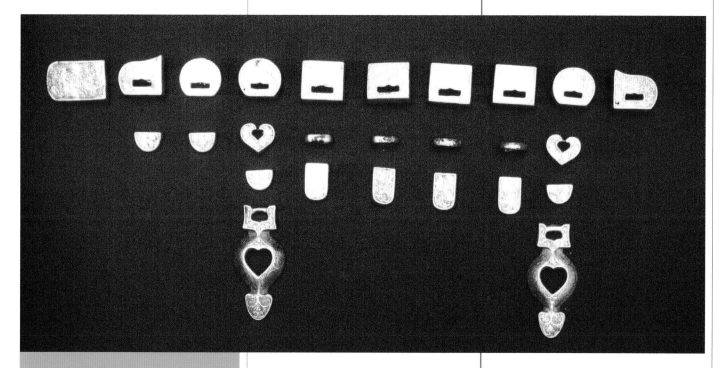

蹀躞带板
辽
1986年内蒙古奈曼旗青龙山陈国公主墓出土□现藏内蒙古博物院
蹀躞带是契丹族男女均用的腰带，特点是缀有垂饰，非常方便游牧民族的使用。它以皮革为鞓，端首缀铊，带身钉有若干枚带銙，銙上备有小环，环上套挂若干小带，以便悬挂各种杂物。

按辽俗，妇女喜用黄色涂面，时称"佛妆"。宋代彭如砺诗中有"有女夭夭称细娘，真珠络髻面涂黄"之句，说的就是这种情况。

驼毛缎有褐有白，用秋毛织造的不蛀。毛织品有褐黑丝、褐里丝、门得丝、帕里呵等，是从西夏运至辽国作衣料的。大量辽代贵族墓葬出土的实物，充分证实了辽代丝织品的高度发展水平。

刻金山龙纹衾（局部）
辽□长2米
刻金是用金线作为纬线织出的，较刻丝更为珍贵。这件朝山龙纹衾的衾面八幅横幅并排缝成。它是首次发现的刻金作品。

四、奇特的契丹族葬俗

契丹人早期葬俗采用露天葬兼火化的方式。在《北史·契丹传》、《隋书·北狄列传·契丹》等史书中记载，契丹人死了父母而悲哭者，"以为不壮"，"但以其尸置于山树之上，经三年后，乃收其骨而焚之"。到了唐代，契丹人死后仍无墓，而是用马驾车送去八大山，放置在树上。自辽建国后，逐渐吸收汉人习俗，改变了不修家墓的习俗，死后归葬祖茔，夫妻合葬等。辽代契丹贵族风行厚葬，他们不仅要营造如生前起居的墓室，穿着丰厚精美的殡服，随葬精美的物品，用人殉及牛马祭奠，而且在墓室墙壁上绘制绚丽多彩的壁画。这些壁画题材十分广泛，内容非常丰富，这些壁画形象地展示了契丹民族的服饰情况，印证了国服与汉服并存的服饰制度。

此外，墓葬的众多出土实物，也是

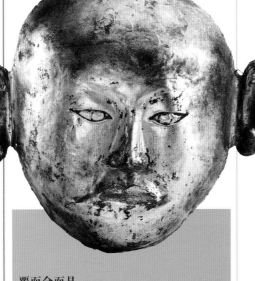

覆面金面具
辽□长20.5厘米，宽7.2厘米
1986年内蒙古奈曼旗青龙山陈国公主墓出土□现藏内蒙古自治区文物考古研究所
覆面金面具为契丹贵族死后所用。根据身份地位，有的用纯金制成，有的为鎏金面具。一般都按死者真容制作。这件鎏金面具，脸颊丰满，颧骨微突，眼眉细长。

珍贵的服饰及葬俗资料。契丹贵族死后，尸体在外边放置，少则半年，多则几年，然后才下葬。下葬时也不用棺椁盛敛，而是将尸体直接置于尸床之上。因此，契丹人有独特的保存尸体的方法。据宋人文惟简《虏廷事实》记载：北人丧

葬之礼，盖各不同……惟契丹一种特有异焉。其富贵之家，人有亡者，以刃破腹，取其肠胃涤之，实以香药、盐矾、五彩缝之；又以尖苇筒刺于皮肤，沥其膏血且尽。用金银为面具，铜丝络其手足。耶律德光（辽太宗）之死，盖用此法。时人目为"帝耙"，信有之也。陈国公主与驸马合葬墓及其他一些契丹贵族墓出土的金属面具及金属丝网衣实物，充分印证了这种保存尸体的特殊方法。

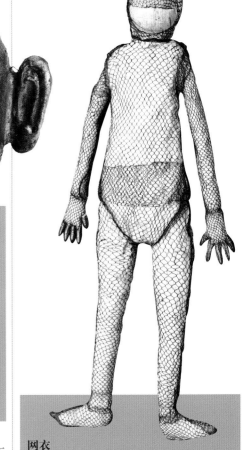

网衣
辽
1986年内蒙古奈曼旗青龙陈国公主墓出土□现藏内蒙古博物院
网衣根据死者身材制作，穿于内衣之外，用细丝将各部分衔接起来，成为一件整衣。在网衣之外再穿外衣、束腰带等。网衣也根据身份地位，有的用金银丝，有的则用铜丝编成。

第二节　兼具辽宋之风的金代服制

金属女真族。女真族南北朝时称勿吉，隋唐时称靺鞨，后避辽之讳，改称女真。女真臣服于辽二百余年，从五代开始才有女真之名。女真族一直生活在寒冷的白山（长白山）黑水（黑龙江）一带，隋唐时期还过着以渔猎为主的氏族部落生活。1115年，女真七部之一的完颜部首领阿骨打在会宁（今黑龙江阿城）建立政权，国号大金。金建国后以破竹之势，于1125年灭辽，并发兵直捣北宋汴京，掳走皇帝后妃。1141年与南宋达成《绍兴和议》，与南宋南北对峙，形成北方大国。金代服饰基本保留着女真族的形制，而法定服制却承袭辽代。从天辅五年（1121年）开始议定礼仪制度和服制，服制与官制均参酌宋制，衣饰锦绣流行于世，从此一改过去的朴素之风。

一、金代的帝后百官服制

皇帝服制　大祭祀、加尊号、受册宝服衮冕。行幸、御正殿、斋戒出宫服通天冠、绛纱袍。亲朝服淡黄袍、乌犀带。常服则小帽、红襕、束带。

百官服制　祭服穿青衣朱裳，一品、二品七梁冠，三品六梁冠，四品五梁冠，五品四梁冠，六品、七品三梁冠。朝服皆穿绯罗大袖、绯罗裙。冠如祭服，只是一品加饰貂蝉笼巾。

公服以服色、纹饰、腰带、佩鱼区分等级。

服色　文官五品以上服紫，六品、七品服绯，八品、九品服绿。武官皆服紫。

纹饰　文武官员相同，一品官以上大独科花罗，直径不超过五寸；二品、三品散搭花罗，无枝叶，直径不超

金墓壁画《宴饮图》中的男吏服饰
河北井陉柿庄2号金墓
头戴高冠，服圆领窄袖袍服，腰系带。

过一寸半；四品、五品小杂花罗，直径不超过一寸；六品、七品芝麻罗；八品、九品无纹罗。

腰带、佩鱼　皇太子用玉带，佩玉双鱼袋。亲王用玉带，佩玉鱼。文官一品用玉带，佩金鱼。二品用笏头球纹金带，佩金鱼。三品、四品用荔枝或御仙花金带，佩金鱼。五品，服紫者用红鞓乌犀带，佩银鱼；服绿者用皂鞓乌犀带。武官一品、二品佩带同文官。三

品、四品用金带。五品、六品、七品用红鞓乌犀带，皆不佩鱼。八品以下用皂鞓乌犀带。

皇后命妇服制　皇后礼服头戴九龙四凤等肩冠，身穿袆衣，足穿如意头青罗舄。宗室、外戚并一品命妇用明金；五品以上官母及妻许披霞帔，许用明金。

百姓服制　只许用绝䌷、绢布、毛褐、花纱、云纹素罗、丝棉，头巾、系腰、领帕许用芝麻罗。奴婢妇人首饰不许用珠翠等物，可装饰花环冠子，余外并禁。

二、女真族盛行的时装

女真族服装，男女不相同，

金张瑀《文姬归汉图》（局部）
现藏吉林省博物院
画中蔡文姬为女真族妇女服饰。她头戴貂帽，耳垂长辫，身穿半袖，内著直领长袖上衣，腰束带，足蹬长勒尖头靴。项间围云肩，为四合如意云头的形制。

这一点与契丹族有很大的差别。最初，金代统治者对本民族服装的穿戴控制极严格。据《金史·舆服志》记载："初，女真人不得改为汉姓及学南人装束，违者杖八十，编为永制。"但后来逐渐受汉族影响，服装完全汉化。

据《金史·舆服志》记载："金人之常服四：带、帽、盘领衣、乌皮靴。"巾以皂罗纱制作，上结方顶，折垂于后。顶下两角各缀方罗，径二寸；方罗之下各附带，长六七寸。显贵者在方顶上，循十字缝饰以珠，其中贯以大者，称做"顶珠"。盘领衣色多白，不缺袴，长至膝，以便于骑

金代女服
金
河北井陉柿庄6号墓出土
梳髻，对襟外套长衫及膝，下著长裙曳地。

射。胸臆肩袖，或饰以金绣。束带为吐鹘带，装饰华丽。靴则男女通用。

女真族妇女袭用辽代服装。据《金史·舆服志》记载："妇人服襜裙，多以黑紫，上编绣全枝花，周身六襞积。上衣谓之团衫，用黑紫或皂及绀，直领，左衽，掖缝，两旁复为双襞积，前拂地，后曳地尺余。带色用红黄，前双垂至下齐。"襜裙、团衫、双垂带，这些都是辽代契丹族妇女服装，金代袭用。

金代的服饰图案喜用禽兽，尤其喜用鹿。鹿的图案大量被采用，除了它的外形优美，便于用作装饰外，还因为"鹿"与汉字"禄"谐音，寓有吉祥的含义。《金史·舆服志》记载："其从春水之服则多鹘捕鹅，杂花卉之饰，其从秋山之服则以熊鹿山林为文。"

三、以环境色皮衣为主的金代衣料

女真族长期生活在北方寒冷的地带，所以服装多以皮制。据《大金国志》记载："土产无蚕桑，惟多织布，贵贱以

驼色绢单裙裤
金
黑龙江金齐国王墓出土▯现藏黑龙江省博物馆
看上去质地厚实，应为富贵人家冬秋之服。

【名词点滴·纻丝】

即后来的缎。它的织造特点是织物的各个单独浮点比较远，并且被它两旁的经纬纱的长浮点遮蔽；不仅使整个幅面具有平滑光泽和强烈的立体感的特色，而且可以防止出现底色混浊的现象，最适宜织造多种复杂颜色的纹样。中国的这类织物大概是在宋代出现的。纻是用苎麻为原料织成的粗布。

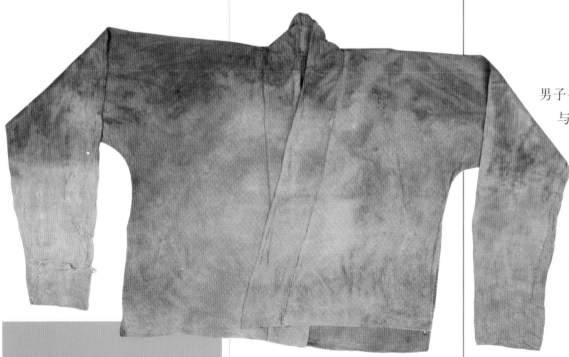

驼色朵梅暗花罗单衣

金

现藏黑龙江省博物馆

此件衣服，用料考究，质地细腻，应为富贵人家之夏服。

男子也有髡发的习俗，但与契丹族的髡发大不一样。女真族男子是左右各梳一长辫垂肩，发上系以色丝，富人还饰以金珠。经常科头露顶，不戴冠帽。

布之粗细为别。又以化外不毛之地，非皮不可御寒，所以无论贫富皆服之。富人春夏多以纻丝、锦纳为衫裳，亦间用细皮、布。秋冬以貂鼠、青鼠、狐貉皮或羔皮为裘，或作纻丝绸绢。贫者春夏并用为衫裳，秋冬亦衣牛、马、猪、羊、猫、犬、鱼、蛇之皮，或獐鹿麋皮为衫。裤袜皆以皮。"可见金人服饰虽已使用布帛丝绸，但还是以皮毛为主。秋冬之际，无论富贵贫贱，都穿皮毛服装。除了服用皮毛之外，服装的颜色喜用环境色，即

穿着与周围环境相同的服装。冬天"其衣色多白"，与冰天雪地融为一体。《金史》中说，"其从春水之服则多鹘捕鹅，杂花卉之饰，其从秋山之服则以熊鹿山林为文。"这些特点都与女真族的生活习俗密切相关。女真族是以狩猎为生的游牧民族，服装颜色与环境接近，既便于靠拢被猎取的对象，又可以起到保护自身的作用。

四、女真族的发式与佩饰

金代女真族的服饰与辽代契丹族的服饰有许多相似之处，但发式却完全不同。女真族不论男女，皆以辫发为尚。男子辫发垂肩，女子辫发盘髻。女真族

金张瑀《文姬归汉图》中的女真族男子髡发

现藏吉林省博物院

图中髡发者，左右垂两发辫，虽见不到编结细部，但从飞扬的两绺发型上看，可以判断是辫发而不是披发。

【名词点滴·褙子】

即背子。一种由半臂或中单演变而成的上衣。相传始于唐，盛行于宋元。宋代男女皆服，因使用和时间的不同，其形式变化甚多。《宋史·舆服志》云，妇人大衣长裙，女子在室者及众妾皆褙子。

孔雀形玉簪

金□长6.5厘米，宽2.2厘米，高3厘米
1974年北京房山墓葬出土□现藏首都
博物馆

器上部立雕一孔雀，缩头，饰云状冠，圆眼，短
喙，曲领，双翅收拢，以三排阴刻显示羽毛，尾较
短。插针弯曲，上与孔雀下腹相连，下端尖锐，供
插戴。

　　女真族男子的帽式，常见的春秋有
毡笠、瓦楞棕帽，冬天有貂帽。女子常见
的有包髻，冬天则戴羔皮帽。老年妇女
则裹逍遥巾，或裹头巾。

　　女真族的首饰与佩饰沿袭前代，风
格特别与辽代相近。但据《金史》记载：
"妇人首饰，不许用珠翠钿子等物，翠毛
除许装饰花环冠子，余外并禁。"因此出
土甚少。女真族具有民族特点的首饰与
佩饰，当首推耳环及吐鹘带。

　　女真族不论男女，皆有戴耳环的习
俗，这一点与契丹族相似。男子耳垂金
环，女子的耳环则花样翻新，流金溢彩。
但女子不戴耳坠。

　　女真族不论男女，皆可腰系吐鹘
带。据《金史》记载："吐鹘，玉为上，金次

之，犀象骨角又次之。銙周鞓，小者间置
于前，大者施于后，左右有双铊尾，纳方
束中，其刻琢多如春水秋山之饰。左佩
牌，右佩刀。"

双凤齐飞玉饰

金□宽8厘米，高6厘米，厚0.6厘米
1974年北京房山墓葬出土□现藏首都
博物馆

以镂雕加阴刻线纹琢成一对飞凤。凤口衔卷草，
嘴尖相对，两腿合并交叉在一起，比翼齐飞。
顶部正中以镂孔代穿孔，可以系带。此件有"在
天愿做比翼鸟"之意。琢制、抛光技术高超，显示
了金代制玉的工艺水平。

第三节　以衣料与色泽区别等级的元代服制

一、元代皇帝、百官服制

元属蒙古族。蒙古族是唐代蒙兀室韦的后裔，最早游牧于今黑龙江省黑河市一带。唐开成五年（公元840年）以后，迁至漠北斡难河（今鄂嫩河）、怯绿连河（今克鲁伦河）、土兀剌河（今土拉河）的三河上游和肯特山东部地区，经济、文化落后于汉族，衣着服饰也非常简朴。1206年，蒙古族五大部之一的蒙古部汗铁木真召集贵族举行"忽里勒台"（大聚合），铁木真被推戴为大汗，尊称为成吉思汗，结束了蒙古长期分裂混战的局面，建立了统一的大蒙古国。此后，成吉思汗及其继承者发动了一系列的对外战争，最后灭亡了南宋。至元八年（1271年），元世祖忽必烈改国号为大元，并颁布《建国号诏》，建立了元朝，成为我国历史上疆域最大的王朝。入主中原以后，生活习俗等方面受到汉族的影响，服饰日益华丽，制度也逐渐健全。

一、元代皇帝、百官服制

元代服制，史籍记载了皇帝、百官、命妇等的服饰，而皇后的服制却未见记述。元代服制的独特之处，突出体现在皇帝百官皆著质孙，质孙在蒙古语中为"颜色"之意，汉译为"一色衣"。形制是上衣连下裳，衣式较紧窄，下摆较短，腰间打细折，在衣的肩背间贯以大珠，腰束革带。衣料初用毡毳革，后用纻丝金线。以衣料与色泽区别等级。穿什么样衣料和色泽的衣服，就配戴什么样帽子。

皇帝百官在内庭大宴等场合均服质孙。

皇帝质孙，冬服有十一等。如服大红、桃红、紫蓝、绿宝里，则冠七宝重顶冠。服红黄粉皮，则冠红金荅子暖帽等。夏服有十五等。如服荅纳都纳石矢（即金锦缀大珠），则冠宝顶金凤钹笠；服速不都纳石矢（即金锦缀小珠），则冠珠子卷云冠等。

百官质孙，冬服有九等，大红纳石矢（金锦）一，大红怯绵里（翦茸）一，大红官素一，桃红、蓝、绿官素各一，紫、黄、鸦青各一。夏服有十四等，素纳石矢一，聚绵宝里（加襕）纳石矢一、枣褐浑金间丝蛤珠、大红官素带宝里、大红明珠荅子各一，桃红、蓝、绿、银褐各一，高丽鸦青云袖罗一，驼褐、茜红、白毛子各一，鸦青官素带宝里一。

皇帝祭服为衮冕，绯罗蔽膝，绣复身龙。红绫袜，红罗靴。履用纳石矢制作。腰束玉佩大带。

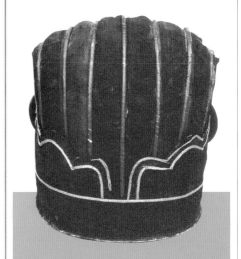

平金七梁冠

元□高20厘米，口径18～20厘米
现藏山东曲阜市文物管理委员会
由纤细的竹篾编织成型，内衬黑色细布，外罩黑纱。椭圆形口，顶部七道金梁，后部有两云翅。口沿、梁及云翅边沿皆饰金线。金光闪闪，十分庄重。此冠系元代衍圣公祭孔时所戴，原由孔府收藏。

蒙古贵族七宝重顶冠与质孙服

元

头戴七宝重顶冠，身著质孙服，肩上披披肩，即"贾哈"，足蹬络缝靴。为蒙古贵族常服。

广胜寺元代壁画《祈雨图》

山西洪洞县广胜寺

中间之人应为皇帝，身著大袖黄袍，头戴宝冠，为汉制。

百官公服，制以罗，大袖，盘领，俱右衽。一品用紫，大独科花，径五寸。二品小独科花，径三寸。三品散搭花，无枝叶，径二寸。五品小杂花，径一寸五分。六品、七品用绯罗，小杂花，径一寸。八品、九品绿罗，无文。

延祐元年定服色等第。职官不得服龙凤纹，一品、二品服浑金花，三品服金荅子，四品、五品服云袖带襕，六品、七品服六花，八品、九品服四花。命妇衣服，一至三品服浑金，四品、五品服金荅

广胜寺元代壁画《下棋图》
山西洪洞广胜寺壁画
从图中可以见到元代官吏的常服：头戴展角幞头，身穿圆领窄袖长袍，足蹬乌皮皮靴，腰束革带，以不同服色区别品级，大体上沿袭宋代形制。

子，六品以下惟服销金，并金纱荅子。庶人服饰，不得服赭黄，只许服暗花纻丝䌷绫罗毛毳，帽笠不许饰用金玉，靴不得裁制花样。娼家出入止服皂褙子。服

元骑马俑
元□通高38.5厘米
1946年山西沁水征集□现藏山西博物院
骑马俑头戴有红缨及顶子的笠帽，身穿蒙古袍，前襟用纽绊连结。腰系革带，上佩带的物件中，长方形下带流苏的或是金银牌。第一等为贵臣所佩金牌，次为素金牌，又次为银牌。足著长筒勒靴。

色等第，上得兼下，下不得僭上。蒙古及见当怯薛诸色人等不在禁限，惟不许服龙凤纹。

元代承前代之制，天子百官祭服均需佩带大佩。据《金史》记载，天子冕服用双玉佩，每佩珩一、琚一、瑀一、冲牙一、璜二。皇太子等也需佩带"瑜玉双佩"等。

革带是元代区分官位品级的重要标志。据《金史·舆服志》记载，百官公服革带均为八胯。一品用玉，或花，或素；二品用花犀；三品、四品以黄金为荔枝；五品以下以乌犀。

【名词点滴·珩(héng)】
①佩上的横玉。亦泛指佩玉。《国语·晋语二》："黄金四十镒，白玉之珩六双，不敢当公子，请纳之左右。"韦昭注："珩，佩上饰也。珩形似磬而小。"②通"衡"。古代的冠饰。即固定冠冕于发髻上的横簪。

【名词点滴·琚】
佩玉。《诗·卫风·木瓜》："投我以木瓜，报之以琼琚。"曹植《洛神赋》："披罗衣之璀粲兮，珥瑶碧之华琚。"一说，次玉之石。《大戴礼记·保傅》："琚瑀以杂之。"卢辩注："或曰：瑀，美玉；琚，石，次玉。"

【名词点滴·瑀(yǔ)】
似玉的美石。毛传："杂佩者，珩、璜、琚、瑀、冲牙之类。"郑玄笺："瑀，石次玉也。"一说为大珠。朱熹集传："杂佩者，左右佩玉也。上横曰珩，下系三组，贯以蠙珠。中组之半贯一大珠，曰瑀。末悬一玉，两端皆锐，曰冲牙。"

龙形金饰
元
内蒙古敖汉旗朝阳沟出土□现藏内蒙古博物院

二、上下一体、男女通用的蒙古袍靴

蒙古族是游牧民族，经济文化的发展落后于汉族，衣着服饰也非常简朴。入主中原之后受到汉族影响，服饰日趋华丽。蒙古族服装的特点是以长袍为主，不论男女，上下一体。男子常服多穿圆领窄袖袍，地位卑下的侍从仆役或妇女，还在袍服之外罩一件短袖衫子。此外还有一种"辫线袄子"，又称为"腰线袄子"，也是通用的男子袍服。这种辫线袄子的式样是：圆领、紧袖、下摆

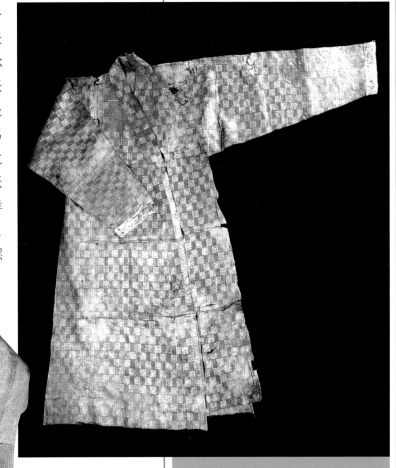

宽大，折有密裥。腰部缝有以辫线制成的宽阔围腰，有的还钉有钮扣。《南村辍耕录》记载："国朝妇人礼服，鞑靼曰袍，汉人曰团衫，南人曰大衣，无贵贱皆如之。服章但有金素之别耳。惟处子则不得衣焉。"蒙古族妇女多穿左衽窄袖长袍。袍服内穿套裤，裤

印金花卉绫长袍

元□长126厘米，通袖长174厘米，袖口宽17.5厘米，下摆宽70厘米
1976年内蒙古察哈尔右翼前集宁路故城遗址出土□现藏内蒙古博物院

交领左衽直裾式长袍，面料贴金印花，八朵一组，每组有牡丹、莲花、菊花、草花等纹样。袖口、大襟均以缠枝草叶纹印花织物贴边，金光璀璨，富丽堂皇，是元代等级的标志。

纳石矢辫线袍

元□袍长142厘米，带袖宽246厘米
内蒙古达茂旗大苏吉郎明水村出土□现藏内蒙古博物院

蒙古汗袍。为方胜联珠宝相花织金锦。在右衽底襟左下摆夹层及两袖口，绣有头戴王冠的人面狮身纹像，具有西方文化的特点，该袍保存情况较好，尚可舒卷，是蒙古汗国的丝织珍品。

元代家居图壁画
内蒙古赤峰市宝山墓葬壁画

男子头包幅巾，身著左衽交领长袍，腰系革带，足蹬靴。女子头盘髻，耳饰大坠。内著交领紧袖长袍，外罩半臂。

印金花卉夹罗衫

元□长58.3厘米，袖长43厘米，袖口宽
33.5厘米，腰宽53.5厘米，前襟贴边宽2.5
厘米
1976年内蒙古察哈尔右翼前旗集宁路
故城遗址出土□现藏内蒙古博物院

直领对襟短袖。面料为印金棕色绞织罗，里子为
米色素绢。面料通体印圆形冰裂图案，形式新
颖，前襟以蔓草小花挖花织物贴边，花纹是用凸
版先印黏着剂，然后贴金箔而成金花。这种贴金
印花工艺，金花灿烂，雍容华贵。

子两条裤腿分开，不用裤腰，也不缝裤
裆，用时以带子系在腰际。不论男女皆
著靴，保留了骑马民族的特点。

蒙古族喜爱龙的装饰图案。除服饰
大量用龙外，在其他生活用具中也广泛
使用龙的图案。如在玉辂上施以"金装
雕木云龙"，在门帘上织有"销金云龙"，
在座椅上饰有"金涂箭石较碾玉龙"，在
旗帜上绣有"升龙"等。因此延祐元年
（1314年）仁宗为了改变"尊卑混淆，僭
礼费财"的现象，在规定服制时，特别规
定百官庶民"惟不许服龙凤文"。

元代汉族服装仍袭宋制。男子蹼
头、圆领袍衫、乌靴；女子襦裙半臂，著
履。

三、元代大为盛行织金锦

元代在对外扩展帝国疆土的同
时，对内采取了
恢复和发展农业
生产的措施。至
元七年（1270
年），中央建立司
农司，掌管全国
农桑水利。并官
修农书《农桑辑
要》，总结耕种、
栽桑、养蚕等农
业生产经验，推
行至全国。先后
多次将俘掠的大
批西域、回回、女
真等地的工匠集
中起来编为"系
官人匠"，设局进行织造，使织造
印染等工艺获得极大的发展。

元代除了通往西域及中亚
地区的陆上"丝绸之路"外，还发
展了海上"丝绸之路"，东起日
本、高丽，西到东南亚，经印度洋
伸向地中海沿岸，航线遍及世
界。元朝的使者曾到达开罗，向
马木鲁克苏丹纳赛尔·穆罕默
德·伊本·加洛赠送花锦；还曾到达德
里，向苏丹阿布·木札布德·穆罕默德赠
送花缎。官方的交往引导了民间贸易的

缎地刺绣天王像

元□长247.7厘米，宽250.8厘米
现藏中国国家博物馆

在棕红色缎地上，用彩色丝线绣出天王形象。脸
呈方形，身体肥硕，两目圆睁，双腿左右张开，立
于云中。头戴凤翅盔，身披铠甲，足蹬云头黑靴。
左臂下垂前曲于腰间，手持弓背；右臂前曲于胸
旁，右手扬起，手心向外，以拇指与食指夹持羽
箭一枝。当为持国天王。此像幅面宽大，神态威
武，为元代彩绣精品。

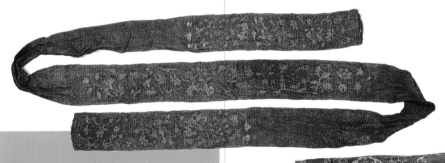

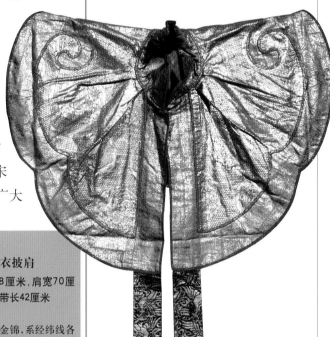

团花布料

元

现藏内蒙古博物院

元代布料大为发展。此件质地良好，图案简练质朴。

绫地刺绣人物花卉裙带

元□长155厘米，宽5厘米

1975年山东邹县李倚墓出土□现藏邹城博物馆

用菱形朵葵暗花绫缝制，中部和两端以双股捻成的衣线，绣出三组纹样。左右两端花纹布局为直式，内容相同。上层双鹤穿云，怪石苍松，树下一老翁身着长袍，拄杖凝视前方；中层右侧有一假山，山上鹿、鹤昂首相对，右侧有一头扎双髻，身著短衫的童子在小径上行走；下层为莲池，池中荷花盛开，配以栖息、飞翔的水鸟。中间一段花纹布局作横式，内容基本相同而略有变化，是以花鸟为主，并以山石、流水、游鱼、小草作陪衬。属典型的北方民间刺绣，具有活泼、疏朗、大方的特色，为当时鲁绣之佳作。

开展，中国丝绸在世界各地畅销，同时也引进了纳石矢等外国的先进纺织技术。

王公贵族垄断的纳石矢　纳石矢，又称织金锦，是以金缕或金箔切成的金片作纬线织花，使织物呈现金属光泽的纺织技术，原产波斯。自宋代以后，棉织品已成为广大

双羊团花织锦被面

元□长195厘米，宽118厘米

1976年内蒙古察哈尔右翼前旗集宁路故城遗址出土□现藏内蒙古博物院

用两幅织锦拼接而成。经丝分地经与纹经两组，用黄、蓝两色纬丝起花。主体图案为背向回首相对羊纹，凤头羊身，双羊间缀以花卉，外围连弧纹圈。空间布满以六角形组成的细花图案。四周织出缠枝芙蓉、荷花边饰。以斜纹为地，用黄、蓝两色纬丝起花，起花部分的长纬用乙经将纬丝压下。色调典雅，层次清晰，反映了元代织锦工艺的高度水平。

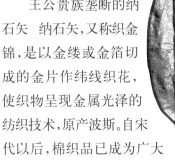
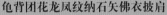

龟背团花龙凤纹纳石矢佛衣披肩

元□长43厘米，领高8厘米，肩宽70厘米，胸宽78.5厘米，飘带长42厘米

现藏故宫博物院

蝶式、高领、直裾式。衣料为织金锦，系经纬线各两组交织而成。经线包括地经与接经（即纹经）；纬线包括地纬与纹纬（即扁金）。地经与地纬交织为地纹，接经与纹纬交织出龙、凤等纹样。佛衣领口处缀有两条绿色丝缘。胸前缀襻一条，右边为红丝襻，左边为珊瑚圆扣。提花规矩，金线匀细，花纹光泽悦目，为元代纳石矢织物中所罕见。

人民的基础衣料，丝织品从基本衣料转变为高级纺织品，纹彩的华美愈来愈成为主要的质量标准，织金织物自然成为统治阶级的首选衣料。元朝建立以后，开展了大规模的织金织物的生产。从西域迁入金绮纹工300多户，从汴京集中织毛褐工300户，在弘州设立纳石矢局。由别矢八里局专管织造御用领袖纳石矢。《马可·波罗游记》中也记载了元代在南京、镇江、苏州等地组织金锦生产的情况。《元典章》中规定了织造织金锦的条例和工艺规范。延祐元年（1314年）所定的服制也规定了各级官员着装标准。织金锦代表了元代纺织技术的最高水平，这雄辩地说明中外科技交流是促进技术进步的一个重要因素。

伴随着纺织技术发展的，是印染工艺的发展。元代印染工艺手段极为齐全，颜色的种类十分丰富。特别值得注意的是，由于服制的严格限制，平民百姓只允许穿黑白及褐色服装，褐色大为盛行。据元代陶宗仪著《南村辍耕录·彩画法》记载，当时染织工艺所用颜色共约40余种，其中褐色就占一半左右，约有20种。元代的衣料纹样，从题材内容和装饰风格来看，大致都是在承袭两宋传统的基础上发展，以各种生色花（写生花）及规整的图案为多。只有少数织金锦纹样受到西域等地的影响。

缂丝工艺在南宋时已极臻完善，元朝继承并发展了这一技艺，并融合了西域的织金技术。缂丝工艺主要用于缂织皇帝御服、肖像及工艺品。由于喇嘛教盛行，又增加了佛像内容。元代的缂丝与宋代相比较，风格更加粗放，组织增密，用金量增多，气派豪华，画幅也增大了，体现出大元帝国的气势与艺术风貌。

黄道婆推动棉纺业的生产　元代纺织业的空前发展，与棉纺织业技术的革新和普及是分不开的。南宋时期，棉花种植和加工业刚刚在中原长江流域起步。据胡三省注《资治通鉴》记载，当时纺棉工具还比较原始，棉布在中原是珍贵之物。大约在13世纪末，棉花加工技术才开始迅速发展，而使这一技术迅速推广的人就是当时的劳动妇女黄道婆。

黄道婆是松江府乌泥泾（今上海市徐汇区龙华镇）人，年轻时流落到崖州（今海南三亚西北），在那里向黎族妇女学习了一些先进的棉纺技术。元成宗元贞年间（1295—1297），黄道婆遇海船返回故乡，将在崖州学到的技艺传授给家乡人民，并由此传遍长江流域。当时长江下游地区没有踏车、椎弓之类的纺

纳石矢袍人面狮身纹饰
位于右衽底襟左下摆夹层及两袖口。为一对头戴王冠的人面狮身绣像，四周饰以团花，具有浓郁的西亚和北非风格。

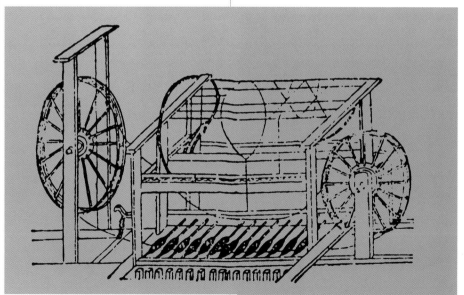

大纺车图
棉花种植的推广促进了元朝棉纺织业的兴起，从而带来了纺织业的革新，促进了纺织工具的改进。元朝出现了重大创新，水转大纺车达三十二锭，在当时属于领先世界的技术。

小纺车图
在纺织业发达的元朝，凡是种麻、苎的乡村到处都有小纺车。

织工具，都是用手除去棉籽，效率十分低下。黄道婆"教民以做、造、捍、弹纺织之具，至于错纱、配色、字样、拿花、各有其法"，同时"织成被褥带帨，其上折枝、团凤、棋局字样，粲然若写"。黄道婆的革新使棉纺织生产力大大提高，又刺激了棉种植业的发展，松江一度成为全国的棉纺织业中心。从此棉纺织品逐渐普及，成为普通百姓主要的服装衣料。

四、蒙古族发式及冠帽

发式　蒙古族与契丹族、女真族一样，男子都有髡发的习俗，但契丹族垂散发，而女真族与蒙古族则为辫发，辫发的样式也不一样。《蒙鞑备录》："上至成吉思汗，下及国人，皆剃'婆焦'，如中国小儿留三搭头，在脑门者稍长则剪之，在两旁者总小角垂于肩上。"参照各种形象资料，可以了解到

这种发式的编制方法：先在头顶正中剃开两道交叉直线。然后将脑后一部分头发全部剃去。正面一束或者剃去，或者加工修剪成狭条形、尖角形、桃子形等各种形状，任其自然覆盖在额前。再将左右两侧头发编成辫子，结环后垂至肩。婆焦或写作"跋焦"，是上至帝王，下到百姓，不论男女，都可以梳的一种蒙古族发式。

元代妇女梳妆，云髻高梳是主要的发式。也有辫发垂肩的，或者包髻的，戴花冠的，形式多种多样。其中比较突出的是南人妇女中流行的盘龙髻，形似盘旋折曲的龙，俯卧于头顶，很有时代的特点。

冠帽　蒙古族男子冠帽，冬帽而夏笠。贵族男子夏季礼服的服饰中，笠是不可缺少的。笠的色泽各随所服衣裳的颜色，形成统一的色彩，来突出装饰的华美。因此，笠的质料、造型和装饰追求奢侈糜费。使用华美金锦和珍贵皮毛之外，还加饰金珠宝石。造型也名目繁多，如圆形笠，形似钹，称做"钹笠冠"。顶上缀一大珠，下边缀若干小珠，又称为"七宝

元代妇女发式
敦煌莫高窟61窟甬道南壁壁画
妇女头梳百花髻，高髻为双丫式，上面插有牡丹、灵芝和云纹钗，不见唐宋时兴的角梳。灵芝是名贵药材，象征长寿如意，牡丹是深受妇女喜爱的花髻装饰，自唐宋至元明清一直兴盛不衰。此图可见元代汉族妇女或者著汉装的少数民族妇女从服装到发式都沿袭唐宋风格。但是唐宋最多见的角梳，元朝已经衰落。

蒙古官员钹笠冠
内蒙古三眼井元代墓葬壁画

重顶冠"。此外，还有方形笠，形似瓦楞，有四角、六角等几种，又称"瓦楞棕帽"。还有一些其他造型的。元代男子也戴幞头，为汉装。公服幞头与宋代长脚幞头略同；士庶所戴幞头则与唐代相近，长脚呈"八"字形；皂隶等人也有戴朝天幞头的。平民百姓多喜扎巾，巾裹的方法也各种各样。

由于蒙古族原处寒冷的北方，所以无论贵贱、男女，冬天都有戴暖帽的习俗。暖帽的质料，有貂、狐、鼠、羔等。暖帽的形制，有平顶、尖顶、圆顶等，并饰有缨或带子。戴时经常与衣裳配套，如穿浅色毛绒衫戴白金苔子暖帽，穿银鼠戴银鼠暖帽等。

蒙古族妇女冠帽中最有特点的是"姑姑冠"。"姑姑"是蒙古语音译，所以又写作"罟罟"、"顾姑"、"故故"或其他同音字。姑姑冠用铁丝编结而成，竹篾桦皮为骨架，形状像一个细而高的大花瓶，最高

元朝汉族服饰

丝织纱帽
　　元□高9厘米，通缘径35厘米，口径20厘米
　　1973年甘肃漳县汪世显家族墓出土□现藏甘肃省博物馆
此帽以细薄的竹篾编织成型，外敷乌纱，里衬茶褐色织物。覆碗形顶，宽缘。花蕊形顶钮，正中顶端缀有圆锥形青玉一块，青玉下边四周镶嵌山形纹金片。青玉正中上端缀有以金片制成的錾有猴脸头像等方形饰件。一侧垂挂丝线一绺和多种质地、形状各异的珠饰一串。

的约有五尺多高。常用红绢或皂褐色织物为表，金珠等装饰在花瓶状帽筒的颈部，越富有的装饰就越讲究。顶上还插上几枝翠花羽毛，或锦鸡尾毛装饰。

五、不施朱丹的蒙古族妇女

蒙古族妇女与契丹族妇女一样，常把黄色当作金色，涂在面部，时称"佛妆"。这种习俗受汉族妇女黄妆面饰的影响，同时又与当时盛行佛教有关。到元末时，蒙古族的统治逐渐衰落，这种黄粉涂额的装扮也随之消失，妇女一概以淡妆为主，面颊也不施朱丹粉彩了。但仁宗延祐元年定服色等第，规定庶人"首饰许用翠花，并金钗镙各一事，惟耳环用金珠碧

甸，余并用银。"因此元代首饰与佩饰仍精美华贵，巧夺天工。

蒙古族与女真族一样，不论男女，都戴耳环。妇女除戴耳环外，还戴耳坠。这些耳环和耳坠，制作精巧，玲珑新奇。此外，妇女戴手钏、跳脱也盛行不衰，时有出土。这些首饰与佩饰，都是价值连城的珍品。

双龙戏珠纹金钗和牡丹纹银簪
　　内蒙古敖汉旗出土□现藏内蒙古博物院
金钗头部为两条盘旋向上的金龙，两边对称，顶部为一颗金珠。银簪头部为一颗大珠，上刻牡丹、花叶纹，鎏金。

第四节 兼具汉族与回鹘风格的西夏服制

西夏属党项族，是羌族的一支。他们一直在今青海、甘肃、四川三省边境的山谷间过着游牧生活。汉朝时开始出现于历史记载，隋唐时附属中原王朝，被唐太宗赐姓为"李"。同时逐渐向东北迁徙，并向周围扩张势力。北宋明道元年(1032年)，宋授党项首领李元昊为定

西夏官服

敦煌莫高窟壁画

此人头戴云镂冠，身穿圆领窄袖袍服，腰处有护髀，系丝带，并下垂。

西夏贵妇服饰

敦煌莫高窟壁画

头戴花钗珠冠，身穿大袄子、多裥裙，足蹬尖钩鞋。为西夏贵妇常服。

难军节度使，封西平王。此后李元昊扩建宫城殿宇、制定西夏文字、建立官制，规定服制，下秃发令。在各种准备工作完成之后，北宋宝元元年(1038年)，李元昊正式建国称帝，国号大夏。因大夏王朝地处宋、辽之西，故史称西夏。此后从1205至1227年间，成吉思汗率领的蒙

古大军曾经六次征讨西夏。铁骑所过之处，西夏文物典籍屡遭损害。西夏被元灭亡后，元人修辽、金、宋三史时，独不肯给西夏纂修正史，导致西夏史料湮灭亡佚，百不存一。几百年后，西夏京城故地城垣颓败，荒无人烟，西夏逐渐成为被历史遗忘的王朝。20世纪以来，西夏遗址的文物又多次被外国人掠夺，几乎是抢掠一空，西夏的服饰实物至今在考古发掘中尚无完整的发现。在历史变迁的长河中，作为西夏的党项羌族已不复存在了，只有在敦煌、榆林等洞窟供养人的壁画中，或在贺兰山下号称"东方金字塔"的西夏王陵中，还可以见到他们昔日的身影。

西夏服制，史籍无记载。西夏党项族服饰实物，至今在考古发掘中没有完整的发现。目前只能从敦煌莫高窟和榆林窟供养人壁画中去寻找西夏服饰的一些蛛丝马迹。从这些壁画形象中，大致可以了解到，西夏王穿汉式服装，因为他希望与中原皇帝平起平坐。西夏王在正式场合头戴白毡帽，身穿圆领窄袖龙袍，足蹬长靴。而西夏王妃则穿回鹘装，头戴桃形金凤冠，身穿宽松式翻领窄袖红袍。由此可见党项族与回鹘的关系密切。

西夏党项贵族服饰，男子头戴毡帽，身穿圆领或交领窄袖长袍，足蹬长靴，腰系蹀躞带；女子头戴金冠，身穿翻领或交领宽松式长袍，足蹬翘尖锦履。

西夏劳动人民，男子一般穿短襦短衫，小口长裤。有的小腿束绑带，足穿草鞋。女子则穿裙衫。

由于西夏文物屡遭损失，西夏服饰实物在考古发掘中尚无完整发现，给我

洪皓著《松漠纪闻》补遗中，还可以了解到西夏的毛织品与褐黑丝、门得丝等外销辽国作衣料。从出土实物及供养人壁画的情况来看，西夏衣料纹样作风写实，具有浓厚的民间气息，与宋代装饰风格一致。

西夏妇女服饰
　　　　敦煌莫高窟壁画
头梳垂钿髻，身穿羽袖裙衫，披云肩，腰上系有围腰。为西夏平民妇女服饰。

们了解西夏衣料及纹样造成了极大的困难。至今只能从银川西夏王陵及内蒙古黑水城遗址出土的一些丝织品残片上得到一些极为难见的信息。从北宋时

西夏小童服饰
　　　　敦煌莫高窟壁画
后排右侧小童为主人，头顶髡发，前额及两鬓留一圈短发，著盘领窄袖袍服，帛带束腰，乌皮靴。前面侍从头顶髡发，前额及两鬓留一圈短发，耳后各留一绺长发，下垂至肩。身著缺胯衫，下著缚裤，裹行縢，穿麻鞋。

第五节 杂剧兴盛时代的表演服饰

辽、金、元乐舞及杂剧，是在宋代乐舞及杂剧的基础上，融合本民族歌舞传统，形成的新艺术形式。

契丹族本来就是一个能歌善舞的民族。辽建国之后，采取"号令法度，皆遵汉制"的方针，对汉族文化主动积极地吸收兼融，在乐舞上形成了"蕃汉兼采"的艺术风格。辽代的宫廷乐舞，从功能和形式上看，主要分为宫廷宴乐舞和祭祀礼仪性质的雅乐舞两类。宫廷宴乐舞是经后晋传入辽的唐代宫廷"燕乐"、"坐、立部伎"的部分乐舞和"大曲"的某些舞段，辽称"大乐"。另一种宫廷宴乐舞"散乐"则更早传入辽宫，实际上是汉代百戏传统的延续，与北宋宫廷的散乐极其相似，包括歌舞、角抵、俳优杂剧、马戏等多种节目。而元旦晚上宫廷宴饮必用的"国乐"，则是契丹民族的传统乐舞。宫廷乐舞中的"雅乐"，却完全仿效中原汉制，是从后晋和北宋宫廷吸收而来的。除"国乐"外，一般演出时艺人多穿汉服，可以从辽代墓葬壁画中看到当时演出的种种情景。

金代女真族统治者十分喜好汉族宫廷音乐，在有意吸收汉族音乐文化的同时，又力图保证本民族音乐传统，采用"汉金共重"的方针。金代的宫廷乐舞始于金太祖时期，但是水平不高。皇统元年（1141年）始采用宋代宫廷雅乐，后又设立了掌管乐舞的种种机构，如太常寺等。至世宗、章宗时期（1161—1208），金代的宫廷礼乐制度已经完备，乐种已很齐备，主要有雅乐、散乐、鼓吹横吹乐等，大都沿用宋制，演出时也是穿着宋代服饰。当这些汉族乐舞深入金廷时，引起了金代统治者的忧虑，金世宗曾亲自歌唱女真曲，教育子孙不要忘本。

元杂剧是在宋杂剧和金院本基础上发展起来的一种戏剧样式。它出现于金末元初，鼎盛于成宗元贞、大德年间（1295—1307）。关汉卿、马致远、白朴等是当时的代表剧作家。元杂剧一般是一本四折表演一个完整的故事，由旦、末、净、杂来扮演。后来在南方流行南戏，是吸收杂剧艺术特色发展起来的南曲戏文。这些戏曲，大体上都采用了宋代的服饰。

元代杂剧图

山西洪洞县广胜寺壁画

山西省是我国戏剧发源地之一，临汾（古称平阳）又是元杂剧的摇篮。演员皆穿戏装，扮作天王、贵妇或官员，戏装均为汉服。

辽墓壁画散乐图

河北宣化辽张匡正墓前室西壁壁画

散乐本为汉乐舞，后晋天福三年（938年）传入辽，成为宫廷乐舞。图中有一人正起舞，伎乐演奏箪篥、排箫、横笛、竽、琵琶、大鼓等乐器。均著汉装，头戴曲脚幞头，身穿圆领窄袖长袍，腰束革带，足穿乌靴。

中国历史上活跃在蒙古高原的民族分为东胡和突厥两大系，其下各有千种万类。突厥分布较西，是典型的草原游牧民族；东胡分布于大兴安岭，以狩猎和畜牧为生。自公元10世纪崛起称雄一时的契丹、党项、女真、蒙古，都与东胡有千丝万缕的联系，他们都是北方的游牧民族。长期盘马弯弓的游猎生活，使这些北方民族人人能斗击，没有兵民之别，有事举国皆兵，无事则从事游猎。正如波斯人志费尼在《世界征服者史》中所说："世界上，有什么军队能够跟蒙古军匹敌呢？战争冲锋陷阵时，他们像受过训练的野兽，去追逐猎物，太平无事的日子里，他们又像是绵羊，生产乳汁、羊毛和其他有用之物。"这种全民皆兵、兵民合一的部落兵制，使他们对于铠甲十分重视。

辽朝在显州（今辽宁北宁西南）专门设置"甲坊"，不但士兵披挂战甲，马也披挂了铁甲或皮甲。

西夏军队使用的铠甲，有先进的冷锻工艺作保证，只有十分强劲的弩弓才能穿透，是非常优秀的防护装备。

金兵在建国前尚不会锻造铠甲，后来在对辽战争中发展很快，到与宋军作战时，他们士兵披挂的鳞状铁铠甲已具有很好的防护能力，并以号称"铁浮屠"的重装骑兵为中心，作为冲锋陷阵的主力。

元军更以铁骑征服了亚欧，他们的骑兵多披挂连环锁子甲。它是用铁丝、铜丝将铁甲片连接而成，内里衬以牛皮，又称为"网甲"。元军甲胄制作极其精致，坚固无比。

辽、金、元、西夏这些北方民族逐鹿中原，是以马上得天下的，骑兵是他们军队的主力。骑兵的优势是远途奔袭，速战速决。他们往往利用骑兵强大的正面冲击和侧翼迂回的能力，来掌握战争的主动权。由于

辽武将图

这是河北宣化韩师训墓壁画中的门神像。穿甲胄，巾带飞扬，手握契丹传统兵器骨朵，庄严威武，反映了契丹武将的实际形象。

元代天王铠甲

甘肃榆林窟4窟东壁壁画

天王著龟背纹连环锁子甲，红皮缘边，有护项、护肩、护膊及护腹，有圆形护胸及革制护髀，下有腿裙及吊腿，穿六合靴。其装束大致来源于元代武士的军服。作为神化的需要，天王飘带绕身。

战争的需要，骑兵分为重甲骑兵和轻甲骑兵两类。在对付步兵作战时往往采用轻重甲骑兵混编的方式。先用重甲骑兵来对付弓箭兵的攻击，然后用轻甲骑兵高速冲击军心不稳、立足不定的步兵。重甲骑兵开道，轻甲骑兵或步兵配合协同作战。因此，重甲骑兵与轻甲骑兵的防护装备是不一样的。重甲骑兵士身穿铠甲，头戴盔帽，马亦披甲，用来防御弓箭等的攻击。而轻甲骑兵兵士很少穿甲，甚至不穿甲，战马也不披甲，以便快速进攻。

第九章

汉族服饰的艳丽余晖

明

（1368年—1644年）

【历史背景】

1368年，明太祖朱元璋从蒙古贵族手中夺取了政权，建立了明朝。到1644年，李自成攻入北京，明崇祯皇帝朱由检吊死煤山（今景山），明朝灭亡，历经277年。在统治者的倡导和严峻法制下，明朝的物质生活及风俗习尚都实行有序、有度、有制的规范化模式。表现在服饰上，便是严格区分服饰的等级。明代中后期，商品经济得到发展，物质生活丰富，社会上出现了一股求艳慕异的浮华之风。追新求精成为当时服饰的最大特色。

明朝建立以后，竭力消除元代蒙古族服制对汉族的影响，下诏禁止穿胡服，姓胡姓，讲胡语。根据汉族的习俗，上采周汉，下取唐宋，对服饰制度作了重新规定。明代服制的厘定，前后用了大约三十年的时间。

洪武元年（1368年），学士陶安等人提议，首先根据传统服制制定皇帝的礼服。古代五冕之礼太繁琐，决定只服用两种礼服：祭天地、宗庙服衮冕；祀社稷等服通天冠、绛纱袍，其余不用。

洪武三年（1370年），初步定出冠服之制，包括皇帝冕服、常服，后妃礼服、常服，文武官员常朝之服，士庶巾服等一系列服制。

洪武二十六年（1393年），又将原定的冠服制度作了一次大规模的调整，更制的范围很广。明代的许多主要服制，都是这次确定的。新的冠服制度颁布之后，数百年间没有大的变易，只是在服装颜色及服装禁例等方面做了一些具体的规定。万历以后，禁令松弛，鲜艳华丽的服饰几乎遍及黎庶。仕宦平日的燕居之服，更不是制度所能限制的。

明代服饰以端庄华美见称，有意识地恢复了中断一百多年的唐宋传统，官服继承了幞头、圆领袍衫、玉带、皂靴。

明朝皇帝为维护统治者的特权，严格区分服饰的等级，同时还严格限制百姓的衣饰。就妇女服饰来说，妇女不许穿金绣的衣服；颜色只许用紫、绿、桃红及各种浅淡色调，禁止用大红、鸦青、黄色；首饰只能用银镀金，耳环只能用金珠，钏镯只能用银。但是，社会的发展不是一些死规定所能限制得住的，这些禁令在明朝中晚期已经成为一纸空文。明朝中期，妇女追求时尚，妓女是当时潮流的带领者。服装样式，青年妇女流行穿比甲。女子爱好用貂皮制成尖顶覆额的披眉，称为"昭君帽"。妇女大多缠足，穿弓鞋。鞋与袜讲究突出对比效果，袜多为白色及浅红色，鞋则为深红或青色。饰物也十分考究，苏州流行的"象生花"风靡一时，用通草制作，与真花无异。花色以白色为上，黄色为次，最忌红色。这些穿着打扮，形成明代中晚期盛行的"时世装"。

明朝男子与女子一样，废弃元朝服饰，恢复戴巾帽、穿袍衫的汉俗，而且不同的社会阶层有不同的服饰限制，从服饰就可以辨别身份。虽然朝廷为各阶层服饰定下许多限制，但到明朝中晚期，人们纷纷冲破限制，争赶时髦。北京及其周边地区就兴起一股"胡风"，男子冬天戴貂皮高顶卷檐帽；江南贵公子服饰大类女装，巾式诡异；南京士人所戴巾有十几种，巾上缀玉结子、玉花瓶、大玉环等，甚至有用马尾编织为巾的。鞋子也有多种式样，颜色红、黄、紫、绿，无所不有。追新求精成为明朝服饰时尚的最大特色。

第一节　皇权极至时代的帝后百官服制

一、皇帝百官服制

皇帝服制

皇帝礼服　衮冕之制,冕前圆后方,各十二旒;元衣黄裳,施十二章;蔽膝金舄,玉佩大绶。除皇帝外,皇太子、亲王、郡王也可服用。通天冠服,身穿绛纱袍及蔽膝,方心曲领,白袜赤舄。皇帝一般小祀服用,皇太子及诸王冠婚等服用。弁服有皮弁和武弁两种。皮弁用乌纱,前后各十二缝,每缝缀五彩玉十二,穿绛纱衣及蔽膝,白袜黑舄。皇帝视朝、外官朝觐、策士、传胪等场合服用。武弁赤色,十二缝中缀五彩玉,穿赤色袜衣、袜裳、袜袷(韨),足蹬赤舄。是皇帝亲征选将时穿的戎服。

皇帝常服　头戴乌纱折上巾,又名"翼善冠"。足蹬乌皮靴。最有时代特色的是衣裳和玉带。衣裳为窄袖盘领右衽

明朝皇帝常服像
现藏故宫博物院

绣龙袍,特殊之处是衣服的两侧各多出一块,称为"摆"。用黄色绫罗制成,上绣龙纹及十二章纹,称"黄龙袍"。龙的图案,明代龙的形象为牛头、蛇身、鹿角、

十二章纹样

十二章代表皇帝处事英明果断,文武兼备,光明普照大地,泽施四方。

虾眼、狮鼻、驴嘴、猫耳、鹰爪、鱼尾,集中了各种动物的局部特征。龙的图案在

【名词点滴·传胪】

科举制度中,在殿试之后,由皇帝亲临宣布及第的进士名次的典礼。传胪最早始于宋代。清代制度是在殿试名次揭晓的当天,进士们汇集在宫中集英殿等待考试的结果。由传胪官依甲次唱名,有时也由皇帝亲自宣唱,由阁门承接,这样依次转传至阶下,卫士六七人一同高呼传名,进士列队在此,听到自己的名字被宣布,便依次出列。

宪宗便服图

现藏故宫博物院

宪宗头戴折檐笠子盔帽，穿曳撒，束玉革带，圆头鞋。是为皇帝便服。

结构和组织上也很有特色，有行龙、云龙、团龙、正龙、座龙、升龙、降龙等名目。在皇帝的龙袍上，共绣有团龙形升龙或降龙八个，从正面和背面看都是五团，加上号称"真龙天子"的皇帝本人，正应"九五之尊"之数。龙袍上还绣有十二章纹，两肩绣六章，前身绣六章。穿龙袍时腰系玉带，明代的特点是束而不着腰，在两胁下各用细纽来悬挂它，行动时经常要用手端着它。

明宣宗朱瞻基像

现藏故宫博物院

明宣宗头戴翼善冠，身穿黄龙袍，为明朝皇帝常服。

织金盘龙锦袍

明□长130厘米，袖通长110厘米
1971年山东省邹县鲁王朱檀墓出土□
现藏山东博物馆

锦袍直裾、窄袖、束腰，下摆作裙式。前后及两肩均饰盘龙纹，如意纹串边，祥云填空。用三组盘线束腰，袖缘及下摆以行龙、祥云、花草纹为饰。所有纹饰均在黄地上用金线绣出，金光灿灿，雍容华贵。

文武百官服制

百官祭服　一品至九品均身穿青衣、赤罗裳，内着白纱中单，俱皂领缘。赤罗蔽膝，方心曲领。冠带、佩绶与朝服同。只有在亲祀郊庙、社稷时服用。

百官朝服　朝服规定很严格，均头戴梁冠，身穿赤罗衣、裳、蔽膝，白纱中单，青饰缘领，革带佩绶，足着白袜黑云头履。梁冠、革带、佩绶、笏板都有等级的区分。梁冠以冠上梁数为等差：一品七梁；二品六梁；三品五梁；四品四梁；

官员公服
头戴漆纱展角幞头，身穿盘领袍，腰系革带。

五品三梁；六品、七品二梁；八品、九品一梁。革带以铐的质料为等差：一品玉带；二品犀带；三品、四品金带；五品、六品、七品银带；八品、九品乌角带。佩绶用花锦织成，以不同的花纹区别等差：一品、二品云凤四色织成花锦；三品、四品云鹤花锦；五品盘雕花锦；六品、七品练鹊三色花锦；八品、九品溪鶒二色花锦。笏板以质地区别等差：一品至五品用象牙笏，六品至九品用槐木笏。

百官公服 是官员每天升堂处理事务时穿的"工作服"。不论官职大小，均头戴漆纱展角幞头，身穿盘领右衽袍，足蹬皂靴。公服的等级，从服色、花纹、长短、革带来区分。服色一品至四品为绯色，五品至七品为青色，八品、九品为绿色，未入流杂职官等亦均为绿色。花纹以大小区别品级：一品用大独科花，直径五寸；二品用小朵花，直径三寸；三品用散花，无枝叶，直径二寸；四品、五品用小朵花，直径一寸五分；六品、七品用小朵花，直径一寸；八品以下衣服无纹。公服的长短，文官身长离地一寸，袖长过手；武官身长离地五寸，袖口七寸，仅能出拳。公服的腰带，一品用花玉或素玉，二品用犀，三品、四品用金荔枝，五品以下用乌角。

百官常服 常朝视事均穿常服。不论官职高低均头戴乌纱帽，身穿圆领衫，束带。常服区别等级，服色与花纹与公服相同，此外还规定用补子和腰带区分品级。公、侯、伯、驸马的补子用麒麟，白色；文官用禽鸟，一品为仙鹤，二品为锦鸡；三品为孔雀；四品为云雁；五品为白鹇；六品为鹭鸶；七品为溪鶒；八品为黄鹂；九品为鹌鹑，杂职为练鹊；法官为獬豸。武官用百兽，一品、二品为狮子；三品为虎；四品为豹；五品为熊；六品、七品为彪；八品为犀牛；九品为海马。常服的腰带，公、侯、伯、驸马和一品用玉带，二品用花犀带，三品用金钑花

黄鹂补
补子是官服前胸及后背缀有金线和彩丝绣成的徽识。由于皇帝是龙的化身，九五之尊，因此官员便以动物图案代表不同品级。黄鹂是八品官员的补子图案。

带，四品用素金带，五品用银钑花带，六品、七品用素银带，八品、九品用乌角带。

【名词点滴·笏板】
即笏，手板。古代臣子在朝廷上拜见皇帝时手中所拿的长条形板，用玉、象牙或竹制成，上面可以记事。《儒林外史》第十四回："（马二先生）在靴桶内拿出一把扇子来当了笏板，恭恭敬敬，朝楼上扬尘舞蹈，拜了五拜。"

【名词点滴·溪鶒(xī chì)】
亦作"溪鶒"。水鸟名。形大于鸳鸯，而多紫色，好并游。俗称紫鸳鸯。唐代温庭筠《开成五年秋以抱疾郊野一百韵》："溪渚藏溪鶒，幽屏卧鹧鸪。"顾嗣立补注："《临海异物志》：溪鶒，水鸟，毛有五彩色，食短狐，其在溪中无毒气。"

赐服的制度

赐服是皇帝给予臣下的一种特恩，只有两种情况才能赐服：一是官品未到应服的级别而给予特别服用；另一是特制蟒衣和飞鱼、斗牛服赏赐群臣。蟒衣的蟒纹形似龙纹，只是龙为五爪，蟒为四爪，所以极为贵重。飞鱼纹也类似蟒纹，只是无爪，在爪处代以鱼鳍，尾为鱼尾状。斗牛纹也类似蟒纹，只是头上两角弯曲向下，状如牛角。飞鱼和斗牛服都是亚次于蟒衣的贵重服装。蟒衣和飞鱼、斗牛服百官不能擅用，需经赏赐才能服用，成为明代除衮服外极为尊贵的服饰。

唐宋扈从官员用鱼符，而明代以佩带牙牌代替了它。明永乐六年（1408年）规定，凡扈从官员须随身悬挂牙牌，以凭关防出入。在京朝官，俱佩牙牌。拜官时由高宝司颁领，出京及转官则须缴还。不得向人借用，也不得借与他人，否则均须坐罪。牙牌以象牙为料，下有八寸长的红色或青色牌穗。牙牌上刻官职，并以字号分为几等：公、侯、伯用"勋"字，武官用"武"字，教坊官用"乐"字，大内官用"宫"字。另外又有一种金银铜牌，分"仁、义、礼、智、信"五个字号，公、侯、驸马、指挥、都督、将军等官员佩带。

二、皇后命妇服制

皇后服制

皇后礼服　头戴翡翠圆冠，上饰九龙四凤，大小珠花各十二树，四博鬓，十二钿。身穿袆衣，深青绘翟赤质，五色十二等，间以小轮花。蔽膝随衣色。青袜金

饰舄。在受册、谒庙、朝会等重大场合服用礼服，其他则服常服。

皇后常服　常服有多次更动。明洪武三年（1370年）定，头戴双凤翊龙冠，首饰、钏镯等均用金玉、珠宝、翡翠。身穿诸色团衫，金绣龙凤纹，金玉带。洪武四年更定，头戴龙凤珠翠冠；身穿真红

明朝"往古妃宫嫔女等众"水陆画中的皇后常服

原藏山西右玉县宝宁寺

头盘髻，佩戴狄髻，上饰珠宝金钿等，耳戴大坠。窄袖交领衫，披霞帔，下著红罗长裙，外罩轻纱样披帛。气度雍容华贵。

大袖衣霞帔，红罗长裙，红褙子；衣用织金龙凤纹，加绣饰。永乐三年更定，头戴冠用皂壳，附以翠博山，上饰翊珠金龙一；身穿黄衫，深青霞披，织金云霞龙纹，珠玉坠子；褙子深青金绣团龙纹；鞠衣红色，前后织金云龙纹，饰以珠。

贵妇服制

皇妃礼服　头戴九翠四凤冠，花钗九树，小花数相同；两博鬓；身穿青质翟衣，青纱中单；玉革带；青袜舄。常服为鸾凤冠，诸色团衫，金绣鸾凤；金、玉、犀带。九嫔礼服为九翟冠，大衫、鞠衣与皇妃制同。贵人以皇妃燕居冠及大衫、霞

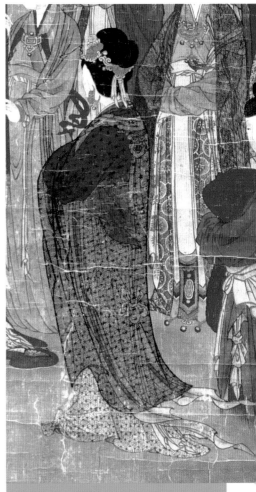

后妃服饰背侧

罗地刺绣百子女夹衣复制品

明□长71厘米，袖通长166厘米

1958年北京定陵孝靖皇后棺内出土□

现藏定陵博物馆

孝靖皇后夹衣，对襟、方领、广袖、束腰、斜摆，衣面为绣几何纹红罗，纹样多彩。纹样以云龙百子为主题，以海水江牙、山石树木花卉相衬托。前后襟及两袖均以金线盘绣双龙戏珠，龙纹外绣百个生动活泼的童子穿插其间，构成四十余个画面，寓意多福多寿多子孙。百子衣色彩鲜艳明快，以红、蓝、绿、黄、白等主色和十余种间色配合使用，主次分明，和谐统一。并以十一种针法，用丝线、绒线、金线和孔雀羽线绣成，光彩夺目。此衣从图案内容、构图设计、配色、用线等方面都显示了刺绣艺人的高超技艺，具有明代宫廷刺绣的艺术特色。

帔为礼服；以珠翠庆云冠、鞠衣、褙子、缘襈袄裙为常服。内命妇冠服，三品以上花钗、翟衣为礼服，四品、五品山松特髻、大衫为礼服。

命妇冠服　冠一品用金事件，珠翟五，金翟二；二品至四品用金事件，珠翟四，金翟二；五品、六品用抹金事件，珠翟三，抹金银翟二；七品至九品用抹金银事件，珠翟二，抹金银翟二。衣裳区别等级主要在霞帔和褙子上，按品级绣饰不同禽鸟花纹。

早在魏晋南北朝时期，就已经出现了帔子。隋唐时代，帔子已美如彩霞，白居易《霓裳羽衣舞歌》中赞美"虹裳霞帔步摇冠"，因此称为"霞帔"。宋代时，霞帔就成为贵族妇女的礼服佩饰。明朝因袭，霞帔也是贵族妇女礼服的专用佩饰。明代霞帔像两条彩练，两肩和搭一条，绕过头颈，披挂在胸前，下垂一颗金玉坠子。每条阔三寸三分，长七尺五寸。霞帔上绣花禽等纹样七个，皇后绣龙纹；一品、二品命妇蹙金绣云霞翟纹；三品、四品命妇金绣云霞孔雀纹；五品命妇绣云霞鸳鸯纹；六品、七品命妇绣云霞练鹊纹；八品、九品命妇绣缠枝花纹。用霞帔时，所穿褙子上的纹样相同，只有八品、九品命妇不用缠枝花纹，而是用折枝团花。

云纹花缎便服

现藏故宫博物院

出土于苏州王锡爵墓，制作精美，用料考究，保存完好。

第二节 传统依旧的男子常服

由于明代的衣裳有承袭唐宋遗制的，有承袭元代旧制的，还有明代特有的，所以样式比较多，但有一个共同之

明周臣《香山九老图轴》
明□纵177厘米，横89厘米
现藏天津博物院
描绘唐代诗人白居易晚年退居香山宴游的情景。但人物穿着为明代服饰。最左者头戴方巾，身穿长衫，外著罩甲。其余者或戴方巾或戴风帽，均身著直身。桌旁站立者为侍者，著衫及膝，下穿裤。

点，就是等级分明。

据史籍记载，崇祯末年，崇祯皇帝命令太子、王子易服青布棉袄、紫花布夹衣、布裤、蓝布裙、白布袜、青布鞋、戴皂布巾，做民人装束，以便避难。这种化妆出逃的服式，应是当时最普遍的百姓装束。

明代男子便服有直身、搭护、襕衫、罩甲、曳撒（程子衣）、裤褶、裙等。大凡举人、贡生、监生等士人，一般都穿直

身，斜领大襟宽袖，皂缘。明代流行的罩甲，是一种背心式长外套，长约至膝，不准用紫花面料，对襟的只许骑马时服用，不是对襟的士大夫等人均可服用。明朝士人则头戴"四方平定巾"或"儒巾"，身穿用绢布制作的"绸衫"，领、袖、下摆均镶皂色缘边。平民服饰以朴素为主，头戴"四方平定巾"，巾环不许用金玉玛瑙；身穿染色盘领衣，不许用黄色及金绣，只许用绸、绢、素纱；不许穿貂皮袄；鞋袜不许裁制花样及金绣。明朝还遵循"重农抑商"的传统，规定农民可以穿绸、纱、绢、布，商人只许用绢、布，不许用绸、纱。

衙门皂杂役，通戴漆布冠，上插孔雀翎毛，身穿青色布衣，下截折有密褶，腰间束红布织带。捕快则头戴小帽，身穿青衣，外罩一件红布背甲，腰束青丝织带。市井富民虽也穿纱绸绫罗，但颜色要避开官服色，只能用青、黑，禁止用大红、鸦青及黄色，衣服不能用金绣。不敢标新立异，只好在领上用白绫布绢衬之，来区别于仆隶。襕衫青衣小帽，是削官充军者及舆皂的服饰。元代的质孙

明张路《人物故事图卷》（局部）
现藏天津博物馆
此图取材于淮南子求仙故事，但人物服饰为明代风格。右为主人，头戴包巾，身穿襕衫，皂缘，足蹬云头履，为士人打扮。左为侍童，科头露顶，身穿衫裤，脚著麻鞋。从中可以看出不同身份的人，在服饰上有着明显的区别。

衣，明代称做"袘褫"，从官员到百姓都喜欢服用。明代的戎服裤褶，已与南北朝时的裤褶形状很不一样，类似袘褫，但为短袖或缺袖。庶民百姓服装的尺寸也有规定，衣长离地五寸。但从实际情况来看，这类规定并未能完全实行。

大袖袍
明
应为富贵人家男服。

彩釉瓷侍俑
明
1955年四川成都出土□现藏四川博物院
头戴六合一统帽，身穿程子衣，为明代男子常见服式。

第三节 追寻唐宋遗风的女服

明代女服的基本样式恢复了唐宋时代的汉族服饰形制，襦裙仍是常用的服式。明代襦裙的样式与宋代相同，只是在年轻妇女中，常加上一条短小的"腰裙"。侍女、丫环都很爱穿这种腰裙，以便于活动和劳作。腰裙一般系在襦裙之外，腰前还有佩饰。

明代妇女下裳主要为裙，裙内加著膝裤，把裤子单穿在外边的很少。裙幅初用六幅，有"裙拖六幅湘江水"之形容。后来讲究用八至十幅，甚至更多。腰间细褶数十，行动起来犹如水纹。颜色初用素白，仅在裙幅下边一二寸的位置绣上花边，作为压脚。后来用色不一定局限于浅色，可随穿着者的爱好而定。裙子的样式也多种多样，如月华裙、凤尾裙、百褶裙、合欢裙等。

宋代妇女盛行的背子，到明代更加流行。它既是明代贵妇的礼服，又是一般民女的便服。一般来说，合领、对襟、大袖的是礼服；直领、对襟、小袖的则是便服。

比甲是明代妇女普遍喜穿的又一种服式。比甲的名称多见于宋元以后，但基本样式早已存在。据《元史》记载，

明语滨《麻姑献寿图轴》
明□纵140.5厘米，横82厘米
现藏中国美术馆
图中麻姑头梳髻，包头巾，身著长袖背子，披帛，手持白拂。伴行的捧桃侍者，亦穿长袖背子，披披肩。两人的衣襟飘动，线条优美，为女子礼服。

明唐寅《秋风纨扇图轴》中的仕女
现藏上海博物馆
仕女头梳高髻，仅以珠篦为饰。身穿披帛襦裙，腰束带。腰间多一条披裙。这种腰裙多为年轻妇女或丫环、侍女所喜爱。

比甲
此件比甲，黑色、盘领、无袖、较长，是较典型的明代比甲样式。

【名词点滴·膝裤】

古时对无底半袜（亦称裤腿）、袜均称"膝裤"。清代赵翼《陔余丛考·袜膝裤》："俗以男子足衣为袜，女子足衣为膝裤；古时则女子亦称袜，男子亦称膝裤。今俗袜有底，而膝裤无底，形制各别。"

比甲产生于元代，初为皇帝的一种常服，后来才普及于民间，转而成为一般妇女的服饰。但元代妇女穿比甲的还不多见，直到明代才形成风气，大多青年妇女都喜爱穿用。比甲是一种对襟长马甲，盘领或交领，无袖或短袖，长至臀或至膝，还有长到只离地三寸的。特点是自元代用钮扣系结衣襟后，明代的比甲前胸也常用钮扣系结。一般穿在大袖衫、袄之外，下着裙，所以比甲与衫、袄、裙的色彩搭配是否和谐统一，常常成为文人作品中的话题。

明代女服中还有一种最能体现时代特点的服式，就是用各色碎布拼接起来的"水田衣"。样式为高领，用钮扣扣领，肩上有如意状云肩，因整件衣服由各色面料拼接而成，貌似水田交错而得名。水田衣的制作，开始较注意匀称，各种织料都裁成长方形，然后有规律地编排组合，类似僧人的袈裟。后来不拘泥于这种样式，织料大小

不一，形状也不同，形状像补钉，成了"百纳衣"。由于水田衣具有其他服饰所无法具备的特殊效果，简单而又别致，成为民间妇女手工的艺术佳作。

明代妇女领肩背间的饰物，品种花样比较多。除霞帔和披帛之外，还有三种：大的叫做"宫装"，裁白绫为云样，披在两肩胸背，上绣花鸟，并缀以金珠宝石或加钟铃，行动起来叮咚有声。小一些的有"云肩"和"阁鬓"，是由元代的四垂云肩发展而来的一种装饰，同样绣花鸟和缀以金珠钟铃。

云肩
云肩是古代重要的服饰装饰。它的主要作用在于加强肩部装饰而突出头面，实际的功用极小。云肩的典型式样有"四合如意式"和"柳叶式"两种，此处是云肩派生款式。

水田衣
此件水田衣由多种形状、颜色、图案的布块组成，多而不乱。

木雕王母像
明□通高27.3厘米
1955年浙江崇德崇福寺塔内发现□现藏浙江省博物馆
头梳高髻，戴簪花，长圆脸形，前额高耸，两眼向下凝视。身穿交领长裙，广袖过膝，肩部披帛曳地。

第四节 华美的衣料和纹样

明代建立以后，奖励垦荒，减轻赋税徭役，推广桑棉种植等，生产力大大提高，市场扩大，人口增加，新型工业不断涌现，生产技术也不断进步。这时的丝绸等纺织品，如缎、锦、绢、罗、纱、绸、改机、绒、绫、丝布等均享誉国内外。当时民间衣料，冬以棉布为主，夏以纻布为主，边疆民族穿毛织品。上层社会高档次服装则均以丝绸为面料，也有少量丝棉交织的丝布和毛织品等。明代的丝绸及服装等，出土实物较多，传世藏品也不少。

一、明代的染织管理

明代皇廷及百官冠服，由工部所设织染所和内府监所设内、外织染局负责监制。内府监内织染局掌染造御用及宫内应用缎匹绢帛；外织染局织造官府公用丝绸。这时的丝绸等纺织产品，在国内外享有盛誉。主要产地是江浙五府，即苏州、杭州、松江、嘉兴、湖州。高级的织成料只作冠服之用；有些冠服还用缂丝、刺绣等手工技艺进行制造，因此明代的刺绣和缂丝技术也有很大的进步。

二、明代服饰纹样的特点

明代根据当时的社会观念赋予服饰纹样以某种特定的含义，几乎是图必有意，意必吉祥，这就是人们喜爱的传统的吉祥图案。吉祥图案的历史源远流长，早在远古时代，我们的祖先就把一些猛兽的形象比做"威武"，用于男子服饰；把一些珍禽的形象比做"美好"，用于女子服饰。唐宋以后，这种风气更加普遍。利用象征、寓意、比拟、表号、谐音、文字等方法，把百花、百草、百禽、百兽、人物等各种纹样组合起来，来寄托美好的希望。这些吉祥纹样繁丽多样，色彩浓重，生动豪放，简练醒目。常见的有岁寒三友（松、竹、梅），富贵万年（芙蓉、桂花、万年青），福从天来（蝙蝠、云彩），丹凤朝阳（太阳、凤凰），喜上眉梢（喜鹊、梅花），金玉满堂（金鱼、海棠），宜男多子（萱草、石榴），连年有余（莲花、鲤鱼），和合如意（荷花、盒子、玉如意），平升三级（三把长戟插在花瓶中），暗八仙（汉钟离用的扇、吕洞宾用的剑、铁拐李用的葫芦和拐杖、曹国舅用的拍板、蓝采和用的花篮、张果老用的道情筒和拂尘、韩湘子用的笛及何仙姑拿的荷花），八宝（方胜、石磬、犀角、金钱、菱镜、书本、艾叶和蕉叶），八吉祥（天盖、

绿地瓜果纹夹缬单袄
现藏故宫博物院
此单袄在绿色绸地上，用夹缬法染出牵牛花、葡萄、西瓜、萝卜等多彩花卉瓜果，对比强烈，鲜艳明快，极富民间乡土气息。

顾绣《藻虾》
现藏上海博物馆
顾绣源于明代上海人顾名世家族，韩希孟系顾名世之孙媳，是顾绣名家，世称"韩媛绣"。此绣运用了针锋的特技，用套针、缠针、滚针等针法，以写实手法表现了"画绣"的神韵。《藻虾》上绣有韩希孟题款和"韩氏女红"朱文印。

【名词点滴·改机】
是明代弘治(1488－1505)年间福州林洪所创造。福建丝织品原先赶不上其他地区，林洪改革缎机，把用五层经丝织制的织品，改成四层经丝，织出的品种，丝薄实用，人们称作"改机"。

骑马官人图蓝印花布
上海松江明代墓出土□现藏上海博物馆
白花蓝地，素净雅致。

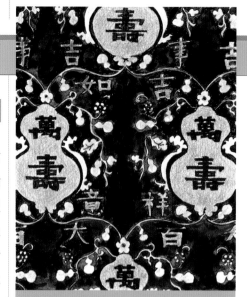

"万寿百事如意大吉"葫芦纹样
此料为织金缎，以葫芦为主要纹样，葫芦上织"万寿"字样，葫芦间嵌"百事如意大吉"字样。按葫芦纹样应为宫中正旦节服装纹样。

三、时令服饰纹饰

明代宫中还根据时令变化，换穿不同质料的服装，并吸收民间风俗，加饰象征各个时令的应景花纹。如：农历正月初一正旦节（春节），穿葫芦景补子及蟒衣，帽上佩大吉葫芦、万年吉庆铎针（帽前正中饰物称为铎针）；正月十五上元节（元宵节），穿灯景补子蟒衣，衣上饰灯笼纹样；三月初四清明节，穿秋千纹衣服；五月五日端午节，穿五毒（蝎子、蜈蚣、蛇虺、蜂、蜮）艾虎（口衔艾叶之虎）补子蟒衣；七月七日七夕节，穿鹊桥补衣；八月十五中秋节，穿月兔纹衣；九月九日重阳节，穿重阳景菊花补子罗衣；十一月冬至节，穿太子绵羊纹补子蟒衣；万寿圣节（皇帝生日），穿"万万寿"、"洪福齐天"纹样衣服；皇帝改换年号颁布新历，穿"宝历万年"纹样衣服，以谐音的图案八宝、荔枝、卍字、鲶鱼来寓意等等。

刺绣百子衣细部

莲花、宝伞、法轮、净瓶、海螺、盘长、金鱼）等图案。尽管这些花样形状不同，结构复杂，但都在主体纹样中穿插云纹、几何纹、枝叶、飘带等，显得十分和谐。这些吉祥图案中的大多数反映了人们对美好生活的向往与追求，是民族审美情趣的体现，因此家喻户晓，妇孺皆知，一直流传到现代。

太子绵羊纹样
此料为两色缎。纹样为冬装童子骑绵羊，肩扛梅枝，梅枝上挂一鸟笼。其他花卉穿插其间。按太子绵羊纹样应为宫中冬至节服装纹样。

第五节　崇尚典雅秀美的妇女发式与化妆

唐朝的女子发式瑰丽怪异，宋朝的则显得清秀空灵，相比之下，明代女子发式的特点是"平"、"垂"、"实"。所谓"平"，是此时妇女的发式不像前朝那么高耸。"垂"是发髻的样式多向脑后垂坠。"实"是发髻中透空的部分很少，多为丰满的一团挽在头顶或脑后，显得发丝浓密、厚重。

明代妇女喜欢戴假髻，有"狄髻"和"鬏勒"两种。"狄髻"就是用金丝或银丝编成的圆框，上蒙黑色缯帛或假发，像一个冠子。使用时戴在头上，上面插上许多饰物，是妇女十分喜爱的装饰。"鬏勒"除用金银丝编成框子之外，还可以用斫木做成，并且有很多样式，清李斗在《扬州画舫录》中写道："如蝴蝶，望月，花篮，折项，罗汉鬏，懒梳头，双飞燕，到枕松，八面观音诸义髻。"范叔子在《云间据目钞》中描写到明时妇女发髻与首饰的样式：妇人头髻在隆庆初年

明唐寅《洞箫侍女图》中的梳牡丹头仕女
现藏南京博物院
牡丹头是在头顶梳蓬松的发髻，用丝带或发箍扎紧，再将头发分成数股，每股挽至头顶心，再用发箍勒住。整体造型犹如在头顶上开着一朵牡丹花，雍容华丽。

明唐寅《秋风纨扇图》中的高顶髻仕女
现藏上海博物馆
图中绘一仕女手握纨扇，在庭院中徘徊，眉宇间露出哀怨之色。此女子发式为高顶髻，就是将全部头发集于头顶之后，向头顶斜后方盘成一节一节的发髻，并且一节比一节小，多为三节。此发髻多为女伎乐所梳。

皆尚圆扁，顶用宝花，谓之"挑心"，两旁用"捧鬓"，后用"满冠"倒插，两耳用宝

明张灵《招仙图》中的盘髻女
现藏故宫博物院
此发式出现于宋以后，将大部分头发盘于脑顶，脑后留一部分盘成小髻，系上发带。

嵌大环，年少者用头箍，坠以圆花方块。……"挑尖顶髻""鹅胆心髻"，渐见长圆，摒去前饰，皆尚雅装。梳头如男人直罗，不用分发鬏髻，髻皆后垂，又名坠马髻，旁插金玉梅花一二对，前用金绞丝灯笼簪，两旁用西番莲梢簪插两三对，发眼中用犀玉大簪横贯一二枝，后用点翠卷荷一朵，旁加翠花一朵，大如手掌，装缀明珠数颗，谓之鬓边花，插两鬓边，又谓之飘枝花。主要流传下来的明朝妇女发式有：牡丹头，高顶髻，"一窝丝"（"杭州攒"）和燕尾等几种。

明代妇女崇尚秀美，化妆讲究典雅、端庄，妆容上虽然还是以红妆为主，但要淡雅得多。她们根据时节的不同，将鲜花掺在香粉中，制成具有天然清香的"玉簪粉"和"珍珠粉"。明秦征兰《天启宫词》中写到："玉簪香粉蒸初熟，藏却珍珠待暖风。""玉簪粉"是玉簪花和胡粉蒸熟调和而成的，由于玉簪花是秋天开花，所以"玉簪粉"用于秋冬之际。"珍珠粉"是紫茉莉和胡粉蒸熟调和而成的，紫茉莉春夏开花，所以"珍珠粉"用于春夏之际。

明陈洪绶《咏梅图轴》中的高髻仕女
此仕女梳高髻，发髻的左右插金钗，为横插法。

第六节　名目繁多的巾帽与首饰

明代男子巾帽式样繁多，有些是唐、宋留传下来的，有些是辽、金、元游牧民族传到中原保留到明代的，还有些是明代新创的。

一、官服冠帽

冕　是皇帝祭天地等大典，身穿衮服时所戴的冠帽，是皇帝专用的礼帽。明冕的形制基本承袭古制，綖板前圆后方，各垂十二旒。綖板左右悬充耳，綖板

万历皇帝金翼善冠
　　明□通高24厘米，口径20.5厘米，重826克
　　1958年北京定陵万历朱翊钧棺内出土
　　□现藏定陵博物馆
此冠用金丝编结而成，冠的后上方编有两条对称的蟠龙，中间是一颗火珠，作双龙戏珠纹，做工精细，不露接头痕迹，反映了当时金银细工的高超技艺。

乐三年（1405年）定，冠乌纱折角向上巾，亦名翼善冠，亲王、郡王及世子俱同。"为明代皇帝、皇太子常服冠。皇帝不仅用乌纱制作，还可用金丝编成。皇帝戴翼善冠时，一般身穿黄龙袍。

弁　以乌纱为表，不用鹿皮。弁服为皇帝冠服，有皮弁、武弁服、燕弁服之分。《明史》记载："其制自洪武二十六年定。皮弁用乌纱冒之，前后各

万历皇帝冕
　　明□高17厘米，口径16～19厘米
　　1958年北京定陵万历朱翊钧棺内出土
　　□现藏定陵博物馆
冕以漆竹丝作胎，面敷黑纱，红绢为里。桐木作綖，前后各垂十二旒，旒以五彩丝绳穿珠十二颗。冕圈呈筒状，上部两侧各一孔，贯一长方形玉衡，用以维冠；下部有玉簪贯发髻，两侧各有一玉瑱，两端系红丝缨结于颔下。此冕形制与文献记载基本相同，是出土的明代唯一一件皇帝礼帽。

万历皇帝皮弁
　　明
　　1958年北京定陵万历朱翊钧棺内出土
　　□现藏定陵博物馆
皮弁以漆竹丝作胎，面敷乌纱，内衬红素绢，前后各十二缝，每缝缀五彩玉珠九颗，珍珠三颗。以玉簪贯髻，两侧系红色组缨。据《明史·舆服志》记载：皮弁为皇帝"视朝、降诏、降香、进表、四夷朝贡，外官朝觐、策士传胪"时戴的礼冠。

上还悬有一根朱纮。

翼善冠　将两脚在幞头后折而向上，因造型像"善"字，又称翼善冠。《明史》记载："永

十二缝，每缝缀五采玉十二以为饰，玉簪导，红组缨。"燕弁为皇帝燕居时所戴之冠。武弁为皇帝亲征遣将时所戴之冠。明初赤色，弁上锐，十二缝，中缀五彩玉，落落如星状。

忠靖冠　品官燕居服冠，是由玄冠演变而来的一种冠式，冠帽以铁丝为框，外蒙乌纱，平顶。中间略高为三梁，三品以上用金线缘边，四品以下不许用金。冠后竖立两翅，以冠略高，像两只耳朵。

乌纱帽　明代百官常服时戴的首服，用乌纱制作，故名。乌纱帽的式样和前代的硬角幞头类似，前低，为圆筒形，后高，为半圆形。两旁的展角比宋代的略宽而短，长五寸多，宽一寸多。后面有两根飘带。戴时帽内另用网巾束发。乌纱帽由于是百官常朝视事规定用的首

服，因此成为官位的象征，直到今天，"怕丢了乌纱帽"仍是"怕丢了官位"的同义语。

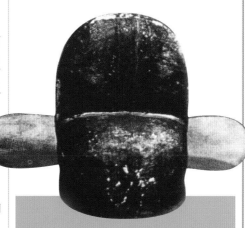

乌纱帽
　　上海明潘允征墓出土□现藏上海博物馆
乌纱帽是明代百官常朝视事规定用的首服，前低后高，展角宽而短，后面有两根飘带。

见明太祖朱元璋时，头戴这种巾式。太祖问此巾叫什么名，杨维祯讨好朱元璋，说叫四方平定巾。朱元璋听了大为

四方平定巾
由于明太祖的推崇，戴四方平定巾成为当时的时尚。

明曾鲸《王时敏小像》中的男子飘飘巾
现藏天津博物馆
飘飘巾是明代士大夫所戴的一种巾式，前后各披一片，因步行时随风飘动而得名。流行于明末，具有儒雅的风度。

累丝嵌宝石金冠
　　明□口径6.5～7.5厘米，重146.25克
1958年江西南城明益庄王朱厚烨墓出土□现藏江西省博物馆
冠由圈、盖、檐、舌四部分组成。圈为带状镂空椭圆形环，圈上覆置半椭圆形盖，盖上饰宝石九颗，孔内插金簪。檐和舌均镶嵌宝石。制作精工，外观绮丽，为当时最为成功的作品之一。

二、男子常用巾帽

　　四方平定巾　是明代的儒巾，因造型方正平直，呈倒梯形，故又称"四角方巾"或"方巾"。关于它的来历，还有一个故事。据《七修类稿》记载，士人杨维祯

欣赏，命制四方平定巾式，颁行天下，四方平定巾便成为官员和儒士的便帽。除四方平定巾外，一般男子常戴的还有包巾、二仪巾、披云巾、飘飘巾等多种巾式。

六合一统帽　是由政府规定式样，令全国通行的一种帽式。它取意国家安定和睦，六方统一大治，在政治上有一定的象征意义。形制上为平形或圆形，用六瓣或八瓣缝合而成，有一寸左右的帽沿。帽顶为一结。夏用结棕或用漆纱，冬用绒或毡制作。又名"瓜拉帽"，即后代的"瓜皮帽"或"小帽"。最早为执役厮卒之流所戴，因脱戴方便，一般市民百姓均喜戴，一直流行到民国末年。

网巾　是明代首创的一种巾式，又名"一统山河"或"一统天和"，后来形制有些变化，改称"懒收网"。据《七修类稿》记载，明太祖朱元璋见神乐观的道士用网巾裹头，便问他是什么巾式，道士回答说："此网巾也，用以裹头，万发皆齐。"朱元璋认为非常便当，下令照样制作，通行全国。网巾多用黑色细绳、马尾、棕丝等编织而成，式如鱼网。网口用帛作边，称做"边子"。边子的两边各系一绳，交贯于二圈之内，顶束于发。戴时边同眉齐，收约顶发。网巾用来约发，透气性能好。一般用来衬在冠帽内，也可直接露在外面。网巾是男子成年的一种标志。

六合一统帽
后来的"瓜皮帽"就是沿袭此种六合一统帽而来的。

戴网巾男子

三、妇女冠式及首饰

龙凤冠　皇后所戴的冠上缀九龙四凤，皇妃所戴的冠上缀九翚四凤。外命妇所戴的彩冠，不允许缀龙凤，只缀珠翟、花钗，但习惯上也称为"凤冠"。

孝靖皇后嵌珠宝凤冠
　　明　高27厘米，口径23.7厘米，重2.32千克
　　1958年北京昌平定陵出土　现藏中国国家博物馆
此冠以漆竹丝作胎，下缘镶金口，顶部饰六龙三凤，两侧龙口衔珠宝串饰。冠后插六扇舌形博鬓，左右分开，每面三扇。冠的两侧另插金凤钗一对，以便固定在发髻上。全冠共饰红、蓝宝石一百余颗，珍珠五千余颗，金彩交辉，富丽堂皇。

【名词点滴·棕丝】
即棕毛。棕榈树叶鞘的纤维，红褐色，坚韧而具弹性，是编结蓑衣、绳索等的原料。《中国的土特产·棕》："棕丝俗称棕毛，乃由棕片中抽出之纤维。"

嵌宝石金凤冠

　　明□通高29厘米，口径14厘米，重1.389千克
　　1954年贵州播州杨家土司墓地出土□
现藏贵州省博物馆

银片作胎，外缀以金片砑花、金丝缕花做的龙、凤和花卉，并在一些部位的饰件上镶嵌红绿宝石。正面中间为一朵大牡丹花，花上五凤并立。背面当中为大芙蓉一朵。工艺精湛，殊不多见。富丽堂皇，充分展示了贵族生活的奢华。

庶民女子金冠　名目繁多，制作工艺精堪，巧夺天工，如"金厢玉仙玉兔冠"、"金大珠八仙冠"、"刘海戏金蟾冠"、"金厢楼阁众仙冠"等。

首饰　主要有金钗和宝簪，钗头、簪头上制作有亭台楼榭、虹桥树木、飞

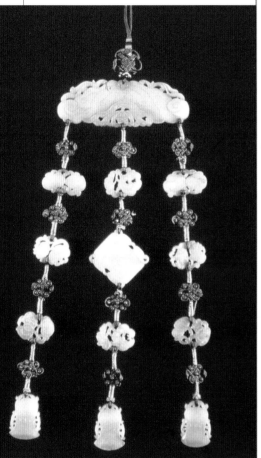

组玉佩

明□通长30厘米

江苏南京市墓葬出土□现藏南京博物院

上端一块大玉佩，悬三条小玉组成的坠，异常精美。

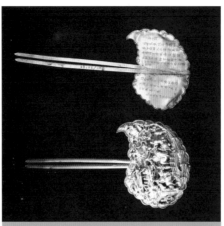

学士登瀛金钗

明□连钗股长16.4厘米，云头长6.5厘米

1957年重庆江北明驸马塞芳墓出土□现藏重庆中国三峡博物馆

金钗作卷云形，正面雕亭台楼阁，花鸟人物活动其间。背面刻《三学士》诗："冠世文章绝等伦，瀛洲学士盛时人，玉堂金马声名旧，明月清风气象新。阆苑朝回春满袖，宫壶醉后笔如神，平生自是承恩重，每赐金莲出禁宸。"又刻有《七绝》一首。此钗为冥婚公主殉葬物。

楼阁人物金发饰

明□长9.5厘米，高5厘米，重90.5克

1958年江西南城明益庄王朱厚烨墓出土□现藏中国国家博物馆

两端为尖形，中部有宫殿三栋：中间一栋分上下层，下层为三开间，前面有踏步，两旁有栏杆。正中间一间向前突出，各间屋顶分立，均为重檐，三间之内各有一造像。中间的双手持笏。左右各间的手执掌扇。上层无梁柱，仅见重檐歇山屋顶；左右两栋较低。每栋亦作三开间，各间之内均由一造像，手中抱一小孩。簪足向背后伸展。工艺精湛，纹饰尽显奢华，是明朝王室奢华生活的真实写照。

禽走兽、仙女人物等形象，栩栩如生，极其精致。耳环及耳坠有"金迭丝葫芦耳环"、"金折丝葫芦耳环"、"金水晶仙人耳环"、"金珠串楼台人物耳环"、"寿字耳坠"、"灯笼耳坠"等名目。有些当为四时随应景服饰花纹所佩用，如出土的玉兔捣药金耳坠，就是中秋节所用的。此外，还佩带戒指、手镯、玉禁步、玉佩饰、金香囊等佩饰。

玉兔耳坠

明□通长5.8厘米，环径2.5厘米，兔高2.4厘米

1958年北京昌平定陵出土□现藏定陵博物馆

金环，下系白色玉兔抱杵捣药坠，下饰云头金托，月宫玉兔大有腾云而起之势。这种耳坠当为应时而戴的饰品。

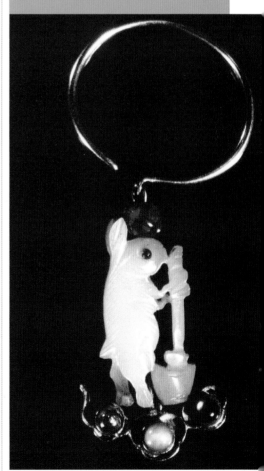

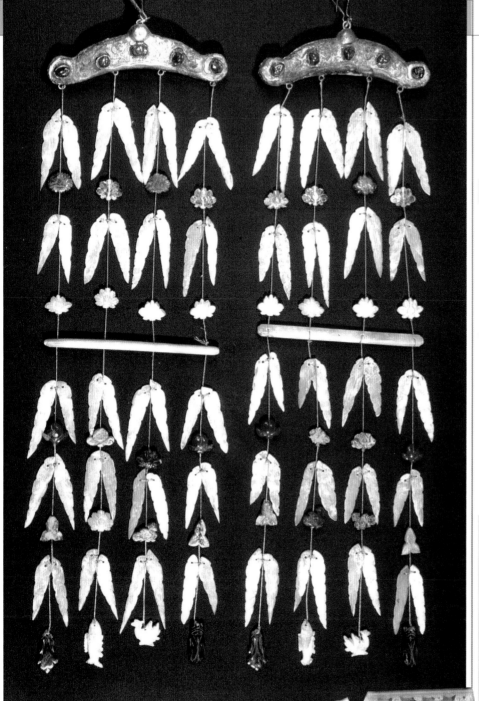

四、革带

古代官服腰间的革带上以装玉具和犀具为贵，到宋代采用以金铃为上的制度。明代，则以玉带为重，臣僚的带以黑色或深蓝色为多。皇帝的玉带装玉铃22枚，连铊尾为24枚；臣僚的玉带装玉铃18枚，连铊尾为20枚。前身正中一大二小，名为三台。其左右各为三圆桃。后身为七块方铃，腰带装上这么多装饰品后就相当长，起不了束腰的作用，所以明代官服的腰带是端着走的，变成了纯粹的装饰用具。

龙纹玉带板

明□大件长7.8厘米，宽4.5厘米，小件长4.3厘米，宽1.5厘米
1958年江西南城明益庄王朱厚烨墓出土□现藏江西省博物馆
带板由十九块形制不同的青玉组成，玉板上浮雕龙、凤、蝙蝠等纹，纹饰雕刻精致。背面有对穿斜孔，以便缀于革带之上。

玉禁步

明□通长61厘米
1958年北京昌平定陵出土□现藏定陵博物馆
此成组串饰，一付两件。顶部为荷叶形提头，两面浮雕二龙戏珠纹，并嵌五颗红、蓝宝石。上面正中有一个环鼻以便佩挂；下面有四个环鼻，分别系黄色丝组穿连四组玉饰十排。在第四排饰件下穿一玉衡，分贯四组，以防丝组过长而相互纠结。玉禁步为皇后著礼服时所佩，系在腰部革带的左右两侧，步行稳重，增加庄严。

第七节 火器时代的轻便铠甲

明朝距中国火器的发明已有四百年，但明朝火器技术水平已明显落后于西方。明朝中晚期，西方佛郎机及红夷火炮的传入，对中国的火器制造有巨大的推动作用，中国进入火器时代。火器成为主要武器后，有些火器需要跪射，而士兵也需要躲避敌方的火力，要求动作灵活机动，传统的铁制铠甲虽然具备较强的保护功能，但不便行动及操作火器。再加上冷兵器使用的减少，近身格斗的机会相应减少，厚重的铁制铠甲自然让位于轻便灵活、便于行动的新式轻便铠甲。

明朝的新式铠甲主要有锁子甲和布面甲两类。锁子甲是用直径1厘米左右的小铁环相互套连编成的铠甲，比前代缀甲片的铠甲轻便而且保护性强。布面甲有两种制作方法：一种继承元朝，以布为里，中间编缀甲片，表面钉上甲钉；另一种用棉制，又称棉甲，重量轻而且见雨不重，遭到鸟铳攻击也不会大伤，是专为抵御管形火器而设计的。这些轻便铠甲的大量使用，宣告了铁制铠甲历史使命的终结。

火器的使用，攻击全身的命中率降低，头部就不易防护，成为攻击的重点。所以尽管铠甲日趋轻便，而头盔却越来越坚固。《明会典》中记载了十八种名目的头盔，大体都是铁制的，可见头部成了战斗中的重点防护处。

彩釉武士瓷俑
明
1955年四川成都白马寺明墓出土□现藏四川博物院
头戴兜鍪，身著轻便甲袍，脚蹬靴。体现了明朝军士的着装特点。

持锤武将像
明
北京昌平十三陵出土
头戴兜鍪，身穿甲袍，有护肩，腰系带，足著靴。造型庄严，雄姿威武。

第十章
以满族装束为主体的服饰
清
（1644年—1911年）

【历史背景】

满族原居住在东北长白山一带，是女真族的后裔。到爱新觉罗·努尔哈赤时，势力逐渐强大，于1636年再次建立金国。满族以"爱新觉罗"为姓，汉语译为"金"，所以史称"后金"。后改国号为"清"。清顺治元年（1644年），清兵入关，建立了清王朝。到辛亥革命为止，共历268年。满族统治者强迫汉人遵从满族的衣着与服饰习惯，同时官民服饰中也保留了汉族传统服饰中的某些特点，满汉服饰文化充分融汇与结合。

清顺治二年（1645年）大局已定，遂强迫汉人遵照满族习俗，严令剃发，令"京城内外限旬日，直隶各省地方，自部文所到之日，亦限旬日，尽行剃发"。若"仍存明制，不随本朝之制度者，杀无赦"。并令剃发匠挑担游于市，见蓄发不剃者，抓住强行剃去，稍有抵抗就杀掉，将头砍下挂在剃头担子的竿上示众。这就是"留头不留发，留发不留头"的民族压迫惨剧。接着就是"改冠易服"。顺治三年（1646年）规定了官民服制，强迫百姓一律改服满族服装。顺治九年（1652年），礼部又制定《服色肩舆永例》，经钦定后颁行天下。当时百姓民众不满情绪高涨，为了缓和这种反抗，清王朝不得不接纳了明遗臣金之俊的"十不从"建议，即"男从女不从，生从死不从，阳从阴不从，官从隶不从，老从少不从，儒从释道不从，倡从优伶不从，仕宦从婚姻不从，国号从官号不从，役税从语言文字不从"。这"十不从"虽没有正式明文规定，但在有清一代的服饰中，可以清楚地看到这类情况。

清代虽然废除了明代服制，但还保留了前朝服制中的某些特点。如清代皇帝虽然没有采用汉族的衮冕，却保留了冕服中的十二章纹；清代官服仍采用补子，但不施于公服之上，而是施于补服上；清代仍用羽翎装饰帽顶，只不像明代那样以翎英区分贵贱，而是以翎眼区分尊卑；清代命妇也沿袭凤冠霞帔制度，但形制已经起了变化。经历了两千多年的变迁，所形成的汉族冠冕衣裳，到清代遂告终止。

清末，又一次服装改革在西学的传入中悄然展开。从同治四年（1865年）开始，清政府派遣学生到外洋留学。这些学生一到国外，就接受了西方文化，首先就是"剪发改装"。但这在国内是不行的，所以他们回国后只好戴上一个假辫子。光绪二年（1876年），清政府又选派武弁去德国学习水军、陆军等知识，后又派往其他国家。在国内采用西式操练，改练新军，学生也采用西学，从此军队和学生服饰也采用西式衣帽。宣统二年（1910年），迫于形势，开始准许臣民自由剪发，但一因顽固派的阻挠，二因积习太深，一直未能实施。直到辛亥革命推翻了清王朝，才得以实行。

《岁朝图》
　　现藏故宫博物院
清朝汉人着装风格。

第一节　满汉融合的帝后百官服制

一、皇帝服制

朝服　冠冬用薰貂、黑狐，夏织玉草、藤竹丝，上缀朱纬。顶三层，前饰金佛，后饰舍利，上衔大珍珠一，承金龙四。朝服用明黄色，两肩前后正龙各一，腰帷行龙五，衽正龙一，襞积前后团龙各九，裳正龙二，行龙四，披领行龙二，

雍正冬服像

袖端正龙各一。列十二章，下幅八宝立水。大典礼时朝带的龙纹金版为圆形，中间以红蓝宝石或绿松石及东珠镶嵌成十字花形，周边珍珠围绕。佩囊均为刺绣、缂丝制作。祭祀时朝带龙纹金版为方形。祀天用青金石、祀地用黄玉、朝日用珊瑚、夕月用白玉，每具皆衔东珠，周围有珍珠。

吉服　冠冬用海龙、薰貂、紫貂，夏织玉草或藤竹丝。红纱绸里，石青片金缘。上缀朱纬，顶满花金座，上衔大珍珠一个。身穿龙袍，用明黄色，领袖石青色，片金缘。绣金龙九条，列十二章，间以五色云，下幅八宝立水。吉服带与常服带同制，形制与朝服带大体相同。

常服　冠制如吉服，只是顶用红绒结。常服褂，颜色及花纹随所用。

行服　冠冬用黑狐或黑羊皮，样式同常服冠；夏用藤或竹丝，红纱裹缘，上缀朱牦。顶和梁均用黄色，前缀珍珠一。行袍制同常服褂，长减十之一，右裾短

清皇帝夏朝服

顺治明黄妆花纱袷龙袍

现藏故宫博物院

一尺，色彩花纹随意。行褂用古青色，长与坐齐，袖长及肘。行带用明黄色带，有线钮带、线鞓带、里边带子、黄线软带等多种。左右佩系用红香牛皮制作，饰金银花环。上约亦用香牛皮制作。缀有银质花纹佩囊。明黄绦，饰珊瑚。挂系挂刀、荷包、罗盘、牙签筒、火镰袋等。

皇帝朝珠　清代皇帝信奉佛教，朝珠是由佛珠演化来的，都是108粒。朝珠每隔27粒穿入一粒不同材质的大珠，称为"佛头"，其中连结背云的一粒大珠称为"佛头塔"。由佛头塔缀绦穿背云，末端坠一葫芦形佛嘴，戴时背云垂于背后。在佛头塔两侧面缀有三串小珠，每串10粒，称为"纪念"。佩戴时两串男左女右，一串男右女左。佩戴规定为：皇帝用东珠，明黄绦。祀天以青金石、祀地以蜜珀珠、朝日以珊瑚珠、夕月以绿松石珠为饰。皇子、亲王、世子、郡王朝珠不得用东珠，余随所用，均用金黄绦。

皇帝朝靴　可用明黄缎。初袭明制，用方头靴。后变为尖头靴，北京人称这种尖头靴为"武备院式样"。皇帝所穿皂鞋，冬青缎毡帮羊皮里或青缎毡里，夏青缎凉里，脚背等处绣花穿珠。

二、百官服制

品官服制以冠帽的顶子、翎子，朝珠的质料、戴法，补服纹饰和蟒袍的服色纹样区别等级。

顶子　指冠帽上的顶珠，是区分清代官阶的重要标志，几品顶戴，就是看冠帽上的顶珠。顶珠必须按品级戴用，皇帝为珍珠，一品为红宝石，二品为珊瑚，三品为蓝宝石，四品为青金石，五品为水晶，六品为砗磲，七品为素金，八品为阴文镂花金，九品为阳文镂花金，未入流者无顶珠。官员革职或降职，就是革去他原应戴的顶珠。

翎子　有花翎和蓝翎的区别。蓝翎用鹖羽制成，无眼；花翎用孔雀尾毛制成，有一眼、二眼、三眼之分，以三眼最贵。所谓"眼"就是孔雀尾毛上的彩色圆斑。能戴花翎的官吏有五种：一是爵位规定；二是皇帝近侍和王府护卫；三是禁卫京城内外的武官；四是有军功之人；五是特赐之人。按《大清会典》规定，贝子戴三眼花翎，根缀蓝翎；镇国公、辅国公、和硕额附戴二眼花翎；内大臣、侍卫、前锋护军统领、前锋护军参领、诸王府长史、一等护卫及各省驻防将军、副都统、督抚、提镇蒙赐者戴一眼花翎；贝勒府司仗长、王府及贝勒府二三等护卫等戴染蓝翎。

补服　是一种外褂，穿在袍外。用石青色，比袍短，比马褂长，对襟圆领，用钮扣系结。补服是官服，皇帝是不穿的。补服以前胸后背的补子区分官阶。自亲王以下，贝子以上皇亲用圆形，绣龙蟒。规定皇子绣五爪，正面金龙四团，前胸后背各一，两肩各一；亲王绣五爪

康熙皇帝朝服像
现藏故宫博物院

金龙四团，前胸后背为正龙，两肩为行龙；郡王绣五爪金龙四团，均为行龙；贝勒绣四爪正蟒二团，前胸后背各一；贝子固轮额附绣五爪行蟒二团，前胸后背各一。贝子以下均为方形，镇国公、辅国公、和硕额附、民公（异姓封爵）、侯、伯绣五爪正蟒二方，前胸后背各一。以下百官均为方形补子，文以禽，武以兽。文官一品仙鹤，二品锦鸡，三品孔雀，四品云

清代官员补服

亲王补服

雁，五品白鹇，六品鹭鸶，七品鸂鶒，八品鹌鹑，九品练雀，都御史獬豸；武官一品麒麟，二品狮子，三品豹子，四品老虎，五品熊，六品彪，七品、八品犀，九品海马，从耕农官为彩云捧日。

蟒袍是清代文武官员常用的礼服，上自皇子，下至未入流者，均可服用。蟒袍以服色及蟒的多少区别官阶。规定皇子用金黄色，片金缘，通绣九蟒，裾四开。诸官蓝及石青随用，以蟒的多少区别官阶：一品至三品绣五爪九蟒，四品至六品绣四爪八蟒，七品至九品绣四爪五蟒，未入流者同九品。蟒纹与龙纹没有什么区别，规定五爪龙缎、立龙缎等，官民均不得服用，如有特赐，也需挑去一爪穿用。

袍褂　长袍多开衩，官吏士庶开两衩，皇族宗室开四衩。最有特色的是袖口装有箭袖，平常翻起，行礼时放下，形似马蹄，故俗称"马蹄袖"。礼服没有领子，穿时加上一个硬领衣，春秋多用湖色缎，夏用纱，冬用皮毛或绒，俗称"牛舌头"。此外，在肩背还披上一个形似菱

【名词点滴·鹖(hé)】

鸟名。即鹖鸡。《山海经·中山经》：辉诸之山其鸟多鹖。宋代高承《事物纪原·虫鱼禽兽·鹖》："上党诸山中多鹖，似雉而大，青色，顶有毛角，健斗，至死而止。古之为将士者，取其毛尾插于胄上；今军士插雉尾，即此也。"

官吏冬服像

法，男子只用一串，后妃命妇朝服用三串，吉服用一串。

靴　公服穿靴，靴子多用黑缎。牙缝靴多为高级官吏所穿。武弁、公差等则穿一种薄底短筒快靴，称为"爬山虎"。鞋子的样式也很多，有云头、扁头、单梁、双梁等。武弁差官穿的厚底鞋，用通草作底，称为"篆底"。后也改成薄底，名"军机跑"。

三、皇后、命妇服制

清制皇后必为满人，服制基本为满族服饰。皇后服制有朝服、常服之分。

皇后朝服

皇后朝服由朝冠、朝袍、朝褂、朝裙、朝珠等组成。

角的披领，上面绣有各种花纹。冬天用紫貂或石青色，镶海龙绣饰缘；夏天用石青色，加片金缘。

命官朝带　一品朝带镂金衔玉方版，饰红宝石，带用石青色或蓝色；二品、三品朝带镂金衔玉圆版，饰红宝石；四品朝带银衔镂花金圆版；五品朝带银衔素金圆版；六品朝带银衔玳瑁圆版；七品朝带素圆版；八品朝带银衔明羊角圆版；九品朝带银衔乌角圆版。以上朝带均用石青或蓝色。

朝珠　清代皇帝及文官五品、武官四品以上（包括命妇）、内廷行走，颈上都要悬挂朝珠。朝珠以质料、穿珠的丝绦和不同的戴法区分等级。贯穿的条线，皇帝用明黄，而下则为金黄及石青。珠子皇帝、皇后等用东珠，皇子以下其他人禁用。按例五品以下文官不得用朝珠，后因接近内廷的原因，像编修、检讨这类七品官也都佩挂。朝珠的戴

孝诚皇后朝服像

婉容朝服像

朝冠　冬用薰貂，夏用青绒。皆缀朱纬，上周缀金凤七。顶部分三层，各贯东珠一，叠三金凤。冠后饰金翟一，翟尾垂五行珍珠，共计三百二十颗。每行中

间另饰青金石、东珠等，末端缀珊瑚。冠后护领垂明黄色绦二，末缀宝石。

皇后七凤朝冠
现藏故宫博物院

朝袍　为龙袍。皇太后、皇后朝袍冬有三式，夏有二式。冬朝袍，一式为明黄色，披领及袖为石青色。片金加貂缘，肩上下，袭朝褂处也加缘。绣金龙九，中无襞积，下幅八宝立水。披领行龙二，袖端正龙各一，袖相接处行龙各二。领后垂明黄条，饰以珠宝。二式为片金加海龙缘。前后绣正龙各一，两肩行龙各一，腰帷行龙四。中有襞积，下幅行龙八。余同一式。三式为片金加海龙缘，裾后开。余同一式。夏朝袍，一式用明黄色，片金缘。余同冬一式。二式为片金缘，余同冬三式。

刺绣彩云金龙皇后夏朝褂
现藏故宫博物院

朝褂　是穿在朝袍之外的无领无袖长背心。皇太后、皇后朝褂有三式：一式用石青色，片金缘，前后绣立龙各二。下通襞积，四层相间，上绣正龙各四，下为万福万寿。领后垂明黄条，缀以珠宝。二式前后绣正龙各一，腰帷行龙四，

碧玺朝珠
清□周长153厘米
现藏故宫博物院

用一百零八颗粉玺珠串成，象征十二月、二十四节气、七十二候。上下左右分成四份，每份中间加串大碧玺圆珠一颗，以示四季。挂于颈后正中的大碧玺"佛头"，与葫芦形"佛嘴"衔接，下系一黄丝带，中间为嵌有红宝石、黄碧玺的金累丝"背云"，寓意一元复始，带尾端垂一银累丝托嵌翡翠。两侧还有三串珊瑚珠"纪念"，表示一月三旬。为清代帝后穿吉服时所佩用。

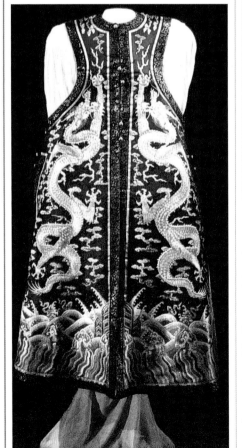

中有襞积，下幅行龙八。余同一式。三式前后绣立龙各二，中无襞积，下幅八宝立水。余同一式。

朝裙　皇太后、皇后，冬朝裙用片金加海龙缘；上用红织金寿字缎，下为石青行龙妆缎。皆正幅，有襞积。夏朝裙用片金缘，质料用缎或纱。余同冬式。

朝珠　皇太后、皇后穿朝服时，朝珠要用三盘，东珠一、珊瑚二；吉服朝

珠一盘；均明黄绦。皇贵妃、贵妃、妃朝服朝珠三盘，蜜珀一、珊瑚二；吉服朝珠一盘；均明黄绦。嫔朝服朝珠三盘，珊瑚一、蜜珀二；吉服朝珠一盘，均金黄绦。

后妃常服

后妃常服样式与满族贵妇基本相同，只有图案的区别，一般由头饰、旗袍、高底鞋组成。

"两把头"　是满族妇女特有的发式。初时将头发分为两把，所以俗称"叉子头"或"大拉翅"。髻左右横出，长度约为一尺，望如一字，所以又称"一字头"。梳成后像一柄如意横在头顶

慈禧常服像

慈禧常服像

上，因此又称"如意头"。后来越增越高，变成像块牌楼的固定装饰，干脆做成帽子式，好像顶着一块小黑板。上面插上花朵珠宝，侧面垂流苏。梳旗头时脑后垂下一绺头发修成两角，称为"燕尾"。

两把头

一字头

镶嵌，耗银七十万两。

高底鞋

常服旗袍　直身无领，平常穿用时要围一条领巾，像小围巾一样，绕颈一圈，在前面垂下一头，上面绣有各种花样。后妃与一般贵妇旗袍式样相同，只是所用图案不同，常见的有百蝶、凤凰、牡丹等纹样。在我国古代传说中，凤鸟是鸟中之王，牡丹是花中之王，丹凤结合，象征美好幸福，因此，皇后常服上经常可以见到丹凤的形象。

高底鞋　满族妇女不缠足，所以穿的鞋也与汉族妇女不同。旗装女子必穿高底鞋，底高一寸至二寸，后增至四五寸。底的形状上宽下窄，像个花盆，俗称"花盆底"。底用木料制成，中间凿成马蹄形，印痕似马蹄，所以又称"马蹄底"。高底鞋多用缎面，上面绣花。慈禧太后穿的高底鞋，鞋头做成凤头形，嘴衔珠穗，称为"凤头鞋"。这种鞋由清初的厚底凤头鞋发展而来，厚底鞋往往为老年妇女所穿。此外，还有珠履，价格昂贵，据说慈禧所穿珠履，四周全用大颗珍珠

命妇礼服

清代命妇服制各依其夫，也穿蟒袍。形制大体与后妃相似，只是色彩、花纹、珠宝等有一定的规定，以区别等级身份。

朝冠　按规定，民公夫人至七品命妇的朝冠，要根据皇太后、皇后朝冠逐次减少装饰。如镇国公夫人的朝冠，顶为一层，金凤改为金孔雀。吉服冠顶，一品命妇用珊瑚，二品命妇用镂花珊瑚，三品命妇用蓝宝石，四品命妇用青金石，五品命妇用水晶，六品命妇用砗磲，七品命妇用素金，大体与男子品官相同。

命妇蟒袍　皇子福晋用香色，通绣九蟒。其下命妇则用石青等诸色，绣四爪九蟒、四爪八蟒至七品命妇四爪五蟒不等。命妇朝褂，前绣行蟒二，后绣行

蟒一。领后垂石青色条。其余同皇后服制。命妇朝裙，片金加海龙缘，上用红缎，下用石青色行蟒纹妆缎，皆正幅，有襞积。夏朝裙片金缘，缎纱随意。其余同冬朝裙。命妇朝珠亦用三盘，条只用金黄色及石青色。

凤冠霞帔　清代命妇服制承袭明代，凡诰命夫人，礼服均有凤冠霞帔。清代霞帔与明代霞帔形状不同，清代霞帔阔如背心，中间缀以补子，前胸后背各一块。前面用钮扣系结，两侧用丝带系连，下端施以彩色流苏。补子为正方形，比男子的略小一些，纹样视其夫或其子的品级而定。武官的命妇不用兽纹而从文官补子纹样，因妇女文雅，不宜尚武。在穿霞帔时，肩头往往配上云肩。云肩的形状为无领、对襟、如意纹，下垂流苏。

清代命妇的常服比较随意，有旗装的，有汉装的，各取所爱。

第二节 改冠易服后的男子常服

一、清代男子以满族装束为主，袍褂成为主要常服

清任薰绘《莲桥像轴》
画中男子著圆领长袍，为汉族男子服式。

袍　有不开衩的，也有开衩的。一般百姓穿不开衩的，又名"一裹圆"。袖口是敞开的，如果当礼服使用，要另装上马蹄袖，用钮扣系在袖端，礼毕取下，这种袖子称为"龙吞口"。开衩的袍又称"箭衣"，袖口装箭袖，以便骑射，平时马蹄袖翻起，行礼时放下。此外还有一种行袍，比常服袍短十分之一，右裾下短一尺，所以又称"缺襟袍"。这是一种便于乘骑的长袍，也可当礼服用。不乘骑时，将短一尺的一幅用钮扣扣上，就与常服袍一样。穿长袍时著长裤，裤腿末端用带子系扎。另外还有一种套裤，只有裤筒。还有一种下腿肥大，末端收小的灯笼裤。

行褂　行褂穿在长袍之外，长不过腰，袖仅掩肘，袖口平直不作马蹄式，短衣短袖，便于骑马，所以又称"马褂"。马褂的衣襟有三式：对襟马褂，多用作礼服；大襟马褂，多用作常服；缺襟马褂，多用作行装，又称"琵琶襟马褂"。一般天青或元青色为礼服马褂；深红、浅绿、紫酱、深蓝、深灰等为常服马褂。马褂领、袖多有滚边，质料可用绸缎，也可用皮毛。乾隆年间流行翻毛皮马褂；清末流行黑色海虎绒马褂，配湖色青纱直行棉袍。马褂以黄色最贵重，非特赐不得服用。赐穿黄马褂的是三种人：一是跟随

行袍马褂

黄马褂

皇帝"巡幸"的侍卫，因职务而穿，称为"职任褂子"；二是围猎时获猎多的人受赐而穿，称为"行围褂子"；三是建有功绩的人受赐而穿，称为"武功褂子"。前两类人的黄马褂，钮绊是黑色的，后一类人的黄马褂，钮绊是黄色的，这类穿黄色钮绊黄马褂的人，事迹一般都要载入史册。

马甲　又称"坎肩"、"背心"，男女均可穿用。最初窄小，穿在里面，晚清时多穿在袍外。清代的马甲以襟的形态、扣襟的装饰、花纹的组织为特点。襟的形状，有对襟、大襟、缺襟（琵琶襟）等。有一种"巴图鲁坎肩"，四周镶边，正胸处横行一排钮扣，两侧也用钮扣，共十

马甲

三粒，所以又称"十三太保"或称"一字襟"。这种马甲最先在朝廷要员之间流行，后来一般官员也可穿着，成为一种半礼服，因此又称"军机坎"。

二、腰带、小帽、鞋

腰带 在穿长袍马褂或马甲时，袍服腰上一般束带。腰带有朝服带、吉服带、常服带、行服带等区别。按规定，宗室（皇帝本支）用黄色，觉罗（皇帝旁支）用红色，其他人用石青、蓝色或油绿织

金，带上佩带各种饰件。满族的祖先女真人的习俗，外出行猎时腰间系挂"法都"，即皮囊，可装食物充饥。后来仿效汉人，用绸缎等制作荷包、香囊、褡裢、火镰袋、扇套、眼镜套等小挂件，佩挂在腰带两侧，成为定制。这些佩饰既有装饰意义，又有实用价值。以荷包为例，每年岁末，皇帝要赏赐王公大臣"岁岁平安"荷包。皇帝选后，看中了谁，就把自己身上的荷包解下来挂在她的衣襟上，称为"放小定"，而后举行聘礼，称为"放大定"。男女青年之间，也常以赠送荷包来表达爱情。

腰带佩饰

小帽 俗称"瓜皮帽"或"秋帽"，也就是明代出现的"六合一统帽"。这种帽子用六瓣合缝，多为表黑里红。帽缘前边正中缀一长方形帽准，质地多为玉、翡翠，也有以碧霞珠来炫耀富贵的。帽顶有一结子，一般红色丝绒编成，丧服则用黑色或白色，大小随时而变。清末不用帽结，改用珊瑚、水晶、料珠等。这种小帽有平顶、尖顶、硬胎、软胎等多种。除小帽外，男子冬天还常戴风帽，又

小帽

称"风兜"。过去用它外出御寒，清代居家也用。风帽以红色为贵，多用呢绒制作，少数用皮毛制作。此外常见的还有毡帽，用毡子制成。

鞋 清代男子便服以鞋为主。冬天穿的棉鞋，形似蚌壳式，称为"大鱼棉鞋"，俗称"老头乐"。农夫则多穿蒲草鞋，劳动者还常穿棕鞋、芦花鞋等。南方百姓穿拖鞋，北方人民则穿冰鞋，因气候各异而不同。雨雪天气常穿的有钉鞋和木屐。

《耕织图》
清
现藏中国国家博物馆
图中男子，上穿衫、下著裤，为劳动者服装。可看出几千年来劳动者服饰没有太大变化。

【名词点滴·钉鞋】
旧式雨鞋。用布做帮，用桐油油过，底上有圆头铁钉以防滑。汪曾祺《岁寒三友》："小学的同学几乎全部在下雨天都穿了胶鞋来上学，只有他穿了还是他父亲穿过的钉鞋。"

第三节 满汉并行的妇女服饰

清代妇女服饰基本上是满、汉并行。最显著的特点是由结带变为中式纽扣。纽扣自明代开始使用，但主要用于礼服，而清代则成为不可缺少的衣饰。纽绊最早用于领子，领子因之也变为立领，原来坦露的颈部变得藏而不露。讲究时装成为一时风气，"洋了苏杭"的时装浪潮是历史上罕见的。

一、旗装

满族妇女服饰为旗装，由旗头、旗袍、高底鞋组成一套完整的旗装。

旗袍　腰身为直筒式，圆领右衽。领子有高、低二式，清末时领子高达二寸五分左右，单装上去，可随时拆洗。不用领子时，往往带一条领巾。领、袖、衣

光绪瑾妃旗袍像

旗袍

婉容旗袍像

襟、下摆等处镶有各种花边，至清末衣缘越来越阔，花边越滚越多，从三镶三滚，一直发展到十八镶滚。旗袍有单、夹、皮、棉之分，色彩以浅色为多，如淡粉、淡绿、淡藕荷、浅绛色等。穿旗袍时，内穿长裤，小裤腿上绣花。老年妇女和奴婢一般扎住裤腿。

坎肩　旗袍之外多加穿坎肩，长至腰齐，或与衫齐。坎肩也喜镶边。有对襟、大襟、一字襟、琵

琶襟等区别。另外还有一种与旗袍一样

各种款式的坎肩

长的长背心，也是旗装妇女常服用的。

鞋　满族妇女在穿旗装时，中、青年妇女穿花盆底鞋，老年妇女则穿船底鞋。满族妇女受先祖女真人削木为履的风习影响，穿木底鞋，其特点是鞋底中间脚心部分有一个高底，俗称"花盆底"。鞋跟用白细布裱蒙，鞋面用刺绣、穿珠绣等工艺施加纹饰。

二、汉装

上穿衫袄，下著裙裤，是清代汉族妇女主要的服式。

衫袄　较长大，长度在膝盖以下。衣领用斜领或圆领，有的也用高领。有时还在衫袄之外罩一件无领无袖齐膝的长背心。领、袖、衣襟、下摆多镶滚花边。有单、夹、皮、棉之分，色彩多样。

裙子　穿在衫袄里面，以红色裙最为吉祥，大喜庆日、嫁娶迎春等场合一般都穿红裙。丧夫寡居则只能穿黑裙，如果上有公婆，而丈夫又

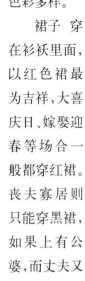

长背心

去世多年，也可穿湖色、雪青等素淡色裙。穿裙时内里也要穿长绣花裤。但清代妇女已不以穿裙为主要衣式，穿裤的也很普遍。裤子穿在衫袄之内，裤口较宽，色彩鲜艳，上面还绣花。裤口的镶边与衫袄配套，光绪年间有几重镶边的，第一道边宽，其他较窄。到宣统年间，裤管尚细，镶边减少。

礼服　一般家庭的妇女，除婚嫁、入殓时借穿一下凤冠霞帔外，其他场合的礼服是外穿披风，内穿裙袄或袄裤。披风又称"斗篷"，因形似钟，又称"一口钟"。披风长可及膝下，对襟，上有短领，用带系结。大多用绸缎制作，上面绣花，考究的还缀以珠宝，内里可是棉的或皮毛的。披风虽然是一般妇女的礼服，但按规矩是不能穿着它行礼的，行礼时一定要先脱下它，否则被视为失礼。披风不限雨雪时用，秋冬外出均可用，而且不论男女、官庶，均可穿用。

鞋　清代汉族妇女要缠足，穿汉装时，均著缠足弓鞋。弓鞋都由妇女自己制作，有匠人专门用木头做成高底，挑到街上贩卖。妇女们买回

斗篷

去，自己蒙上喜爱的缎面，绱在自己绣的鞋面上。鞋面不仅刺绣花样，还可缀

弓鞋
现藏故宫博物院
《岁朝图》局部。

以珠玉，夹上龙脑、麝香等香料，价格也非常昂贵。弓鞋的颜色，除丧服为白色外，其他颜色都可以用，最流行大红色。汉族妇女睡觉时也要穿睡鞋，赤足是不能给人看到的。睡鞋形似弓鞋，只是用软底。

南方高温多雨，妇女常穿绣花高底拖鞋。上海除绣花鞋外，还流行画履。青楼女子特制一种香底鞋，将鞋底镂空作小抽屉以放香料，或放进一个小金铃，走时发出响声，别出心裁。

穿着明代汉服的清代妇女
现藏南京博物院
此为清杨晋《山水人物图卷》的局部。清代妇女允许穿着明代汉服，右边三人头梳松鬓扁髻，左边少女梳辫，儿童梳抓鬏。右边二人内穿立领长衫，百褶裙，均为明式衣装。

第四节 传统手工与新兴机械并存的纺织业

清代的纺织工业规模宏大，创历史最高水平。清政府在江宁（今南京）、苏州、杭州设置三大织造衙门，监督丝绸生产，供应国内外的需要。同时民间纺织业也有很大的发展。从明代开始，中国出现了丝纺工业的专业化地区，建立了大纺织工场。到了清代，江、浙、湘、赣、粤诸省的纺织工场，都具有了相当的规模，织物产品在前代的基础上又有很大发展和创新。顾绣、湘绣、苏绣、粤绣誉满天下。据李斗《扬州画舫录》记载，当时一般小型作坊，就能染出几百种颜色。《红楼梦》巨著中也反映出当时常用的各色纱罗就有几百种之多，贾府中不仅老爷太太小姐少爷们遍体绫罗，就是姬妾奴仆们也是绸缎为衣。

清代纺织面料在艺术上的巨大成就，表现在纹样上取材广泛，配色丰富明快，花色品种繁多。织物纹样多吸取绘画笔法，如龙狮麒麟百兽、凤凰仙鹤百鸟、梅兰竹菊百花，都是常用的题材。此外，博古纹样、吉祥图案，如"三代鼎彝"、"琴棋书画"、"福禄寿禧"、"八宝"、"八仙"、"如意牡丹"等传统纹样，颜色鲜艳，图案复杂，加工精细，变化丰富，达到很高的水平。

"百子婴戏图"刺绣壁挂
清□长218厘米，宽308厘米
现藏南京博物院

清宫刺绣用品。全图运用多种针法绣制三百多个孩童，形态各异且神态惟妙惟肖。以红色做底，显得喜气洋洋。这幅刺绣寓意多子多福、富贵满堂，是一幅难得的艺术珍品。

金线地玉堂富贵地毯
清□长645厘米，宽270厘米，边宽40厘米，排穗长11厘米
现藏故宫博物院

图案取新疆维吾尔族传统编织技法，用细匀的赤金线、银线和紫红、棕、绿、驼等二十余种彩线，经手工精心编织而成。毯心以牡丹、玉兰、海棠、灵芝为主，配以竹、石及蝴蝶等组成吉祥图案，寓意"玉堂富贵"。边缘以银线为地，饰由玫瑰红卍纹组成的连续纹样。图案疏密有致，配色极为讲究，在花瓣、蝴蝶等部位施两晕色、间晕色和三晕色的方法，不仅丰富了花纹的层次，而且增强了图案的立体感，令画面更显得富丽华美。

第五节　清代妇女的时尚发式与佩饰

一、发式

清代的汉族妇女一反明代妇女发式平、垂的特点，产生了高耸的钵盂头、松鬓扁髻、荷花头等，并且以江南地区为时尚，仅扬州地区，就有蝴蝶望月、花篮、折项、罗汉狄、懒梳头、双飞燕、八面观音等多种发髻式样。满族妇女的发式则带有典型的民族特色，旗头为大拉翅。

大拉翅

二、化妆

说到清代妇女的化妆，不能不提到慈禧，她不仅发明了大拉翅这一发型，也曾发明了一种称为"观音妆"的妆容，《前清宫词》："垂帘余暇参禅寂，妙相庄严入画图。"自注："孝钦后政暇，尝作观音妆……用西清照一极大像，悬于寝殿，宫中均呼孝钦为老佛爷。"观音妆，是摹仿观世音菩萨的装束，慈禧将她那瘦长的脸型画成饱满圆润的样子，眉毛描得弯弯的，画成一副慈眉善目的模样。慈禧的这一创造，使化妆不仅具有美化的作用，还有了摹仿和塑造的功效。慈禧还将白粉、珍珠末和胭脂掺在一起，做成"娇蝶粉"，成为宫粉的范本。

总体来说，化妆方面，清代满族妇女趋同于汉族妇女的审美，特别受江南苏州、扬州地区的影响较大，仍然是秀丽、典雅为尊。

慈禧观音妆

三、琳琅满目的佩饰与首饰

清代服制繁缛华丽，相应的配饰也是琳琅满目。清代的披挂制度无处不在。例如后妃冠服的佩饰与首饰，记载在《大清会典》的有朝冠、金约、耳饰、领约、吉服冠、朝珠等六项，此外还有未记载在《大清会典》中的钿子、扁方等。不仅妇女的佩饰、首饰名目繁多，而且男子的佩饰也很多。由于清代已有专门制作这些佩饰和首饰的作坊，清代的佩饰和首饰的制作工艺达到前所未有的高度。

首饰

钿子　清代皇后、皇贵妃、贵妇穿吉服时有时不戴吉服冠，而戴"钿"，俗称"钿子"，是满族贵妇及萨满太太特有的饰物。早期的钿子是用丝带等编织成的箕形框架，上面插戴一些简单的装饰物。最早为宫中萨满太太所戴，晚清盛行，自皇后至品官命妇都戴，插戴的金珠宝石和绒花绢花也越来越考究。

点翠嵌珠宝五凤钿子
清口宽31厘米，高25厘米
现藏故宫博物院
用铁丝支撑的纸壳做骨架，以青色丝线缠绕编结成网状。表层全部点翠。钿前部饰五只累丝金凤凰，均口衔碧玉珍珠，翅膀饰红宝石、珍珠、猫眼石，钿口口衔九只金翟，钿子后部垂11串宝石坠角的珍珠缨络。此钿子共用大珍珠50颗，二等珍珠一百有余，三等珍珠三百余颗，各种宝石二百余块，极为珍贵豪华。

扁方　扁方是梳两把头时最重要的东西，相当于汉族妇女髻上的扁簪，不单纯是饰物，而是使发髻不致散落的控制器物，也是满族妇女重要的头饰之一。两把头最初是以真发分成两把，扁方起着骨干作用。晚清改成青缎制作，安在头上，与真发梳成头座的连结也仗着扁方。扁方成长条形，一头为弧形。有用整玉、翡翠等制作的，也有用金胎镶翡翠珠宝的，还有金錾花、银镀金的。

白玉嵌珠翠扁方

清代中期□长31.5厘米，宽3.1厘米
现藏故宫博物院

玉质晶莹，上镶嵌翠制绿色枝叶和莲蓬，碧玉制的粉红色荷花，荷叶上卧俯一只淡粉色青蛙，另饰红蓝宝石。此扁方为清代中期制作的扁方精品。

鬓花　满族妇女梳旗头时的首饰具有纯装饰性，俗称"蚩枝花"、"扒枝花"、"压鬓花"。这些首饰每种都有很多式样，五彩缤纷。"蚩枝花"中有贯珠下垂的，俗称带"挑"，属于古代首饰步摇一类，是满汉妇女都爱戴的。把钗、簪头做成各种花样，戴时插成一组华丽装饰的，汉族妇女俗称这种首饰为"头面"。

鬓花

　　金约　是清代贵妇朝冠的配饰，在戴朝冠时需先戴金约，再戴朝冠，起约发的作用。金约由十来片弧形长条金托连接成一个圆圈，外面饰金珠宝石，里面以织金缎衬表。不同身份地位有不同的要求：皇太后、皇后金约镂金云，饰东珠，红织金缎里，后系金衔绿松石结，贯珍珠五行三就。在五行珍珠中间缀接金衔青金石结，每行末端各缀胆形珊瑚坠子一个。皇贵妃、贵妃金约，镂金云，饰东珠，后系金衔绿松石结，贯珠三行三就。中间金衔青金石结，每结饰东珠、珍珠，余同皇后。民公夫人及品官命妇金约，以青缎为之，红织金缎里，中缀镂金火焰，饰珍珠，左右金龙凤，后垂青缎带，亦红织金缎里。

金约

　　耳饰　有旒苏的为耳坠，无旒苏的为耳环。满族称耳环为"钳"，妇女有一耳戴三钳的风俗，故宫里选秀女时，要先验看是否一耳戴三钳。而汉族妇女则习惯一耳戴一钳。宫中戴耳饰有一定的规定：皇后、皇太后耳饰，左右各三，每具金龙衔一等东珠；皇贵妃用二等东珠，余同皇后；妃耳饰用三等东珠；嫔耳饰用四等东珠；皇子福晋耳饰用金云衔珠，民公夫人等均同。清代耳饰不仅质

料高贵，色彩华美，而且形式千变万化，有万寿字、方胜、福在眼前等吉祥图案，繁缛工巧。

　　领饰、手饰

　　领约　是清代贵妇穿朝服时佩戴的项圈，以所嵌珠宝的质料和数目，以及垂于背后的绦色区分等级。皇后、皇太后领约镂金，饰东珠，间以珊瑚，两端垂明黄绦，中各贯珊瑚，末缀绿松石坠角；皇贵妃、妃、嫔领约饰东珠七，明黄绦末缀珊瑚，余同皇后。

　　锁片　男女孩童佩挂长命锁的很普遍。长命锁又称"金锁"或"锁片"，按当时迷信的说法，只要佩戴它，就能辟灾驱邪，"锁"住生命。孩提时代最易夭折，度过这个难关，护身符就不灵了。因此成年后没有特殊情况，一般不再戴长命锁。

领约

彩帨　是清代贵妇穿朝服时的胸饰，挂在朝褂的第二个钮扣上，垂于胸前。彩帨长约一米，上窄下宽，呈尖角形。上端有挂钩或玉环，环下有丝绦数根，可挂牙签盒、火镰袋、觽、削刀、荷包、香囊等小物件。再下面是一个圆形累丝嵌宝的结，彩帨通过此结下垂。彩帨以色彩及有无纹绣区分等级。皇后、皇太后、皇贵妃彩帨，绿色，绣"五谷丰登"纹，明黄色绦；妃彩帨，绿色，绣云芝瑞草纹，金黄色绦；嫔彩帨，绿色，不绣纹，金黄色绦；皇子福晋、亲王福晋彩帨，月白色，不绣纹，金黄色绦；民公夫人彩帨，月白色，不绣纹，石青色绦。

佩件　妇女佩件挂在大襟嘴上或旗袍领襟间的第二个钮扣上。年岁大的妇女也有在腋下的那粒钮扣上，与巾子

彩帨

金累丝花纹香囊

清□高1.6厘米，径5厘米

中空，可以开合。两面均饰三组点翠花叶纹。上有黄色丝穗，饰珊瑚雕福寿珠，缀米珠六组。下穗饰同上。为随身配挂的熏香器，原是用布做成的小袋。

巧色双兽玉佩

佩镂相对两兽，首尾环绕相接成一椭圆形。佩上方丝线相连宝石一颗、米珠一组。此佩顺玉的颜色质地雕刻而成，构思精巧，造型生动。

挂在一起。年轻的除荷包、牙签、香囊、挖耳勺等，还配上小怀镜、香牌之类，都是一些小挂饰件。其中以挂"三事"盛行。"三事"亦称"三字"，指三件穿在一起的小形佩饰。常见的有挑牙、耳挖子、镊子等。以金制成者称"金三事"，以银制成者称"银三事"。男子佩件则多挂在腰带之上，常见的有荷包、褡裢、眼镜盒、折扇套子等，真是琳琅满目。

手镯　不仅工艺精巧，纹饰华丽，而且巧用各种材料制作，款式多为一端有开口，或有一节是带活钮可以开闭的。清代手链也开始流行，多在金银等贵重金属材料上镶嵌种种珠玉宝石，造型新颖、华贵大方。特别是一种手串，又称"十八子"，由十八粒珠子串成，本为佛教信徒所用的一种念珠，因材质、色泽、雕工精美，成为一般人把玩珍藏之物。

手饰　清代的戒指男女皆戴，又称"驱环"、"指环"、"约指"、"手记"。多用金银镶嵌种种珠翠宝石，也有用翡翠、玛瑙、白玉等贵重材质制作的，精美绝伦。加上西洋进贡的戒指表等，也成为新奇的珍玩。

男子除戴戒指外，还戴扳指。扳指由古代的鞢演变而来，清代男子多戴于右手拇指上，也有左右拇指皆戴的。多以翡翠、碧玺、玛瑙、水晶等珍贵材料制作，有的刻有诗词，有的光素无纹。

女子除戴戒指外，贵族妇女还盛行戴护指。护指又称"指甲套"，用金银制作，纹饰极为华丽，上嵌珠玉宝石，锥形，长的可达14厘米，短的只有4厘米。今天我们还可以在慈禧太后的照片或画像中，看到戴护指的精彩形象。

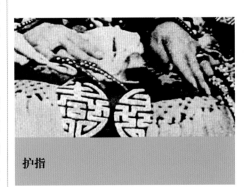

护指

【名词点滴·碧玺】

宝石名。优质者作宝石，较次的作玉雕材料。今已成为各色电气石宝石的工艺名称。故宫博物院珍宝馆里珍藏有大量的各种颜色的碧玺制品，多属明清之物。古籍记载碧玺产于缅甸。现我国新疆、内蒙古等地均有各色碧玺的产出，其中以新疆阿勒泰所产最为有名。

第六节 徒具形式的清代军服

满族原为游牧民族，崇尚武功。清初确立了大阅、行围制度。皇帝及宗室大臣，凡参加这些活动，都要穿盔甲。随着火器的进步，枪、炮、兵舰等相继出现，战争形式发生变化，传统的甲胄也失去了实用的价值。虽然皇帝及武将仍穿着甲胄上阵，但只是作为一种军仪，这种甲胄并不能抵挡枪炮的袭击。

一、盔帽

不论用铁还是用皮革制成，都在表面髹漆。盔帽前后各有一梁，额前正中尖突一块，称为"遮眉"。遮眉上部有舞擎及覆碗，碗上有一个酒盅似的装置，称"盔盘"。盔盘中间竖有一根铜管或铁管，用以插缨枪、雕翎或獭尾。盔帽下部有石青等色丝织物制成的护领、护颈及护耳，上面缀铜铁泡钉，并绣各种纹样。

二、铠甲

上部为甲衣，甲衣上装有护肩，护肩的下部装有护腋。胸前背后各佩一块金属护镜，称为"护心镜"。前胸护心镜下另佩一块梯形护腹，名为"前裆"。腰间左侧面相同装置，名为"左裆"；右边有箭囊遮挡，不用这种装置。下部为围裳。分成左右两幅，穿时用带子系在腰间。在两幅围裳正中接缝处，覆一块上绣虎头的蔽膝。穿着时，要先穿围裳，再穿甲衣，再戴盔帽，先下后上。

清原为八旗军制度，定都北京以后，又在这个基础上建立了八旗常备兵制。八旗兵严格实行按民族分别编制的方法，以满洲八旗为骨干，加上蒙古八旗、汉军八旗，实际已变成二十四旗，士兵总数高达20万人左右。皇帝亲辖正黄旗、镶黄旗、正白旗，号称"上三旗"，其余称"下五旗"。八旗兵的甲胄，胄用皮革制成，加髹黑漆，显得坚实厚重。甲衣镶铜质泡钉，以棉布为里，以绸为面，中实丝棉。色彩分明，一望便知属于哪一旗。

乾隆皇帝御用宝胄

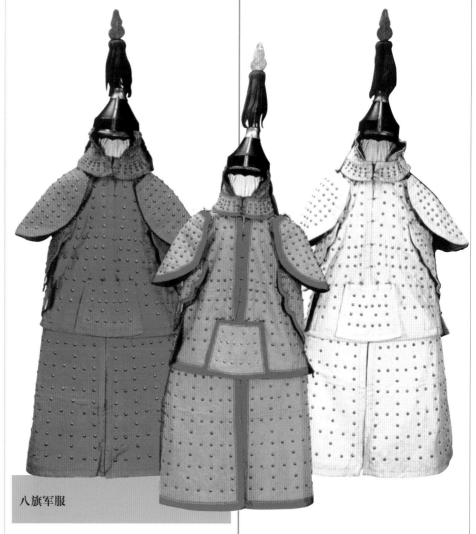

八旗军服

形,中或书"兵勇",或书部队番号,标志
分明。

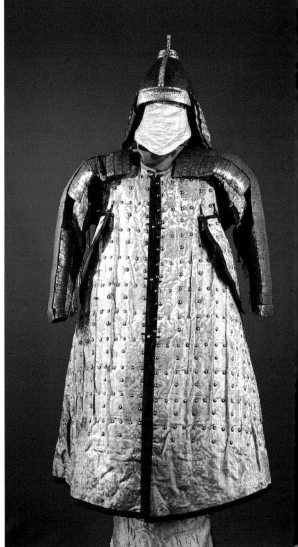

乾隆大阅甲

　　现藏故宫博物院

乾隆大阅甲是现存清代盔甲中制作最精美的。盔帽用牛皮,髹漆,嵌以东珠,并饰有金梵文。甲衣用金线在黄缎上绣出金版纹,来代替甲上的金属叶。护领、护肩、护腋、前胸后背、前裆、袖端以串珠绣龙、彩云、寿山福海纹。下有两幅围裳,无蔽膝。围裳横分为四段,各饰行龙戏珠,以金版纹间隔。行裳侧及底边饰行龙和升龙。护心镜亦以云版围护。

　　清军入关后,又将招降的明军和新募汉兵改编,成为驻守各地的地方军。以营为基本建制单位,以绿色旗帜作为标志,称为"绿营"或"绿旗"。

　　清军普通士兵所穿称为"号衣",以颜色辨别部队,并在胸前背后各刷一团

努尔哈赤用甲胄

　　现藏故宫博物院

清太祖努尔哈赤所用戎装,由盔帽与甲衣两部分组成,形制比较简单。盔帽为皮革制作,上有缨枪獭尾,下有护领护耳。甲衣由布帛制作,上缀泡钉。只有护肩及护腋。

第十一章
现代服饰文明的开端

近代
(1911年－1949年)

【历史背景】

在清末至新中国诞生前的这一段时间内,中国经历了迅速而又巨大的变化。英国以坚船利炮打开了中国的大门,西方文化随之传入,并且影响日益扩大,传统的社会生活风貌和风尚礼仪习俗发生了明显的变化,衣冠服饰也不例外。辛亥革命废除帝制,建立民国,人们开始剪辫易服。中华服饰从整体上摆脱了古典服制的束缚,呈现出中西合璧的特点。服饰审美观也由讲究装饰美的传统观念,走向注重形体美的西洋审美观。

19世纪末,一批资产阶级改良主义的知识分子联名上书,建议清廷变法维新,其中也包括改革服装制度。康有为在《戊戌奏稿》中就要求"皇上身先断发易服,诏天下同时断发,与民更始。令百官易服而朝,其小民一听其便"。但由于积习过深和保守势力的阻挠,这些建议没有能够实行,只在军警服装及学生操练服饰上进行了一些改革。"戊戌变法"虽然失败,但社会影响极大。清末大批青年出国留学,受到外国进步思想的影响,掀起了剪辫易服风潮。由于国内服饰依旧,留学归国后还需穿清朝服饰。已剪辫发的只得装上假辫,被称为"假洋鬼子"。

宣统初年,外交大臣伍廷芳再次奏请剪辫易服。清政府迫于全国人民压力,不得不为此事立案议会,但终究是纸上谈兵,未能付诸实施。直到1911年,辛亥革命爆发,推翻了满清王朝,民国成立后发出《剪辫通令》,280多年的辫发陋习终于尽除,相应地废除了千百年来的礼冠服饰"昭名分、辨等威"的规章制度。接着民国政府又仿照西洋诸国服饰,颁布了服制条例。由于这些条例不切合中国国情,结果没有能够实行。1915年12月12日,袁世凯复辟帝制,在服饰上也搞复旧。在登洪宪皇帝位的那一天,穿的是十二章衮服,款式沿袭明代龙袍式样,为高圆领、右衽、大襟、大袖式长袍,头戴冕旒。袁世凯复辟帝制只是昙花一现,1916年3月,在南方各省护国军讨伐下,被迫取消帝制,他本人也在同年6月病死,衣冠服饰的复旧闹剧也告一段落。

20世纪20年代末,民国政府重新颁布《服制条约》,主要规定男女礼服和公务人员制服,平民便服不作具体规定。男子礼服有两式:一为中式,长袍马褂;一为西式,又分为大礼服和常礼服。大礼服又细分为昼礼服和晚礼服。昼礼服长与膝齐,前对襟,后开衩,黑色,足穿过踝的黑靴。晚礼服类似西式燕尾服,缀黑结,穿短靴。穿大礼服需配戴高而平顶的有檐平顶礼帽。女子礼服,上衣长及膝齐,有领,对襟,左右及后下端开衩,周身加锦绣。下着裙,前后中幅平,左右打裥,上缘用带系结。后来还先后公布过地方行政官公服、外交官、警察、律师、推事、检查官、陆军、海军、矿业警察、航空、邮政等制服及学生操衣等。

第一节 长袍与西服并行的男子服饰

这个时期的男子服饰的特点，是传统的长袍马褂与西式的西装革履并行不悖，不仅不相互排斥，而且还有相互融合的情况。

这个时期的礼帽，穿著中西服装都可以戴，是男子最庄重的服饰。其制多用圆顶，下施宽阔帽檐。冬用黑色毛呢、夏用白色丝葛制作。便帽样式丰富，以各人身份、地位、职业而定。男子普遍戴瓜皮小帽，学生多戴白帆布圆形阔边帽及鸭舌帽，夫役农人常戴粗薄草帽，冬戴毡帽，雨戴笠帽。一般朔风时戴风帽，或戴罗宋帽。

男子的服装，主要有长袍马褂、西服革履、中山装、学生装等，为城市及乡间上层人士流行服装。军警制服的改革也十分醒目。而中式衫袄和中式抿裆裤则是劳动人民的主要服饰。

一、长袍马褂

长袍、西服裤、礼帽、皮鞋是这个时期较为时兴的装束，也是中西结合较为典型的一套服饰。这种组合，既不失民族特色，又增添时尚新意。潇洒英俊，文雅精干，是这一时期最有代表性的男子礼服。

长袍、马褂、瓜皮小帽或罗宋帽，中式长裤、布鞋或棉靴，是中年人及公务人员交际时的礼服。民初中式裤子以宽松为尚，裤脚用缎带系扎。20世纪20年代中曾一度废去扎带，30年代后，裤管逐渐收小，并恢复扎带，带子以本色质料缝在裤脚上。这时穿套裤的已很少。

二、西装革履

西服、革履、礼帽，是青年、留学生、从事洋务活动者常见的装束。礼帽为圆顶，下有宽帽檐，微微翻起。冬用黑色毛呢，夏用白色丝葛，是中式长袍马褂与西服皆可配套的庄重首服。西服以藏青或黑色为正宗，夏天也有穿白色的，一般比现代西服要长一些。正规西服可佩领结或领带，休闲西服也可将衬衣领子翻在外边。皮鞋也相应要色彩配套，一般以穿黑色皮鞋为主；穿白色西服时，也可配穿白色皮鞋；但不可配穿凉皮鞋。

溥仪西服照

长袍马褂

长袍与西服

西式服装

中山装

三、中山装

中山装是孙中山先生亲自创导的礼服，并亲自带头穿着，至今仍在人民生活中流行。中山装是在我国劳动人民短衣长裤基础上，由洋服商人黄隆生，吸收南洋华侨流行的企领文装为上衣基样设计的。上衣的立领是关闭的，与西服领有明显的区别。根据周代礼仪及《易经》的思想寓以涵意，如依据国之四维礼、义、廉、耻，确定前襟四个口袋；依据国民党区别于西方三权分立的行政、立法、司法、考试、监察五权分立，确定

前襟五颗钮扣；依据民族、民权、民生的三民主义，确定袖口为三颗钮扣等。裤子则将传统的抿裆裤改为西装裤。裤腿脚要折起一寸左右。上衣下裤用同色同料制作，夏用白色，其他季节用黑色。穿中山服时，要配穿同色皮鞋。随着时间的推移，中山装的外形、工艺、色彩等也有一些改进，如领子改成立领与反领结合的关闭式八字形领口；后无背缝等。但基本结构仍保持原有特色。

四、学生装

学生装一般为青年学生或思想进步的人士所喜爱穿着。上衣式样为立领，胸前左侧有一个口袋。这种服装式样明显接近清末引进的日本制服，而日本制服又是在欧洲西服基础上派生出来的。下身为西式长裤，裤腿口翻起。穿学生装时，一般头戴鸭舌帽，或白色帆布阔边帽，梳短发，脚穿皮鞋。

学生服饰

此照片中人，为20世纪30年代北京大学学生，其中男士穿着为北京大学当时校服，女士穿着为当时流行的西式学生服装。

五、劳动人民服饰

这一时期，长袍马褂或西服革履都是有身份地位的人或知识分子的穿着，劳动者则一般为短装打扮，基本样式为上衣下裤。由于生活的地区不同，接受新事物的程度不同，穿着打扮也不尽相同。偏僻地区的老年人，民国末年仍有留着辫子，扎着裤脚的。很多地区农村百姓，解放初期还穿着大襟袄、中式裤、白布袜、黑布鞋。头戴瓜皮帽。佩挂烟袋、火石、荷包、钱袋等也常见不鲜。老年人还穿坎肩等，清代服饰的影响明显存在。

第二节 汉装、旗装、西装三足鼎立的女装

民国时期的妇女在各个方面发生了极大的变化。首先是剪发放足。中国的传统，妇女必须留长发，少女留长辫，结婚前开脸后则梳髻。民国初年在西方影响下，妇女开始剪发。20世纪30年代，烫发又流传到中国，成为时髦。过去汉族妇女都要裹脚，五四运动提倡妇女解放，从此汉族妇女再也不用裹脚。在剪发放足的同时，妇女服装也起了巨大的变化。自古以来，中国女装基本上采用直线裁剪，胸、肩、腰、臀完全呈平直状态，没有明显曲折变化。直到20世纪20年代，中国女服的审美观逐渐由讲究装饰之美改变为注重形体之美，将服装裁制得称身合体。受西学东渐的影响，妇女服饰也经历了一个新旧交替的过程，不仅汉族女装与满族旗装相互融合，而且中国女服与西方女服也相互影响，加上一些画家为女服进行设计的推波助澜，形成了一个奇装异服百花争艳的新局面。

这个时期的女装，大体可以分为汉装、旗装、西装三大类别。另外，新娘婚嫁也受西方影响，一般百姓仍穿传统服装，而大城市上层社会的妇女，开始流行西方的白色婚纱。

一、汉装

20世纪20年代以前，袄裙是基本的汉装，与清末没有太大的区别。民国初年，由于留日学生甚多，女服样式受到很大影响，多穿窄而修长的高领衫袄和黑色长裙。裙上不施绣文，衣衫也比较朴素。簪钗、手镯、耳环、戒指等饰物，一概不用，时称"文明新装"。

20年代以后，受西方服饰的影响，女服又趋于华丽，并出现各种奇装异服。这一时期女服一般上衣窄小，领口很低，袖长不过肘，形似喇叭，下摆成弧形，有的在边缘施绣花边。裙子后来缩至膝下，取消折裥，任其自然下垂，有的也在裙边绣花或加珠饰，称为"套裙"。至30年代，裙子的款式又有新的变化，前后有中幅的马面裙，特别是绣花的马面裙，在生活中被自然淘汰，而斜裙、绕膝裙、喇叭裙、百褶裙、节裙等自然流行。

在一般劳动妇女中，由于穿裙不便于劳作，多为上袄下裤。夏天为短袖袄，半长裤；冬天为长袖袄，长裤。

二、旗袍

1911年辛亥革命后，中国妇女的地位得到极大的提高，她们逐渐走出家门，特别是1919年五四运动后，妇女们

得以广泛地参与社会各项生活，生活的接触面变得越来越大，这就自然而然地对服饰有了新的要求。同时，随着经济的发展，社会风气的开通，一种新的服装样式——旗袍就诞生了。

旗袍本意为旗女之袍，源自古代蒙古游牧民族女子的袍服，清代满族承袭了这种服装。样式极为宽大、平直，长可掩足；领口较低，不用领时则在颈间围一条白色的围巾，后来领口则逐渐加

小开衩旗袍

老月份牌年画

此旗袍为20世纪30年代中期的样式。

短袖旗袍

老月份牌年画

此旗袍为20世纪30年代中期的样式。裁剪紧身，高领、短袖、高开衩，并内穿镶花边的衬裙，足部一般穿很高的高跟鞋。

镶毛边旗袍

老月份牌年画

此旗袍在整体上采用旗袍的形式，只是在领口、袖口和裙边吸取了西式服装的样式，有了一些变动。

纱袖旗袍

老月份牌年画

此旗袍在原来袖口的样式上用薄纱接了两条长长的宽袖口，使旗袍的质地添了一个层次。并且，这款旗袍非常短，在膝盖以上，已有了超短裙的味道。

高；全身绣满花纹，袖口、衣襟、衣裾镶有宽阔的滚边。

20世纪20年代初期，旗袍开始普及。开始时，旗袍的样式为高领长袖，衣长过膝，腰身平直宽大，样式与清末旗装没有多大区别。后来，中国妇女逐渐体味到并敢于表现女性的"曲线美"，将过去自唐一直延续的自胸到臀完全平直的没有曲线变化的裁剪方法改变了。于是，有了将腰身收紧，袖口缩小，缩短旗袍的长度等等裁剪样式。

30年代，旗袍盛行。在这十几年中，旗袍的样式不断翻新，有着许多变化。腰身由宽变窄，领口先是高耸及耳然后又流行低至双肩，袖子由长变短甚至露肘，衣身长度时长时短、开叉忽高忽低。民国二十一年曾出现过"旗袍花边运动"，即在旗袍周围镶上滚边装饰，使旗袍更加亮丽醒目。这段时期的各款旗袍，充分显示了中国女性亭亭玉立、纤细温婉的女性美，是旗袍的黄金时代。

到了40年代，由于日寇的侵略，许多女性也站在

了抗日的最前沿，出于便于活动的实用功能的考虑，旗袍变得轻便，省去了很多烦琐的装饰，并将袖子取消。

配合旗袍，妇女的服饰还出现了背心、大衣、围巾、手套、胸花、高跟鞋等等许多装饰。

改良旗袍

老月份牌年画

此旗袍在原来旗袍的基础上，将袖口改成带褶皱的喇叭状，裙边依花纹裁成不规则形，非常有创意。

三、西装

从20世纪20年代开始，就有一部分留学生及文艺界、知识界人士穿着西装及连衣裙；至30年代，穿着者渐多，一般只在夏秋服用，天凉就不穿了。冬天穿西式大衣，内穿旗袍，是普遍流行的装束。

连衣裙的特点是上衣和下裙相连，腰间缩紧，或束腰带，显示出纤细的腰肢。多为直开襟，有的开在前面，有的开在背后。袖子有长有短，也有喇叭袖、泡泡袖、平袖等多种式样。领子有方领、尖领、圆领、水兵领、飘带领、蝴蝶结领、铜盆领等，花样翻新。下裙也有斜裙、喇叭裙、百褶裙、节裙、长裙、短裙等，款式新颖。

西装有两种基本样式：一是西装套裙，一是西装长裤。一般在领口、前襟、裙子的式样上出新。

穿着西装及连衣裙的，以上层社会妇女和电影明星为多，上海的青楼小妓也是追求服饰花样翻新的主要人群。上海是我国当时的通都大邑，自海运开放，接受外来影响极快，自然成为引领女子时装潮流的地方。据姜水居士《上海风俗大观》记载："至于礼服，则来自舶来，一箱甫启，经人知道，遂争相购制，未及三日，俨然衣之出矣。"由此可知当时西装热销及时髦的情况。

西式冬装

老月份牌年画

内著紧身旗袍，外套西式毛皮大衣，融和中西服式，显得高贵亮丽。

四、结婚礼服

我国自古以来有"红白喜事"的说法，红喜事指结婚，白喜事指丧事。结婚时新娘以穿红色服装为喜，丧礼时以穿白色服装为宜。但民国以来，结婚时的服装色彩和款式都有很大变化。

结婚礼服有以中国传统服式为主及以西洋服式为主两种基本款式。

以中国传统服式为主的，新娘穿大红绣裙，上配大红绣花袄或石青绣花袄，头戴凤冠，披以兜纱；新郎则头戴呢礼帽，身穿长袍马褂，足穿白袜黑鞋。一般百姓均普遍采用。

以西洋服式为主的，新娘头戴白色婚纱，身穿白色曳地连衣裙；足穿高跟鞋。新郎则身穿长袍马褂，足著皮鞋。这种打扮，当时号称西式"文明结婚"，仅在大城市上层社会中流行。

西式婚纱

第三节 新文化运动推动下的妇女发式与化妆

一、从盘发到烫发

在辛亥革命初期，1915年提倡剪发之前，中国妇女的发型还受到清朝的影响，以在脑后盘发为主。

1915年，提倡剪法之后，伴随缕缕青丝离去的还有几千年旧中国妇女的地位和身份。特别是五四运动后，妇女们从此走出了闺阁，可参与到社会生活当中去，获得了充分的自由。此时，上海由于其得天独厚的地理条件而成为中国第一大商埠，社会风气开通，因此大量地吸收西方文化，成为引领时尚的中心。加上影剧事业的兴起，好莱坞明星与国内电影明星的时髦装束，更激发了女性爱美的天性。中国妇女在经过了几千年的束缚之后刚刚解放出来，对新鲜事物尤其是国外的事物十分崇拜向往，这种心态反映在装束上，就是不断地花样翻新，争奇斗艳，所以在这短短的几十年中，中国妇女充分展现了柔媚、清秀、典雅、端庄、健康、性感乃至萎靡等等女性独有的丰姿。直至今天，这些"时世妆"还对时尚的发展有所影响。

具体到发式上，既有提倡剪发的外部原因，又有妇女自身求新的心理。所以二三十年代的年轻女性留长发的很少，少有盘发的，以短发为主。自1920年出现烫发之后，发式就变得丰富多彩了。烫发也是受西方文化的影响，特别是好莱坞明星的发型，成为当时时髦女性追逐的目标。烫发从形式上分两种，一种是火钳烫发，烫发师傅用一种特制的火钳在炭火上烤热后，按照正反两种夹法（正夹法夹出的是鼓起来的波纹，反夹法则是凹下去的波纹），一正一反在头发上夹出起伏有续的波浪纹。这完全是手工操作，所以师傅的技术很重要。这样夹出来的波纹显得很柔和、含蓄。另一种就是真正意义的烫发，用发卷将头发烫出一个个非常明确清晰的卷儿，这样烫出来的发型就显得很雍容华贵。爱美的女性根据自己的需要，可夹可卷，也有夹与卷相结合的，充分展示自己美丽的秀发。

二、妩媚娇柔的化妆

民国时期妇女的化妆非常有特色，眉、眼、嘴的线条都是圆的，形成妩媚、娇柔的风格。当时妇女崇尚圆润而不是清瘦的瓜子脸形，眉毛画得又细又长，且将眉峰以弱处理，形成一条长长的弧线。从眉梢处开始用浅棕色润以淡淡的鼻侧影，形成高鼻梁的错觉。眼部用棕色眼影，之上用粉红色加以润色，与脸颊的腮红形成辉映。喜欢小巧圆润的嘴型，并用大红的颜色描画。

火钳烫发

老月份牌年画

火钳夹发最点睛之处在于额头发丝的处理，烫发师傅先用正夹法将发丝往上夹，然后用反夹法将发丝往下夹的同时再往下拉，这样就在圆润的额头上有了线条的起伏，非常妩媚。也有将整个脸颊边的发丝都这样修饰的，很像京剧当中花旦贴片子的效果。

烫发

老月份牌年画

额头部分烫发有两种处理方法，一种是与额头垂直的发卷，另一种是与额头平行的发卷，一般都在两个或两个以上，形成比较复杂的线条。余发都梳向脑后，只在发梢部分烫成卷，中间还呈原来的直发状。

妇女面妆

第四节 全盘西化的军装

近代军装的最大特点，是传统甲胄和号衣全部退出历史舞台，代之以仿效西洋式样的新式军服，全盘西化。

军装的改革与军制的改革紧紧连在一起，从清末就已开始。早在甲午战败后，西方式军队训练已经出现。光绪二十一年（1895年），袁世凯就在天津小站以西法练兵。后来清政府又多次派学生到日本军事学校受训，并设立中央机构，开办一系列军事学校，以西法编练中国军队。西方的军装也随之传入中国军队。光绪三十一年（1905年）奏定陆军新服制式，三十三年定海军官制服制，三十四年拟订巡警服，宣统元年（1909年）又拟定海军长官旗式章服图说。这些军装制度，奠定了军装全盘西化的基础。

民国建立后，又多次制定军装。民国元年（1912年）公布陆军服饰，七年公布海军服制和警察服制等，进一步推动了军装的全盘西化。北洋军阀时期，直、皖、奉三系服英军式装束。披绶带，原取五族共和之意，用五色；民国四年（1915年）改为红、黄二色。胸前佩章，文官为嘉乐章，寓五谷丰登之意；武官为文虎章，寓势不可挡之意。将以上服海蓝色，校以下服绿色。戴叠羽帽，即在军帽上饰纯白色鹭鸶毛。少将以上武官戴用，校级军官在一些特殊场合也可戴用。一般军官则根据级别戴用大盖军帽。

国民党军服吸收美军式样，军服分便服和礼服两种。便服作战用，式样为制服领，对襟不系腰带。礼服则为翻领，美式口袋，内结领带，外扎皮腰带，戴大壳帽。宪兵戴白盔；警察穿黑衣，戴黑帽，加白帽箍，白裹腿，以示执法严肃。

段祺瑞戎装像（绶带）

陆荣廷戎装像

中国服饰造型发展大事记		
公元纪年	王朝纪年	大事记
约前200万—前10000	旧石器时代	距今约50万年的北京人用兽皮裹身御寒,人类脱离了原始的裸体阶段
		距今约2万年的山顶洞人,已经能用骨针缝制兽皮、加工简单的衣服,迈出以人类意志为主宰的服装艺术的第一步
		出现简单装饰品,用贝、石、骨做项链
约前10000—前2100	新石器时代	距今五六千年前开始纺织麻布,人类去皮服布
		出现最早的手工纺织工具——纺坠和纺轮,能够编织布帛
		开始饲养家蚕和纺织丝绸
		贯头衣成为这时期的典型衣着,冠、靴、头饰、佩饰均出现,对服饰制度的形成产生了重大影响
		原始人由披发发展为辫发
		传说三皇五帝时确立了上衣下裳的形制,一直影响到今天,同时确立了历代帝王祭祀礼服的玄衣纁裳的色彩规则
		北方黄河流域、长江流域、东南沿海、台湾等地出现大量玉佩饰,并具有礼制意义
约前2070—前1600	夏朝	王室贵族冠服礼制出现雏形
约前1600—前1027	商朝	已有丝绸织花技术,发明提花装置,绣染技术也渐趋成熟,出现刺绣工艺
		麻、毛、蚕丝等织物原料都已具备
		中国古代重要的服装形式——深衣开始崭露头角
约前1027—前770	西周	西周中晚期冠服制度得以确立和完善,成为统治者"昭名分、辨等威"的工具
		十二章纹成为历代帝王的章服制度
		妇女开始用假发做装饰
		西周礼制赋予玉神秘而高贵的内涵,形成完整的礼制体系和佩饰体系
		从天子到诸侯王君,以至公卿开始用金、玉做葬饰,殓葬玉是西汉玉衣制度的滥觞
前770—前475	春秋时代	公元前307年,赵武灵王进行服装改革,即著名的"胡服骑射",这是我国服饰史上的一次重大改革
		各诸侯王佩带玉组佩,成为权力和地位的象征
		齐桓公喜服紫色,由此紫色从象征卑贱的颜色变为权威的象征,是对传统色彩观念的一大变革
		丝织品中华贵的织锦产生
		服饰纹样开始具备一定的象征意义
		出现最早的发钗——骨钗
前475—前222	战国时代	出现针织技术,刺绣发展到成熟阶段
		开始用铁制造甲胄
前222—前202	秦朝	
前202—8	西汉	汉武帝时,张骞两次出使西域,开辟了著名的"丝绸之路",为中国服饰的变革注入新的元素
		脚踏纺织机的发明和普及,把织工的双手解放出来,是纺织业划时代的进步
		印染技术专业化,从纺织业中独立出来,成为专门的行业
		开始以黄色作为皇帝朝服正色
		发明蜡染工艺

公元纪年	王朝纪年	大事记
		用金缕玉衣作为统治者的殓服
8—23	新莽	王莽以巾帻包头,流传开来,民间遂成风气
23—220	东汉	明帝永平二年(59年),制定官服制度,成为儒家学说衣冠制度在中国全面贯彻执行的开端
		明帝时,增加了礼服的大佩制度
		妇女礼服有了规定的服制
220—589	魏晋南北朝	魏文帝曹丕制定九品官位制,以紫绯绿三色为九品之别,后代一直沿用,直至明代
		西域的胡锦进入中国,为中原所采纳
		为表示对佛的尊敬,逐渐形成了一种装饰额头的化妆方法——涂"鹅黄"
		北魏孝文帝改制,禁止胡服,改着汉人服装,为服饰的民族融合起到重要推动作用
		以长衫为主,服装以褒衣博带为时尚
581—618	隋朝	将十二章纹中的日、月、星三章放到冕服上,从此"肩挑日月,背负星辰"就成为历代帝王冕服的既定款式
618—907	唐朝	织锦出现纬锦,是纺织技术上的一次重大改革
		出现织金锦
		印染技术上运用色谱齐全的植物性染料和多种印染工艺,在中国印染史上占有重要地位
		胡服流行,女着男装流行
		高祖武德四年(621年)正式颁布车舆衣服之令。"武德令"是自汉明帝恢复礼制以来所拟的最系统、最完备的舆服制度,在中国服饰史上具有重要意义,影响直至宋明各
		武周时出现一种新型服式,不同职别的官员袍上,绣不同的纹样,文官绣禽,武官绣兽,成为明清补子的滥觞
		出现了独特的装饰面颊的化妆方法——贴脸的"茶油花子"
		裹头习俗自唐代始
907—979	五代十国	男子幞头形制已多为硬胎,故不再另施巾子
		女子裹脚缠足习俗缘自南唐
916—1279	两宋、辽金	宋锦开始流行,形成纬三重起花,对明清织锦影响很大
		黄道婆学习黎族的纺织技术,带回家乡,为长江中下游的棉花种植和纺染技术作出卓越的贡献
		新娘盖头缘自宋代
1271—1368	元朝	始用钮扣系结衣襟
		棉花种植普遍,改变了传统以麻布为主要衣着原料的格局
		纺车技术出现重大创新,水转大纺车达三十二锭,在当时属于世界领先的技术
1368—1644	明朝	棉布取代丝、麻,成为民间主要的服装原
		明代采用花丝工艺,以纤细的金银丝编织首饰,是金银饰物制作的一大跃进
1636—1911	清朝	顺治九年(1652年)钦定《服色肩舆条例》颁行,以暴力推行剃发易服,从此废除了浓厚汉民族色彩的冠冕服装
1911—1949	民国	民国成立后发出《剪辫通令》,280多年的辫发陋习终于尽除,相应地废除了千百年来的礼冠服饰"昭名分、辨等威"的规章制度
		妇女开始剪发放足
		五四运动后,融合满汉风格的旗袍诞生了,成为中国妇女的标识性服饰

后记
——唐装的变迁

时光来也匆匆，去也匆匆。经过五年的努力，在2005年红了玫瑰、绿了草坪的季节，这部长篇著作终于定稿了。有关古代服饰的著作，过去已经出版过不少部，本书要怎样才能翻出新意？我想，主要表现在两个方面：一是视角新。此书从艺术史的角度，以形象资料为主，配以说明性文字，图文并茂地全方位介绍历代服型、妆型、发型、配饰等的演变，使本书成为进行戏剧影视古代人物造型设计的参照标准。二是资料可靠。本书收集五百多幅出土文物、传世实物、历代名画等资料，直至2001年新发现的文物。经过专家论证，可信程度高，确实反映了历代的真实原貌，使本书成为了解古代服饰及造型变迁的一个知识库。

俗话说："无巧不成书。"这部书稿的写作，正应了这个"巧"字。就在我们辛勤耕耘之际，服装市场上兴起了一股复古的时尚。外国朋友把这类服装一概称之为"唐装"，这个称呼也得到了国人的认可。

更有一"巧"的是，在约我主编这部书的时候，这个课题也正是我带助教的一个科研项目。因此，这部书就以我为主编和主笔，其中各个朝代的发式和化妆，以及全书的插图则由陈卉老师来完成，在此特加说明，并对她的积极参与和配合，表示十分的满意。

在这里特别需要提出的是此书得到中国文物学会副会长、文物专家刘炜女士的大力帮助。她不仅以她广博的学识，为此书把好了关，而且提供了许多难得见到的图文资料，丰富了此书的内容，为此书增辉不少。在此一并表示衷心的感谢。

科学无止境。由于我个人学识的局限，此书难免挂一漏万，甚至会有错误之处，还望方家不吝赐教，更望读者提出宝贵意见。

孔德明

图书在版编目(CIP)数据

中国艺术史图典. 服饰造型卷 / 中国文物学会专家
委员会主编. —上海：上海辞书出版社，2016.12
  ISBN 978-7-5326-4796-5

  Ⅰ.①中… Ⅱ.①中… Ⅲ.①艺术史-中国-图集②
服饰-中国-古代-图集 Ⅳ.①J120.9-64
②TS941.742.2-64

  中国版本图书馆 CIP 数据核字(2016)第 276911 号

中国艺术史图典·服饰造型卷
中国文物学会专家委员会　主编
责任编辑 / 王圣良　助理编辑 / 朱译潇
整体设计 / 姜　明　美术编辑 / 明　婕

上海世纪出版股份有限公司
辞书出版社出版
200040　上海市陕西北路 457 号　www.cishu.com.cn
上海世纪出版股份有限公司发行中心发行
200001　上海市福建中路 193 号　www.ewen.co
上海中华印刷有限公司印刷

开本 889 毫米×1194 毫米　1/16　印张 15.75　插页 2　字数 466 000
2016 年 12 月第 1 版　2016 年 12 月第 1 次印刷

ISBN 978-7-5326-4796-5/K · 1057
定价：118.00 元

本书如有质量问题,请与承印厂质量科联系。T: 021-69213456